高职高专计算机任务驱动模式教材

小型网络组网技术

田庚林　张少芳　田　华　赵艳春　殷建刚　游自英　编　著

清华大学出版社
北　京

内容简介

本书注重实践操作，部分数据通信的概念、网络通信原理作为附录收录。本书不追求面面俱到，只介绍在小型的计算机网络中组网所需的设备配置技术，没有包括 Ipv6、OSPF、防火墙设备配置等高难技术。本书以 Cisco 和 H3C 设备为例进行教学。

本书共包括 11 章内容，分别介绍了计算机网络的基本概念、计算机网络中的通信地址与路由、路由器基本配置、动态路由与路由选择协议、网络布线、虚拟局域网、第三层交换、网络访问控制、网络地址转换、动态 IP 地址分配、无线网络。

本书主要面向高等职业教育网络技术专业的学生，也可以作为相关技术人员的自学用书和其他专业学生的参考书。

图书在版编目(CIP)数据

小型网络组网技术/田庚林等编著. —北京：清华大学出版社，2018
(高职高专计算机任务驱动模式教材)
ISBN 978-7-302-48767-8

Ⅰ. ①小…　Ⅱ. ①田…　Ⅲ. ①计算机网络—高等职业教育—教材　Ⅳ. ①TP393

中国版本图书馆 CIP 数据核字(2017)第 272224 号

责任编辑：张龙卿
封面设计：徐日强
责任校对：李　梅
责任印制：沈　露

出版发行：清华大学出版社
网　　址：http://www.tup.com.cn，http://www.wqbook.com
地　　址：北京清华大学学研大厦 A 座　　**邮　　编**：100084
社 总 机：010-62770175　　**邮　　购**：010-62786544
投稿与读者服务：010-62776969，c-service@tup.tsinghua.edu.cn
质量反馈：010-62772015，zhiliang@tup.tsinghua.edu.cn
课件下载：http://www.tup.com.cn，010-62770175-4278
印 装 者：北京鑫海金澳胶印有限公司
经　　销：全国新华书店
开　　本：185mm×260mm　　**印　　张**：20　　**字　　数**：455 千字
版　　次：2018 年 1 月第 1 版　　**印　　次**：2018 年 1 月第 1 次印刷
印　　数：1～2500
定　　价：49.80 元

产品编号：076869-01

编审委员会

出版说明

我国高职高专教育经过十几年的发展，已经转向深度教学改革阶段。教育部于2006年12月发布了教高〔2006〕第16号文件《关于全面提高高等职业教育教学质量的若干意见》，大力推行工学结合，突出实践能力培养，全面提高高职高专教学质量。

清华大学出版社作为国内大学出版社的领跑者，为了进一步推动高职高专计算机专业教材的建设工作，适应高职高专院校计算机类人才培养的发展趋势，根据教高〔2006〕第16号文件的精神，2007年秋季开始了切合新一轮教学改革的教材建设工作。该系列教材一经推出，就得到了很多高职院校的认可和选用，其中部分书籍的销售量都超过了3万册。现重新组织优秀作者对部分图书进行改版，并增加了一些新的图书品种。

目前国内高职高专院校计算机网络与软件专业的教材品种繁多，但符合国家计算机网络与软件技术专业领域技能型紧缺人才培养培训方案，并符合企业的实际需要，能够自成体系的教材还不多。

我们组织国内对计算机网络和软件人才培养模式有研究并且有过一段实践经验的高职高专院校，进行了较长时间的研讨和调研，遴选出一批富有工程实践经验和教学经验的"双师型"教师，合力编写了这套适用于高职高专计算机网络、软件专业的教材。

本套教材的编写方法是以任务驱动、案例教学为核心，以项目开发为主线。我们研究分析了国内外先进职业教育的培训模式、教学方法和教材特色，消化吸收优秀的经验和成果。以培养技术应用型人才为目标，以企业对人才的需要为依据，把软件工程和项目管理的思想完全融入教材体系，将基本技能培养和主流技术相结合，课程设置中重点突出、主辅分明、结构合理、衔接紧凑。教材侧重培养学生的实战操作能力，学、思、练相结合，旨在通过项目实践，增强学生的职业能力，使知识从书本中释放并转化为专业技能。

一、教材编写思想

本套教材以案例为中心，以技能培养为目标，围绕开发项目所用到的知识点进行讲解，对某些知识点附上相关的例题，以帮助读者理解，进而将知识转变为技能。

考虑到是以“项目设计”为核心组织教学，所以在每一学期配有相应的实训课程及项目开发手册，要求学生在教师的指导下，能整合本学期所学的知识内容，相互协作，综合应用该学期的知识进行项目开发。同时，在教材中采用了大量的案例，这些案例紧密地结合教材中的各个知识点，循序渐进，由浅入深，在整体上体现了内容主导、实例解析、以点带面的模式，配合课程后期以项目设计贯穿教学内容的教学模式。

软件开发技术具有种类繁多、更新速度快的特点。本套教材在介绍软件开发主流技术的同时，帮助学生建立软件相关技术的横向及纵向的关系，培养学生综合应用所学知识的能力。

二、丛书特色

本系列教材体现目前工学结合的教改思想，充分结合教改现状，突出项目面向教学和任务驱动模式教学改革成果，打造立体化精品教材。

(1) 参照和吸纳国内外优秀计算机网络、软件专业教材的编写思想，采用本土化的实际项目或者任务，以保证其有更强的实用性，并与理论内容有很强的关联性。

(2) 准确把握高职高专软件专业人才的培养目标和特点。

(3) 充分调查研究国内软件企业，确定了基于 Java 和.NET 的两个主流技术路线，再将其组合成相应的课程链。

(4) 教材通过一个个的教学任务或者教学项目，在做中学，在学中做，以及边学边做，重点突出技能培养。在突出技能培养的同时，还介绍解决思路和方法，培养学生未来在就业岗位上的终身学习能力。

(5) 借鉴或采用项目驱动的教学方法和考核制度，突出计算机网络、软件人才培训的先进性、工具性、实践性和应用性。

(6) 以案例为中心，以能力培养为目标，并以实际工作的例子引入概念，符合学生的认知规律。语言简洁明了、清晰易懂，更具人性化。

(7) 符合国家计算机网络、软件人才的培养目标；采用引入知识点、讲述知识点、强化知识点、应用知识点、综合知识点的模式，由浅入深地展开对技术内容的讲述。

(8) 为了便于教师授课和学生学习，清华大学出版社正在建设本套教材的教学服务资源。在清华大学出版社网站(www.tup.com.cn)免费提供教材的电子课件、案例库等资源。

高职高专教育正处于新一轮教学深度改革时期，从专业设置、课程体系建设到教材建设，依然是新课题。希望各高职高专院校在教学实践中积极提出意见和建议，并及时反馈给我们。清华大学出版社将对已出版的教材不断地修订、完善，提高教材质量，完善教材服务体系，为我国的高职高专教育继续出版优秀的高质量的教材。

清华大学出版社

高职高专计算机任务驱动模式教材编审委员会

2016 年 3 月

前　言

这是一本面向高等职业教育计算机网络技术初学者的教材，也是一本介绍小型计算机网络组网技术的教材。

对于高等职业教育，要求轻理论、重实践操作，所以本书没有系统地从数据通信、网络原理一步步地展开，而是采用了简单介绍基本概念之后直接进入网络设备配置、组网配置。对于计算机网络技术的初学者，都希望有一个由浅入深逐步学习的过程，希望从基本概念学起，但是一本教材使用课时毕竟是有限的，从基础讲起，就很难包含组网技术中比较全面的内容，所以只将部分数据通信的概念、网络通信原理作为附录收录在本书之后让初学者参考，更多内容可参考笔者在清华大学出版社出版的《计算机网络技术基础(第 2 版)》。

高等职业院校计算机网络技术的初学者不可能一下掌握高深复杂的所有网络技术，因此本书着重介绍在比较小型的计算机网络组网中所需的技术，比较全面地涵盖了小型计算机网络组网中所需的设备配置技术，基本上能满足中小型企业网络的组网需求，但不包括 IPv6、OSPF、路由汇聚、VPN、IEEE 802.1×、防火墙设备配置、网络管理等高难技术，读者可以通过网络安全之类的高级网络技术课程学习那些高难技术。

本书共包括 11 章内容，重点围绕网络组织和网络设备配置组织教学内容。第 1 章介绍计算机网络的基本概念，包括计算机网络的定义、网络体系结构、网络分类、网络连接设备等，给学生一个网络技术的基本概念。第 2 章介绍计算机网络中的通信地址与路由。包括网络通信中的地址种类、使用方法、网络地址规划、子网划分、变长子网掩码、路由的基本概念、主机路由的配置等。第 3 章介绍路由器的基本配置，包括 Cisco 路由器与 H3C 路由器的基本配置、常用配置命令以及静态路由配置等。第 4 章介绍动态路由与路由选择协议，介绍了 RIPv1 和 RIPv2 以及静态路由注入技术。第 5 章介绍网络布线技术，按照组网工程的需要，介绍了楼宇内小型网络的布线技术。第 6 章介绍虚拟局域网，包括虚拟局域网的需求与概念，Cisco 与 H3C 交换机的配置、VLAN 间路由配置。第 7 章介绍第三层交换，包括第三层交换的概念，Cisco 与 H3C 三层交换机的配置，以及三层交换机上 VLAN 间路由的配置。第 8 章介绍网络访问控制。包括访问控制列表的基本概念，以及在 Cisco 与 H3C 设备上配置基本访问控制列表与扩展(高级)访问控制列表的技术。第 9 章介绍网络地址转换，包括网络地址转换的基本概念，以及在 Cisco 与 H3C 设备上静态 NAT、动态 NAT、NAPT、EASY IP、NAT Server 的配置。第 10 章介绍动态 IP 地址分配，主要包括在 Cisco 与 H3C 网络设备上的 DHCP 服务配置和 DHCP 中继配置。第 11 章介绍无线网络，包括无线网络的基本概念、无线接入设备、SOHO 无线网络配置，以及园区无线覆盖的勘测设计与 H3C 的无线设备配置。

本书由石家庄邮电职业技术学院部分教师参与编写，其中田庚林负责内容的组织策划与审阅，第 1 章、第 2 章由赵艳春编写；第 3 章由游自英编写；第 4 章由殷建刚编写；第 6～8 章由田华编写。第 5 章、第 9～11 章及附录由张少芳编写。

虽然希望本书是一本尽量涵盖小型网络组建中常用设备配置技术的教材，但网络技术发展十分迅速，本书中可能存在不足之处，希望广大读者给予批评指正。

作者 E-mail 为 tiangl163@163.com，微信为 glintian。

编　者

2017 年 11 月

目　录

第1章 计算机网络的基本概念

1.1 计算机网络的定义

什么是计算机网络？这个问题可能有很多种答案。从使用者的角度来看，计算机网络主要是解决计算机之间的通信和资源共享问题，所以比较简单的计算机网络定义是：计算机网络是利用通信线路和通信设备将多个具有独立功能的计算机系统连接起来，按照网络通信协议实现资源共享和信息传递的系统。

这个定义中包含四个方面的内容。

1. 计算机网络是通过通信线路和通信设备连接起来的

通信线路是传输信息的媒介，常见的通信线路有电话线、同轴电缆、双绞线电缆、光纤、无线线路等。电话线也是双绞线，只不过电话线扭绞度低、允许的数据传输速率低。局域网连接中使用的双绞线电缆一般为5类以上的双绞线电缆，这种电缆允许的数据传输速率较高。

(1) 数据传输速率：数据传输速率是信道上单位时间内传输的数据量，单位是比特/秒。常用的表示方法是bit/s、b/s或bps。

(2) 信道：由通信线路和通信设备组成。

(3) 信道带宽：信道上允许的最大数据传输速率，也称作信道容量。

通信设备是通信线路与计算机等数字设备之间的接口，用于完成数字数据在通信线路上的传输。通信设备在信道中的位置如图1-1所示。

常见的通信设备有音频调制解调器(Modem)、DSU/CSU(Data Service Unit/Channel Service Unit，数据服务单元/通道服务单元，数字通信线路上的数字传输设备的统称)、宽带Modem，光纤收发器和无线AP(Access Point)等。

实际的计算机网络是由多个逻辑网络连接在一起的。每个逻辑网络内部可能通过不同连接方式连接到多个计算机。逻辑网络之间的连接以及逻辑网络内部连接计算机的设备称作网络连接设备。常见的网络连接设备有路由器(Router)、交换机(Switch)和集线器(Hub)等。

2. 网络中的计算机是具有独立功能的计算机系统

具有独立功能的计算机系统是指计算机可以单独地工作，也可以通过网络连接上网，

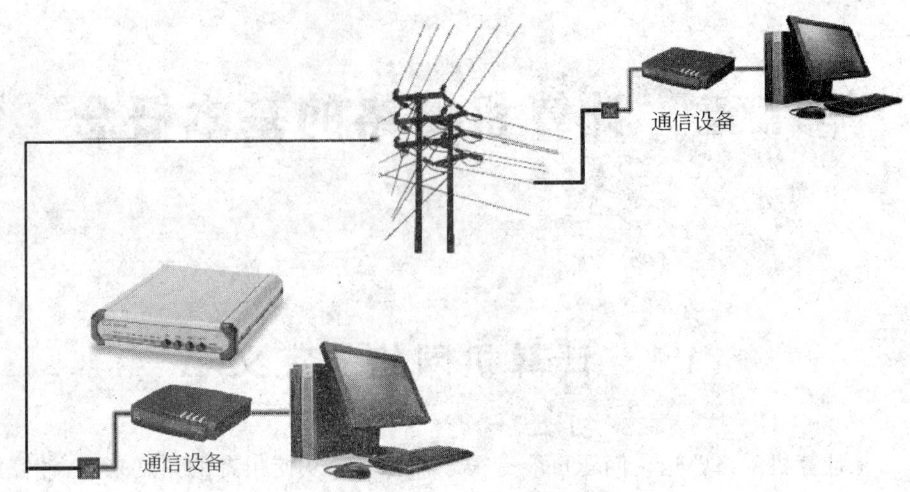

图 1-1　通信设备在信道中的位置

但计算机对网络没有依赖性。

3. 网络中的计算机必须遵守统一的网络通信协议

计算机联网的目的是实现计算机之间的通信。要实现计算机之间的通信,所有网络内的计算机必须遵守统一的通信规则和信息表示约定,即遵守统一的网络通信协议,使用支持网络通信协议的网络通信软件进行网络通信。例如当前的计算机网络中,所有计算机都安装 TCP/IP 协议通信软件,就是大家都按照 TCP/IP 工作。

4. 计算机联网的目的是实现资源共享和信息传递

计算机联网的目的除了实现计算机之间的通信之外,还有一个目的就是实现资源共享。在计算机网络中,共享的资源有信息软件资源和设备硬件资源。信息软件资源包括服务器上的文件、数据等;硬件资源包括服务器上的硬盘空间、网络打印设备等。

1.2　网络通信协议与网络体系结构

1.2.1　网络通信协议

通信就是信息的传递。在日常生活中人与人之间语言交流、书信往来都是通信。无论哪种形式的通信,通信的双方都必须遵守统一的规则。通信双方为实现通信而制定的规则、约定与标准就是通信协议。例如人与人之间对话时需要约定使用的语言,发言的顺序;在书信通信时,需要约定书信的语言、格式等。

在计算机网络中,通信的双方是计算机。为了使计算机之间能正确地通信,就必须制定严格的通信规则、约定和标准,准确地规定传输数据的格式与时序。这些为了使网络中的计算机之间能够正确通信而制定的规则、约定与标准就是网络通信协议。

1.2.2　网络体系结构

在计算机网络中，计算机之间的通信涉及的问题非常复杂。从用户提交信息开始到通过通信线路传递到对方计算机，最终交付到接收用户，这个通信过程涉及网络应用程序、网络通信程序、计算机操作系统、计算机硬件系统、网络通信接口、通信线路以及通信传输网络。要让所有的计算机都能连接到一个计算机网络中，这个网络通信协议的设计是相当困难的。即便是设计出了完美的网络通信协议，但由于计算机硬件的发展，软件系统的升级，通信网络、通信线路的变化，都会影响这个通信协议，那么这个网络通信协议从一诞生就将进入永无休止的升级改造之中，从而也不可能实现具有实用价值的网络通信。

人们经过大量的研究与实践提出了“网络体系结构”的概念，即将计算机网络按照结构化方法，采用功能分层的原理来实现。网络体系结构的核心是分层定义网络各层的功能，各个同层次之间使用自己的通信协议完成层内通信，相邻各层之间通过接口关系提供服务，各层可以采用最合适的技术来实现，各层内部的变化不影响其他层。

网络体系结构的研究使计算机网络的发展进入了一个新的阶段。1974 年 IBM 公司提出了世界上第一个网络体系结构 SNA(System Network Architecture)，之后其他公司也相继提出了自己的网络体系结构。

1.2.3　OSI 参考模型

为了有一个统一的标准解决各种计算机的联网问题，1974 年国际标准化组织 ISO (International Standards Organization)组织了大批科学家制定了一个网络体系结构，称作开放式系统互联模型 OSI(Open System Interconnection)。所谓“开放”就是说只要遵守 OSI 标准，任何计算机系统都可以连接到这个计算机网络中。OSI 参考模型如图 1-2 所示。

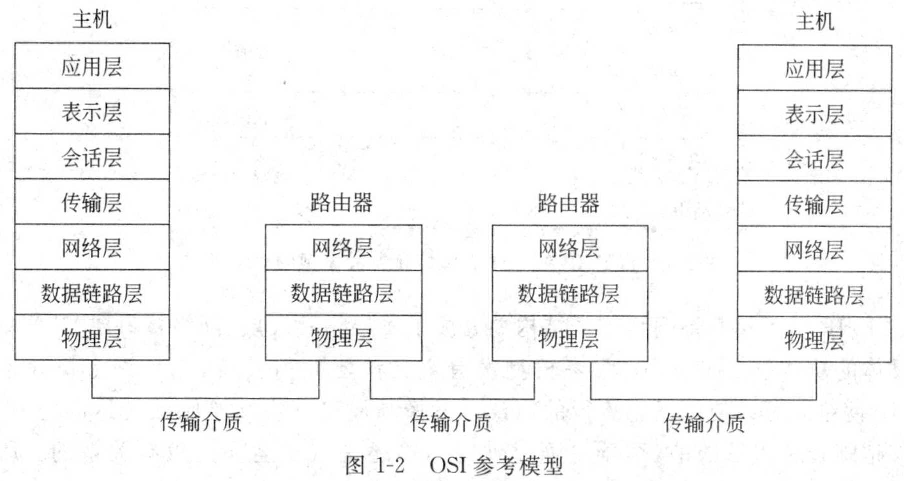

图 1-2　OSI 参考模型

OSI参考模型将网络通信功能划分成了7个层次,详细地定义了各层所包含的服务,层次之间的相互关系。其中物理层的主要功能是利用传输介质为通信网络节点之间建立、管理和释放物理连接,实现比特流的透明传输;数据链路层的主要功能是在物理层的基础上在通信实体之间建立数据链路连接,通过流量控制与差错控制实现相邻节点之间无差错的数据传输;网络层的主要功能是在通信网络中选择最佳路由;传输层的主要功能是实现端到端的可靠性数据传输;会话层的主要功能是建立和维护通信双方的会话连接;表示层的主要功能是处理两个系统中的信息表示方法;应用层的主要功能是为应用程序提供网络通信服务。

OSI参考模型对计算机网络的发展作用是巨大的,但到目前为止市场上还没有按照OSI参考模型开发的产品,所以OSI参考模型只是一个概念性框架。

1.2.4 TCP/IP参考模型

1969年11月,美国国防部高级研究计划管理局(Advanced Research Projects Agency,ARPA)为了军事的需要,开始建立一个命名为ARPAnet的网络。ARPAnet网络对计算机网络的发展有着不可磨灭的功绩,计算机网络的许多概念和方法都源于ARPAnet网络。在ARPAnet网络中使用的网络体系结构称作TCP/IP参考模型,它是由著名的传输层协议TCP和网络层协议IP而得名,通常人们称之为TCP/IP。在1973年,ARPAnet网络上的计算机节点达到了40多个;到1983年,ARPAnet网络上的计算机节点达到了100多个,而且美国国防部通信局公开了TCP/IP技术内容,许多计算机设备公司都表示支持TCP/IP,所以TCP/IP就成了公认的计算机网络工业标准或事实上的计算机网络标准,目前使用的计算机网络都是按照TCP/IP参考模型组建的网络。图1-3是TCP/IP参考模型和OSI参考模型的对应关系。

OSI	TCP/IP
应用层	应用层
表示层	
会话层	传输层
传输层	
网络层	互联网络层
数据链路层	网络接口层
物理层	

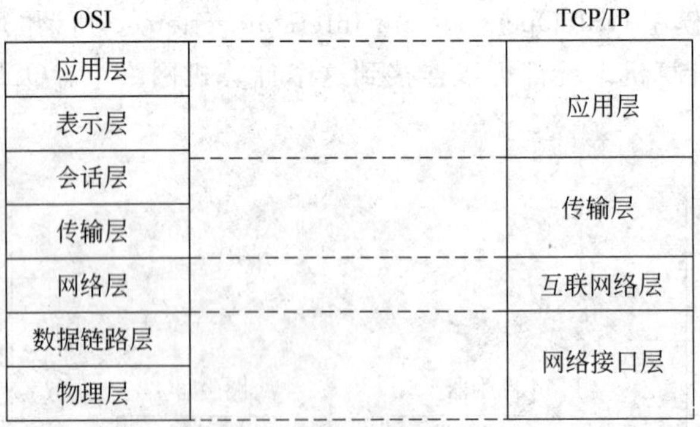

图1-3 TCP/IP参考模型和OSI参考模型的对应关系

TCP/IP参考模型将网络体系结构划分成了4层。其底层"网络接口层"其实并不是一个具体的功能层。TCP/IP参考模型没有定义该层如何实现,它允许主机在连接到TCP/IP网络时可以使用任意流行的协议。就像邮局将邮袋交给邮政转运部门一样,只要能够把邮袋送达目的地,至于是通过铁路运输还是汽车运输是没有关系的。所以在

TCP/IP 网络中,互联网络层以下可以是任意类型的局域网或通信网络,下层网络只是运送网络数据报文的通道。正是 TCP/IP 网络的这种兼容性与适应性使得该网络获得了巨大的成功。

TCP/IP 参考模型的互联网络层和 OSI 参考模型的网络层对应,一般也称为网络层或互联层。该层主要完成主机到主机的通信服务和数据报文的路由选择。TCP/IP 参考模型的传输层主要为网络应用程序完成进程到进程(端到端)的数据传输服务。

TCP/IP 参考模型的应用层是网络服务应用程序。网络服务应用程序有些是人们熟知的,例如文件传输协议 FTP;超文本传输协议 HTTP;简单邮件传输协议 SMTP;远程登录协议 Telnet 及域名系统 DNS、简单网络管理协议 SNMP 等。当然应用层也包含用户自己开发的网络应用程序,如网络聊天、网络游戏等。

学习计算机网络技术应该了解 TCP/IP 参考模型的工作原理,但限于篇幅和本教材侧重提高动手能力的特点,TCP/IP 参考模型的工作原理作为附录 B 供读者参考。

1.2.5　TCP/IP 网络中的数据传输过程

在图 1-4 所示的网络中,用户甲在计算机 A 上使用网络应用程序 X 给在计算机 B 的用户乙发送了一条数据信息 OK,现在来看这个 OK 数据信息是如何通过 TCP/IP 网络传输的。

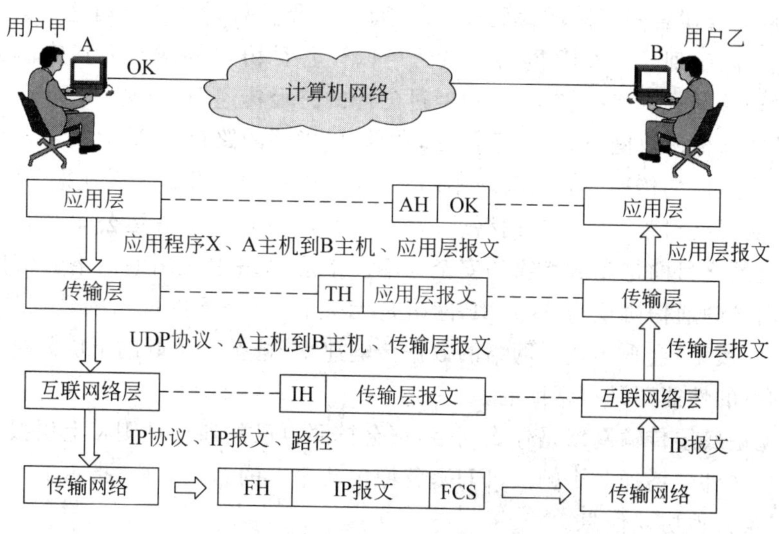

图 1-4　TCP/IP 协议网络中的数据传输过程

当用户甲确定发送信息后,应用程序 X 在 OK 数据上添加一些该程序之间的约定信息,这些协议信息称作协议报头,在应用层称作应用层报头(AH),这个报头就像邮政信函中的信封一样。

应用层将需要传递的信息(用户数据 OK 和应用层报头 AH)作为应用层报文交给传输层,同时告诉传输层,这是一个应用程序 X 的通信报文,发送方是主机 A,接收方是主机 B,该报文的接收者是应用程序 X。

传输层接收到应用层报文后，根据应用程序 X 的要求，选择一种传输层协议，例如 UDP。传输层根据选择的协议在应用层报文外边又添加一些协议信息，例如告诉接收方传输层这个报文的接收者是应用程序 X，这些作为传输层协议报头（TH）加在应用层报文外边，形成传输层报文。就像邮政信函通信中把信封装进一个邮袋、贴上标签一样。

传输层将传输层报文（应用层报文和传输层报头）交给互联网络层去传输，同时告诉互联网络层该报文需要按照 UDP 处理，接收方是计算机 B，发送方是计算机 A。

互联网络层接收到传输层报文后，又在传输层报文外面加上一个互联网络层协议报头（IH），其中包括接收方主机地址，发送方主机地址以及其他协议信息形成互联网络层报文（简称为 IP 报文），就像邮政通信中将邮袋装进了集装箱，在集装箱外贴上了路条一样。

互联网络层将 IP 报文交给下层其他协议网络去传输，同时告诉下层网络，这是一个 IP 报文，接收方需要按照 IP 去处理该报文。

互联网络层告诉下层其他协议网络的还有一个信息，就是 IP 报文传输的路径。TCP/IP 网络的互联网络层的一个重要功能就是路由选择。互联网络层在知道了目的主机地址后首先进行路由选择，检查是否有到达目的主机的路径，只有查到确实有路径可以到达目的主机时，互联网络层才将 IP 报文交给下层其他协议网络去传输。对于下层其他协议网络来说，不知道 TCP/IP 的主机地址，就像邮政部门把集装箱交给其他物流公司去运输一样，物流公司看不懂邮政编码表示的地址，只需要告诉物流公司这个集装箱运到哪儿去。由此可以看到，TCP/IP 网络中虽然可以让各种协议的网络为其传输 IP 报文，但它还是需要知道物理网络的结构，知道经过怎样的路径传递 IP 报文。

对于下层其他协议网络，需要根据互联网络层指示的路径传递 IP 报文。当然对于不同协议的网络具体的传递方式会有所不同，主要体现在如何准确无误地把 IP 报文传递到目的地。下层网络对于 TCP/IP 网络就是一个货运公司，每个货运公司会有自己的运作管理机制，但最终目的是完成货物的安全运输。下层网络中使用的网络通信协议是不同的，但下层网络的通信协议与 TCP/IP 网络是无关的，只是下层网络的数据传输速率（货运公司的工作效率）会影响整个网络的数据传输速率，选择一个好的下层网络（货运公司）对于提高网络的性能还是有帮助的。

当然，无论底层传输网络是什么网络，都会按照自己的通信规则将上层报文组织成数据帧，并在报文外部增加一个帧头（FH），就像集装箱上的路条一样，指示下一个数据接收站点地址以及其他协议信息。

IP 报文到达接收主机后，接收主机上的互联网络层打开 IP 报头，根据目的主机地址查看是否是应该接收的报文。核对正确后，去除互联网络层协议报头 IH，根据 IH 中指示的上层协议类型，将传输层报文交给传输层的 UDP 去处理。接收主机上的传输层去除传输层报头 TH，根据 TH 中指示的应用层接收程序，将应用层报文交给应用层的应用程序 X，这时计算机 B 上的用户乙就可以通过应用程序 X 看到用户甲发给他的 OK 信息了。

1.3　计算机网络的分类

计算机网络从宏观上看是一个互联在一起的物理网络，但是计算机网络一般是由无数个局部的逻辑网络组成的，就像一个国家是由无数个行政区域组成的一样。对于一个局部来说，网络的组成形式、工作方式可能是不同的。从组成技术、工作原理可以将计算机网络分为不同的种类，所以人们会经常听到一些某某网络的说法。下面介绍简单的计算机网络分类。

1.3.1　按网络的覆盖范围分类

按照计算机网络覆盖的地理范围进行分类，可以反映不同网络的技术特征。对于覆盖不同地理范围的网络所采用的数据传输技术也就不同，因此就有不同的技术特点与网络服务功能。一般按网络覆盖的地理范围分成局域网、广域网和城域网。

1. 局域网

1）局域网的概念

局域网（Local Area Network，LAN）是使用自备通信线路和通信设备、覆盖较小地理范围的计算机网络。一般为一个单位或部门所拥有。

局域网最主要的特征是使用自备通信线路和通信设备组建的计算机网络，在局域网中没有网络通信费用，网络传输速率只受通信线路和通信设备传输速率的限制，一般局域网中的数据传输速率较高，可以是公用通信网中数据传输速率的几十倍到几万倍，局域网中的数据传输速率一般是 10Mbps 到 10000Mbps。

2）局域网技术

局域网是一种网络分类，局域网也是一种网络实现技术。在局域网技术中只包括 OSI 模型的物理层和数据链路层。在 TCP/IP 参考模型中局域网是一个底层传输网络。由于局域网有概念和技术的不同含义，致使局域网一词容易造成误解。

在局域网技术中，根据实现技术的不同有不同的产品类型。早期的局域网产品类型比较多，随着市场的竞争和淘汰，到目前占领局域网市场绝大部分份额的是以太网（Ethernet）产品，现在以太网和局域网几乎已经成了同义词，很多网络连接设备中的局域网连接端口都称作以太网端口。

2. 广域网

广域网（Wide Area Network，WAN）是租用公用通信线路和通信设备、覆盖较大地理范围的计算机网络。Internet 就是一个广域网。

由于广域网覆盖的地理范围大，可能跨地区、跨省、跨国家，所以必须租用公用通信线路。租用线路的距离越长、数据传输速率越大，通信线路费用越高。受通信费用和公用通信线路数据传输速率的限制，一般广域网中的数据传输速率较低，一般在几 Kbps 到几 Mbps 之间。

广域网是通过公用通信线路互联所形成的，例如家庭计算机联网是通过租用 ADSL 线路，所以是广域网连接。其实广域网的底层大部分是局域网。例如企业内部局域网通过租用通信线路连接到 Internet，即连接到广域网中。局域网连接到广域网之后，虽然局域网内部可以使用 100Mbps 以上的传输速率通信，但是由于广域网连接通信线路允许的数据传输速率较低，而且所有局域网内的计算机到通过一条租用线路连接到 Interent，所以连接外网时会明显感觉到网速较慢。

3. 城域网

从地理覆盖范围的角度，城域网(Metropolitan Area Network，MAN)是介于局域网和广域网之间的网络。较早时期，城域网和广域网的实现技术没有什么区别，所以在一段时间内城域网的概念几乎消失了。但近些年来，随着高速局域网的出现和光纤通信网络的普及，局域网的数据传输速率达到了 10000Mbps，局域网通信距离达到了几十千米，电信运营商利用高速局域网技术和光纤线路在覆盖城市范围内建立了提供各种信息服务业务的计算机网络，在这个网络上可以实现语音、图像、数据、视频、IP 电话等多种增值服务业务，可以为城区单位组建虚拟网络。现在的城域网是覆盖城区范围，提供各种信息服务业务的高速计算机网络，是现代化城市建设的重要基础设施。当公司的办公场地分布在一个城市的不同位置时，可以通过城域网组建企业内部虚拟局域网。

1.3.2 按网络拓扑结构分类

按网络拓扑结构分类是一种按照网络连接方式、网络组成结构对计算机网络进行分类的方法。网络拓扑结构是将网络中的实体抽象成与其大小形状无关的点，将连接实体的线路抽象成线，使用点线表示的网络结构。常见的网络拓扑结构基本种类有如下几种。

1. 星形网络

星形拓扑结构网络是各个节点使用一条专用通信线路和中心节点连接的计算机网络。星形拓扑结构网络中任何两个节点之间的通信都需要经过中心节点。图 1-5(a)是以交换机作为中心节点的星形网络，图 1-5(b)是星形网络的拓扑结构图。

星形网络结构简单，通信控制容易实现，便于网络的维护和管理。

2. 总线型网络

网络中的所有计算机共享一条通信线路的计算机网络称作总线型网络。图 1-6(a)是总线型局域网示意图，图 1-6(b)是无线局域网示意图，图 1-6(c)是总线型网络拓扑结构图。

总线型网络的主要代表是总线型局域网和无线局域网。在早期的总线型局域网中，通信线路采用同轴电缆(类似有线电视电缆)。虽然在线路上既可以发送数据也可以接收

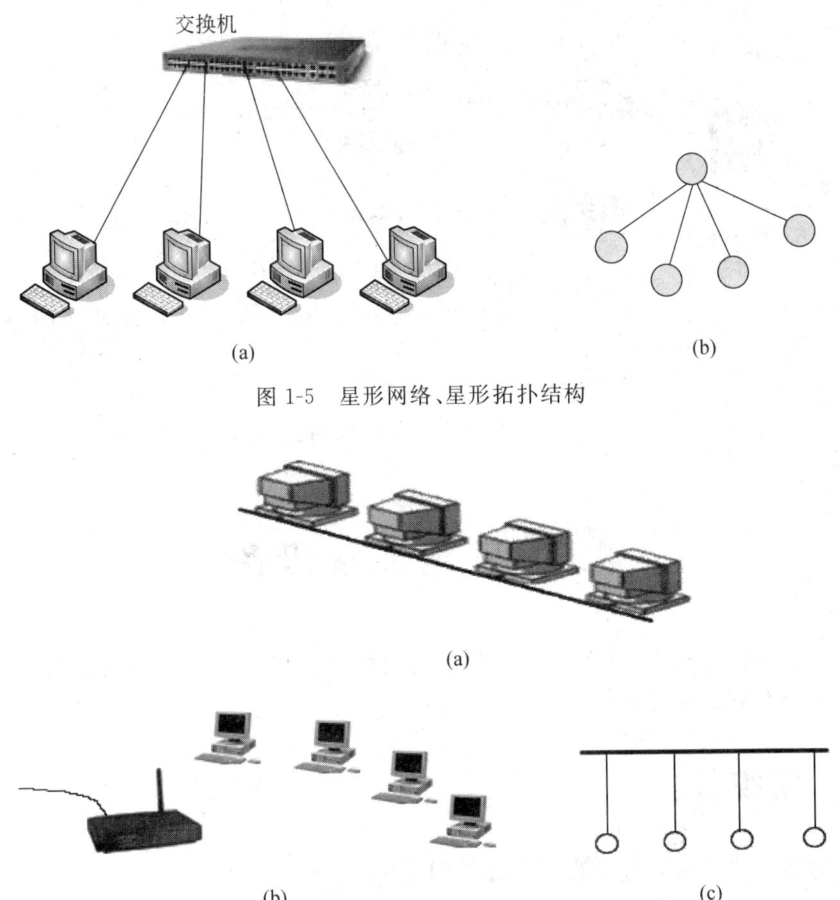

(a) (b)

图 1-5 星形网络、星形拓扑结构

(a)

(b) (c)

图 1-6 总线型网络、无线局域网络和总线型网络拓扑结构

数据，但由于只有一个信道，所以一个节点不能同时接收和发送数据。由于所有的计算机共享一条通信线路，网络中的计算机数量越多，网络的性能就越差。总线型网络中通信线路的费用是最低的，但通信控制方法比较复杂，由于在网络中同一时刻只允许一个节点发送数据，控制节点的发言权是通信控制中的主要问题。

3. 树形网络

树形网络是由星形网络组合而成的。图 1-7(a)是树形网络示意图，图 1-7(b)是树形网络拓扑结构图。在树形网络中，信息交换主要是在上下节点之间进行，同层节点之间信息交换量较小。在网络规划中树形结构网络比较常见。

4. 网状网络

网状网络是网络中的各个节点至少有两条以上的通信线路与其他节点相连。网状网络一般只用于军事网络、公用通信网络。在网络规划中核心网络经常设计成不完全网状结构。网状网络主要追求备份通信路由，保证网络不会因某条通信线路的损坏而瘫痪。

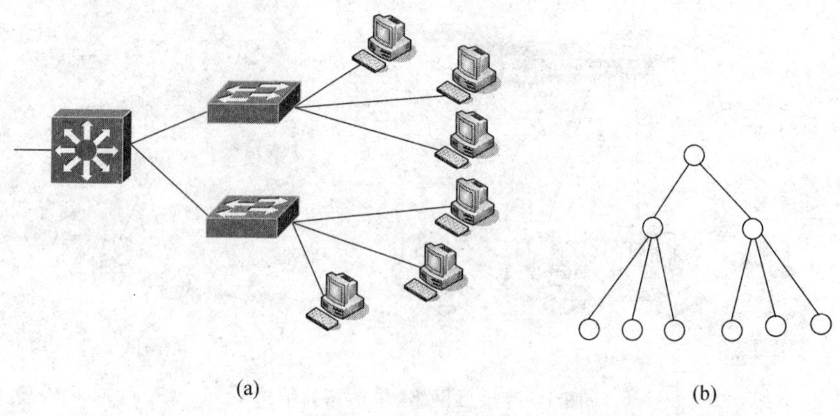

图 1-7　树形网络和树形网络拓扑结构

1.4　网络连接设备

在计算机网络连接中，除了物理线路上的通信设备之外还需要网络连接设备。常见的网络连接设备有以下几种。

1.4.1　集线器

常见的集线器(Hub)与集线器图标如图 1-8 所示。

图 1-8　集线器与集线器图标

集线器属于物理层网络连接设备，具备网络电缆连接和信号中继放大的作用。早期的总线型网络中，使用同轴电缆串联若干计算机组成一个网段，网段之间的连接使用中继器，中继器就是具有信号放大作用的物理层连接设备。在集线器出现之后，集线器不仅代替了中继器，而且使得网络连接变得方便简单。使用集线器连接的局域网中，每台计算机使用一条双绞线电缆连接到集线器，在物理上就像是星形网络。

使用集线器连接网络非常简单，例如办公室内只有一个信息插座，如果需要连接几台计算机，只要添加一个集线器，把信息插座和各个计算机连到集线器上就可以了。

使用集线器连接网络物理上虽然像星形网络，但逻辑拓扑还是总线型网络。在总线型网络中,所有连接在一个网段中的计算机共享一条通信线路,所以称作共享式网络。在共享式网络中同一时刻只能有一台计算机可以发送数据,网段内的计算机数量越多,大家在争用通信线路时发生冲突的概率越大,网络的性能就越差。所以在目前市场上有了价格非常便宜的桌面交换机之后,集线器几乎已经绝迹了。

1.4.2 交换机

常见的交换机(Switch)与交换机图标如图 1-9 所示。

图 1-9　常见的交换机与交换机图标

交换机的外形和集线器类似,但是交换机是数据链路层的网络连接设备(也称作 2 层连接设备,多端口网桥)。像集线器一样,交换机具有非常方便的网络连接功能。使用交换机连接网络,各个计算机只需要使用网线连接到交换机上即可。

所谓 2 层网络连接设备,交换机是根据通信双方的物理地址,使用存储转发的方式进行数据报文传递的设备。使用交换机连接的网络外观上和集线器连接的网络虽然一样,但是用交换机连接的网络无论在物理结构还是在逻辑拓扑上都是星形网络。使用交换机连接的网络称作交换式网络。在交换式网络中,连接在不同端口上的计算机可以在两两之间建立起多对通信连接,就像电话交换机那样,只要目的端口是空闲的,就可以和发起通信的源端口上的计算机建立通信连接。交换式网络的性能明显好于共享式网络,所以目前在局域网中几乎都是交换式网络。

交换机的种类较多,有可配置的交换机和不可配置的交换机;有大型的工作组交换机和非常简单的桌面交换机,除了二层交换机之外,还有具备路由选择功能的 3 层交换机。

将共享式局域网升级到交换式局域网非常简单,只需要把集线器更换成交换机即可,不需要进行任何其他的改动。

1.4.3 路由器

路由器(Router)是网络层连接设备(也称作网关)。路由器是用于连接不同逻辑网络和提供网络间通信路由的设备。

计算机网络是一个宏观的概念,实际上 Internet 是由无数个逻辑网络组成的,就像一个国家一样,国家内部需要划分成多个行政区域,在一个大的物理网络中有多个逻辑网络,逻辑网络之间的连接是由路由器完成的。

路由器工作在互联网络层，负责网络之间的路由选择和数据报文传递。路由器接收到一个数据报文之后首先根据报文中的目的地址从路由表中查找到达目的网络的路由，如果路由表中有到达目的网络的路由，则根据路由进行数据报文的转发；如果在路由表中没有到达目的网络的路由，则将该数据报文丢弃。

路由器和路由器图标如图 1-10 所示。前面提到的无线路由器也是路由器的一种。

图 1-10　路由器和路由器图标

1.4.4　路由器、交换机、集线器的区别

路由器、交换机、集线器的区别如表 1-1 所示。

表 1-1　路由器、交换机、集线器的区别

设　备	工作层	功　能	工 作 方 式	应用情况
集线器	物理层	网内连接	信号放大	基本淘汰
交换机	数据链路层	网内连接	根据物理地址存储转发	局域网内部连接
路由器	网络层	网间连接	根据网络地址存储转发	逻辑网络之间的连接

路由器、交换机、集线器的主要区别是：路由器是逻辑网络之间的连接设备，而交换机、集线器是逻辑网络内部的连接设备。图 1-11 是路由器、交换机和集线器连接网络的示意图。

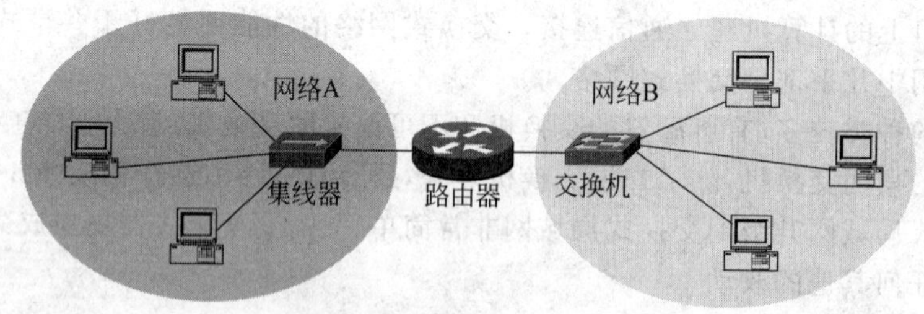

图 1-11　路由器、交换机和集线器连接网络示意图

1.5　小　　结

本章主要介绍了计算机网络的基本概念，包括计算机网络的定义与组成，网络通信协议与网络体系结构的概念，TCP/IP 参考模型，TCP/IP 网络中的报文传输过程、计算机网

络的分类以及网络连接设备。

通过本章的学习可以掌握如下内容：计算机网络是由无数个逻辑网络连接在一起的；路由器是逻辑网络之间的连接设备；交换机、集线器是逻辑网络内部的连接设备。

1.6　习　　题

一、选择题

1. 下列说法中(　　)是不正确的。
   A. 计算机网络是通过通信线路和通信设备连接起来的
   B. 计算机联网必须使用路由器等网络连接设备
   C. 网络中的计算机是具有独立功能的计算机系统
   D. 计算机联网的目的是实现资源共享和信息传递
2. 下列(　　)是通信设备。
   A. 路由器　　　　B. 集线器
   C. 交换机　　　　D. ADSL Modem
3. 关于"网络体系结构"，下列说法中(　　)是不正确的。
   A. 计算机网络按照结构化方法，采用功能分层的原理来实现
   B. 网络体系结构的核心是分层定义网络各层的功能
   C. 相邻各层之间通过接口关系提供服务
   D. 计算机联网必须使用网络通信设备
4. OSI 参考模型将网络通信功能划分成了(　　)个层次。
   A. 4　　B. 5　　C. 6　　D. 7
5. TCP/IP 参考模型将网络通信功能划分成了(　　)个层次。
   A. 4　　B. 5　　C. 6　　D. 7
6. 下列(　　)不是 TCP/IP 参考模型的网络服务应用程序。
   A. FTP　　B. HTTP　　C. IP　　D. SMTP
7. TCP/IP 参考模型中，"路由选择"是在(　　)中完成的。
   A. 应用层　　B. 传输层　　C. 互联网络层　　D. 网络接口层
8. 下列(　　)不是局域网的特点。
   A. 使用自备通信线路和通信设备　　　　B. 覆盖较小的地理范围
   C. 数据传输速率较高　　　　D. 使用路由器连接
9. 下列(　　)不是广域网的特点。
   A. 租用公用通信线路和通信设备　　　　B. 覆盖地理范围较大
   C. 数据传输速率高　　　　D. 有通信线路费用
10. 下列(　　)是数据链路层网络连接设备。
   A. 集线器　　B. 交换机　　C. 路由器　　D. 调制解调器

二、简答题

1. 什么是计算机网络?
2. 什么是网络通信协议?
3. 什么是网络拓扑结构?
4. 什么是星形拓扑结构网络?
5. 无线局域网属于哪种拓扑结构网络?

第 2 章　计算机网络中的通信地址与路由

通信的目的是要传递信息，但通信地址也是非常重要的。在书信通信中，没有收信人地址的信件是无法邮寄的。在计算机网络中，通信地址也是通信过程中的关键因素。如何表示通信地址是网络通信协议中的重要问题。

2.1　计算机网络中的地址种类

2.1.1　物理地址

物理地址是标识网络内计算机的唯一地址，就像信封上的收信人地址一样，包括省、市、县、村、街道、门牌号等。计算机的物理地址在不同协议的网络中有不同的表示方法。

目前在计算机网络的接入方式中绝大多数采用局域网（以太网）接入方式。计算机接入局域网时需要使用一个网络接口卡，简称网卡。常见的台式机独立以太网络接口卡如图 2-1 所示。

图 2-1　以太网络接口卡

网卡生产厂商在网卡上集成了一个 48 位二进制数编号（一般按字节使用十六进制数书写，中间用"："分隔，如"00:5b:03:5e:3f:0b"），其中前 24 位是从电气电子工程师协会（IEEE）的注册管理委员会申请的厂商注册号，后 24 位是厂商生产的网卡序号，这就保证了每块网卡的编号在全世界范围内是唯一的。一块网卡无论安装在哪台计算机上，网卡编号也不会变化。所以在计算机网络中就使用网卡编号作为计算机的物理地址。计算机上安装了一块网卡之后，这台计算机的物理地址就确定了，在没有更换网卡的情况下，这台计算机的物理地址是不会变化的。

物理地址是数据链路层通信时使用的通信地址。局域网络中的网卡完成计算机与网络通信线路的连接和通信线路的连接控制、数据的发送、接收等功能，相当于 OSI 参考模型中的物理层和数据连路层功能。一般把这些功能称为介质访问控制（Media Access Control，MAC）。网卡在发送数据时，会将网卡编号作为源地址加入发送的数据报文中表示发送该报文的计算机物理地址，接收该报文的计算机物理地址使用目的计算机上的网卡编号表示。网卡接收数据时会将报文中的目的计算机的物理地址和自己的网卡编号比较，用于确定该报文的接收者是否是本计算机，所以计算机的物理地址也称作介质访问控制地址（MAC 地址）。图 2-2 是以太网卡为 TCP/IP 网络传输 IP 报文时使用 MAC 地址的示意图。

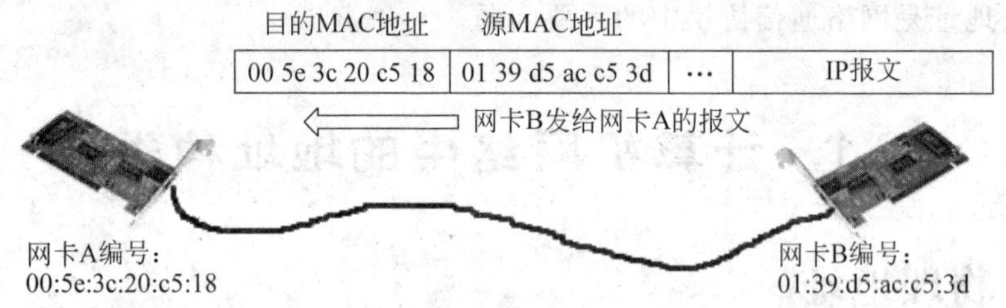

图 2-2　数据报文中的 MAC 地址

在计算机网络内，需要使用地址标识的除了计算机之外，还有中间连接转发节点，一般为路由器或交换机接口，图 2-3 是两款 Cisco 路由器。

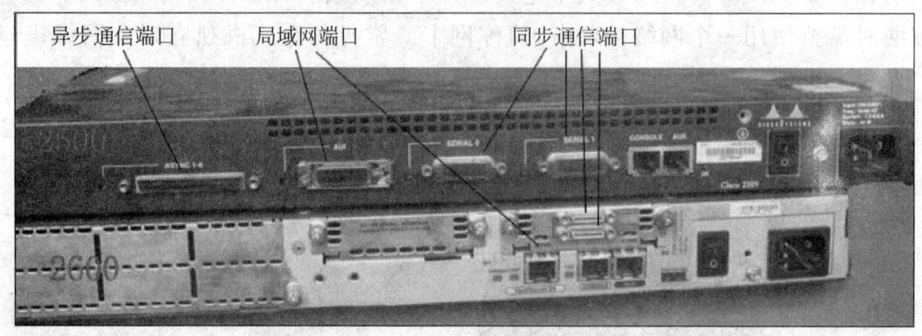

图 2-3　Cisco 路由器

路由器上的局域网端口是用来连接局域网的，每个局域网端口相当于一块网卡。对于路由器的每个局域网端口和网卡一样也是集成了一个 48 位的物理地址编号，这个编号在全世界范围内也是唯一的。

2.1.2　IP 地址

1. 什么是 IP 地址

使用网卡表示的物理地址可以在全世界范围内唯一地标识一台计算机，就像使用省、市、街道、门牌号码标识唯一的通信地址一样。但是这两者具有很大的不同。使用省、市、街道、门牌号码标识的通信地址中，地址信息具有区域层次结构，邮局可以根据区域信息逐级分拣传递。使用网卡表示的物理地址虽然在全世界范围内是唯一的，但不具备层次结构，而且在全世界范围内的分布也是随机的，因为网卡的销售与地区无关。如果在覆盖全世界范围的 Internet 网络中使用物理地址通信，网络中根本就不可能知道目的主机在哪里。

在 TCP/IP 网络中，网络层使用网际网协议（Internet Protocol，IP）地址表示通信地址，通常称为 IP 地址。IP 地址是一种层次结构地址编号，它包括网络编号和主机编号两部分，就像电话号码中包含区号和区内编号一样。IP 地址由 Inter NIC（Internet 网络信息中心）统一管理，每个国家的网络信息中心统一向 Inter NIC 申请 IP 地址，并负责国内 IP 地址的管理与分配。网络信息中心一般只分配网络号，网内编号由取得该网络编号使用权的网络管理人员管理分配。这样，在一台计算机被分配了一个 IP 地址后，该计算机肯定属于该网络号内的成员，在 Internet 上其他计算机与该计算机通信时，首先根据该计算机 IP 地址的网络号找到该网络，再从该网络中寻找该计算机。这个过程和打长途电话的过程是相似的，先根据区号找到电话机所在的地区，再从该区内根据电话号码找到该电话机。

2. IP 地址的表示方法

在 TCP/IP 网络中目前主要使用的是第 4 版 IP（IPv4），IPv4 中使用 32 位二进制数编码 IP 地址。为了书写方便，IP 地址使用点分十进制表示，即把 IP 地址的每个字节（8 位二进制数）用十进制数表示，每个字节之间用“.”分隔。例如图 2-4 是二进制 IP 地址编码与点分十进制表示方法。

IP地址：	00100001	10010001	10101000	00000100

点分十进制表示：33.145.168.4

图 2-4 二进制 IP 地址编码与点分十进制表示

3. IP 地址的分类

IP 地址中包含网络编号和主机编号，网络编号和主机编号是如何划分的呢？这个问题涉及 IP 地址的分类，类别不同，其划分方法也不同。

在 IP 地址中，为了照顾不同网络内主机数目的多少以及如何确定网络地址，IP 地址被划分成 A、B、C、D、E 五类。IP 地址的分类方法如图 2-5 所示。

在 Internet 中一般使用 A、B、C 类 IP 地址，D 类地址用于多播。多播（组播）主要用于网络会议、网络游戏、网络教学等用途。

在 A、B、C 类 IP 地址中，A 类网络有 127 个网络号，一个 A 类网络中可以有 $2^{24}=16M$ 个主机编号，A 类地址中第一个字节为网络号；B 类网络有 $2^{14}=16K$ 个网络号，一个 B 类网络中可以有 $2^{16}=65536$ 个主机编号，B 类地址中前 2 个字节为网络号；C 类网络 $2^{21}=2M$ 个网络号，一个 C 类网络中可以有 $2^{8}=256$ 个主机编号，C 类地址中前 3 个字节

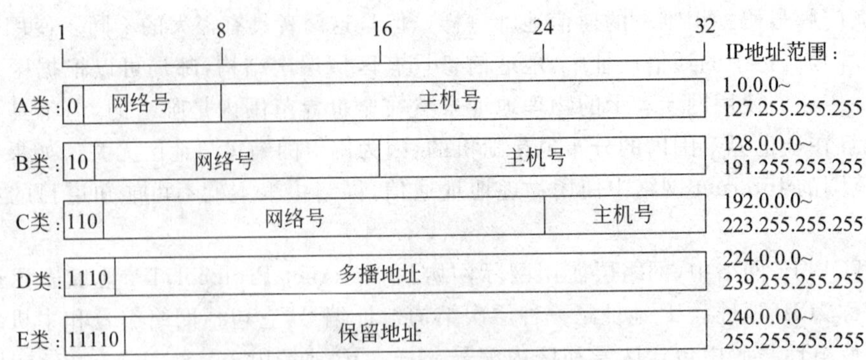

图 2-5　IP 地址的分类方法

为网络号。

2.1.3　域名地址

在 Internet 网络中，每台计算机都必须分配一个合法的 IP 地址，就像手机必须有一个合法的电话号码才能通信一样。虽然手机号码和 IP 地址都是通信地址，但是它们的用途上有较大差别。手机通信的对象范围较小，多是固定的通信对象，只要记住这些手机号码就可以了；IP 地址用于 Internet 上计算机之间的通信，通信对象范围大，而且没有固定性。在 Internet 上浏览信息时，如果不知道某个网站服务器的 IP 地址，显然就无法浏览。如果要像记电话号码一样记住众多的网站服务器的 IP 地址简直是不可能的。

域名地址就是使用助记符表示的 IP 地址。例如著名的中文搜索网站百度网站的一个 IP 地址是 202.108.22.5，我们记住这个 IP 地址不太容易，而且会经常改动，但它的域名地址是 www.baidu.com，记忆这个域名地址比记忆 IP 地址就容易多了，即便 IP 地址改动了，域名地址也不会改变。

域名地址虽然容易记忆，但在 IP 报文中使用的地址是用数字表示的 IP 地址。在浏览器中输入一个域名地址之后，必须将域名地址转换成 IP 地址才能进行网络通信，完成这个转换功能的设备称作域名系统(Domain Name System，DNS)服务器。DNS 服务器也是安装在一台计算机上的服务程序，使用查表的方法完成域名地址和 IP 地址的转换。

如果一台计算机想要别人使用域名地址访问，首先就要在一个 DNS 服务器中注册，一般是在上一级域名服务器中注册。域名是分级分层设置的，各级域名间使用“.”分隔。例如域名 www.nankai.edu.cn，其中：

cn 是顶级域名，代表中国，顶级域名是在 Internet 管理中心注册的域名；

edu 是二级域名，代表教育网，edu 是在中国互联网中心 cn 域名下注册的域名；

nankai 是三级域名，代表南开大学，nankai 是在教育网 edu 域名下注册的域名；

www 是主机域名，表示一个 Web 服务器，它是在 nankai 域名下注册的域名。

除了主机域名外，每级域名下都会设置一个域名服务器和备用域名服务器供下级进行域名注册。为了能够在网络中使用域名地址，在计算机网络连接的 TCP/IP 属性设置中必须设置 DNS 服务器地址。网络连接的 TCP/IP 属性设置对话框如图 2-6 所示。

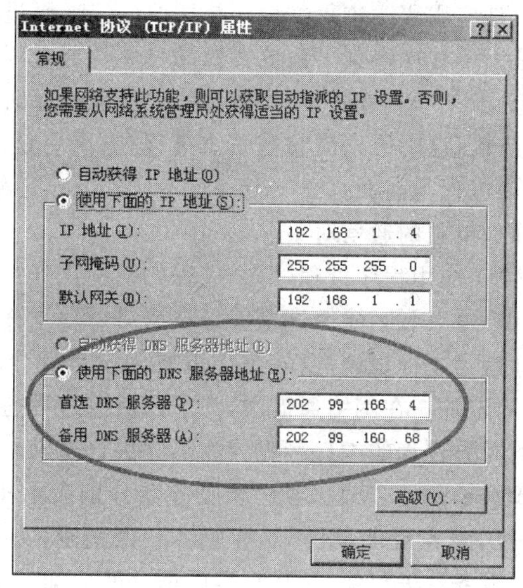

图 2-6　网络连接的 TCP/IP 属性设置对话框

DNS 服务器设置一般可以设置两个，但必须填写 DNS 服务器的 IP 地址。DNS 一般需要设置本地域名服务器地址，即计算机所在域的 DNS 服务器 IP 地址。在设置好 DNS 服务器地址之后，当一台计算机使用域名地址通信时，系统首先根据域名服务器 IP 地址将域名地址信息发送给域名服务器，域名服务器根据域名地址查找 IP 地址，然后将 IP 地址返回给该计算机，计算机再使用 IP 地址和需要通信的计算机通信。

根据域名查找 IP 地址的过程称作域名解析。实际上域名解析的过程是比较复杂的。一般域名在本地域名服务器中很难找到，但本地域名服务器会自动到它的上级域名服务器去查找，依次递归，最终会查到该域名地址所对应的 IP 地址。当然如果每次都这样去查找会影响工作效率，DNS 也采取了一些办法，例如在计算机和各级域名服务器上会暂存查找过的域名，在需要域名解析时，计算机会首先在本机的高速缓存中进行域名解析，不成功时才去上级域名服务器解析。各级域名服务器也是采取类似的处理方法，用于提高 DNS 的工作效率。

总之，域名地址是 IP 地址的助记符形式，使用域名地址需要 DNS 帮助。域名地址一般用于 Internet 网络中。在 Internet 网络中，如果在网络连接的 TCP/IP 属性设置中没有正确设置 DNS 服务器，该计算机就不能使用域名地址和其他计算机通信。

2.1.4　端口地址

MAC 地址表示一个计算机或网络中间节点的物理地址，是在数据链路层中使用的地址。IP 地址使用层次结构地址表示网络中的计算机或转发节点，是在网络寻址中使用的地址。MAC 地址和 IP 地址只能表示到计算机，但在一台计算机上可以同时打开多个网站，当然也可以同时多次打开同一个网站。这就说明网络通信的最终对象不是计算机，而是应用程序，严格地说是应用程序进程。程序是按照一定次序进行操作的命令序列，是一个静态的概念；进程是一个程序得到了系统资源的具体执行过程，进程是一个动态的概念。例如浏览器程序 Internet Explorer 是一个程序，执行该程序时打开一个浏览器窗口，可以实现和某一网站的连接，这时可以说它是一个进程；再次启动一个 Internet Explorer 时，即又建立一个进程，该进程与前面打开的 Internet Explorer 进程完全是两个不同的对象，它们每个在网络中都是单独的通信对象。

网络通信的最终对象是应用程序进程，那么进程如何标识呢？在一台计算机中，不同的进程是用不同的进程编号标识的，这个进程编号在网络通信中称作端口号或端口地址。

在一个进程被建立时，为了标识该进程，系统需要为该进程分配一个端口号，这个端口号对于一般进程是不固定的。在网络通信中，为了和对方进程通信，显然必须知道对方进程的端口号，怎样获取对方进程的端口号呢？为了解决这个问题，在网络通信中采用了客户/服务器模式(Client/Server,C/S)。客户和服务器分别表示相互通信的两个应用程序进程，客户向服务器发出服务请求，服务器响应客户的请求，为客户提供所需的服务。在 TCP/IP 协议网络中，服务器进程使用固定的，所谓众所周知的知名端口(Well-Known Ports)。知名端口号在 1～55 范围内，由 Internet 编号分配机构(Internet Assigned Numbers Authority，IANA)来管理。256～1023 为注册端口号，由一些系统软件使用。1024～65535 为动态端口号，供用户随机使用。表 2-1 是 TCP 使用的部分知名端口，表 2-2 是 UDP 使用的部分知名端口。

表 2-1　TCP 使用的部分知名端口

端口号	服　务	描　述
20	FTP-DATA	文件传输协议数据
21	FTP	文件传输协议控制
23	Telnet	远程登录协议
25	SMTP	简单邮件传输协议
53	DOMAIN	域名服务器
80	HTTP	超文本传输协议，Web 服务
110	POP3	邮局协议

表 2-2　UDP 使用的部分知名端口

端口号	服　务	描　述
53	DOMAIN	域名服务器
69	TFTP	简单文件传送
161	SNMP	简单网络管理协议

服务器进程又称作守候进程。服务器进程使用知名端口号等待为客户提供服务。客户程序需要某种服务时，通过服务器的 IP 地址和服务器端口号得到该服务器的相应服务。例如在浏览器地址栏输入 http://www. baidu. com，其中域名地址提供了服务器的主机地址，http 是 TCP 的超文本传输协议，服务器进程端口号是 80，所以就可以打开百

度网站，得到该服务器的 Web 服务。

2.1.5　TCP/IP 协议报文中的地址信息

一个 TCP/IP 信息报文从应用程序进程到交给数据链路层通过物理网络传输时，报文中包含的地址信息有三个。

MAC 地址：由数据链路层识别的主机物理地址；

IP 地址：由网络层识别的主机逻辑地址；

端口号：由传输层识别的应用程序进程标识。

TCP/IP 报文中的地址信息如图 2-7 所示。

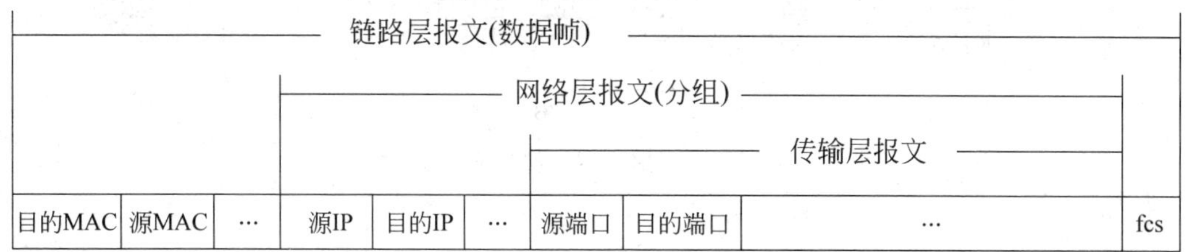

图 2-7　TCP/IP 报文中的地址信息

2.2　IP 地址的分配规则

一台计算机如果要连接到 TCP/IP 网络中，必须为该计算机分配一个 IP 地址；网络管理员可能会从上级网络管理部门得到一个或几个 IP 网络地址。为了保证 TCP/IP 网络内的计算机正常工作，必须保证 IP 地址的分配正确。

2.2.1　网络的划分

TCP/IP 网络中可以互联很多网络，整个网络就像一个国家，每个网络就像国家中的一个地区一样。在 TCP/IP 网络中，各个网络是用不同的网络号区分的。在一个网络中可以连接若干台计算机。

在一个国家中，行政区域是使用地区边界分隔的。在 TCP/IP 网络中，不同网络是通过网络连接设备（路由器）来分隔的。路由器上的每个广域网接口、局域网接口可以分别连接到不同的网络。图 2-8 是通过路由器连接网络的例子。

在图 2-8 中，路由器 A 和路由器 B 连接着 4 个网络。在网络 A、网络 B、网络 C 中，若干计算机和路由器上的一个端口通过集线器（Hub）设备连接在一起，组成一个网络。而网络 D 只是两个路由器之间的连接线，两端分别连接到两个路由器的一个端口，但它确实是一个网络，也要占用一个网络号。

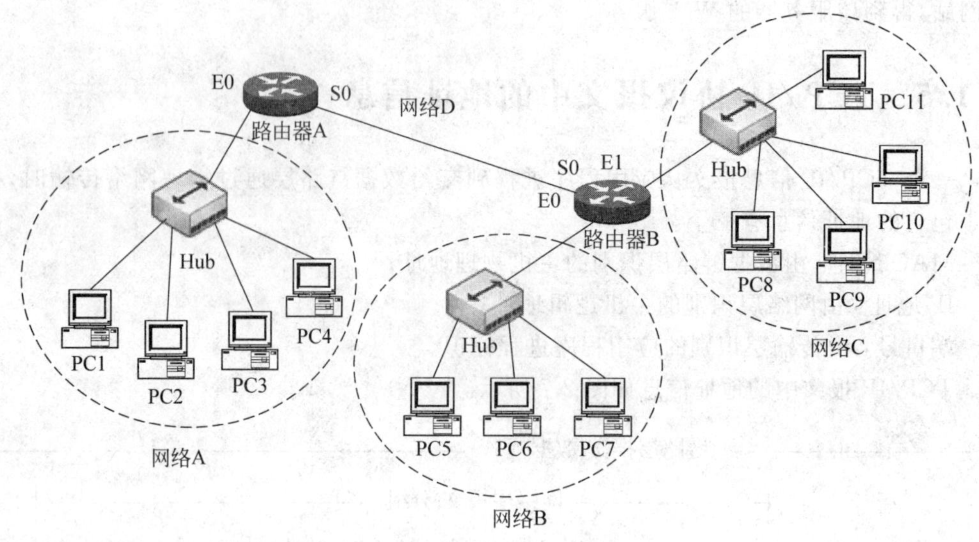

图 2-8　路由器连接的网络

2.2.2　特殊 IP 地址

在 TCP/IP 网络内，一些 IP 地址具有特殊的用途，不能随意使用。

1. 网络地址

IP 地址中，主机编号部分全“0”的地址表示网络地址，网络地址不能分配给主机使用。全“0”是指表示主机地址的二进制数据位全部是“0”，例如 C 类 IP 地址中，前 3 个字节是网络号，第 4 个字节是主机编号，第 4 个字节数值等于 0 时，即表示这是一个网络地址。例如 200.22.66.0 就是一个网络地址。或者换句话说，网络内主机编号不能使用 0 号。

2. 广播地址

IP 地址中，主机编号部分全“1”的地址表示广播地址，广播地址当然不能分配给主机使用。在 C 类 IP 地址中，第 4 个字节是主机编号，主机编号的 8 个二进制位全“1”时，对应的十进制数是 255，例如 200.22.66.255 就是一个广播地址。

在广播地址中，网络编号部分表示对哪个网络内的主机广播，一般称作直接广播。如果网络编号部分也是全“1”，并不表示向所有网络内的主机广播，而是限制在对自己所在网络内的主机广播，一般称作受限广播。例如 255.255.255.255 就是一个受限广播地址。

3. 本网络内主机

在 IP 地址中，0 号网络不能使用。一个 IP 地址的网络编号部分全“0”时，网络地址表示本网络，例如 0.0.0.38 表示本网络内的 38 号主机。

4. 回送地址

A 类地址中的 127.0.0.0 网络用于网络软件测试和本地进程间通信，该网络内的所有地址不能分配给主机使用。目的地址网络号包含 127 的报文不会发送到网络上。一般测试 TCP/IP 软件是否正常时，可以在“命令提示符”窗口使用：

```
Ping 127.0.0.1
```

如果能够收到“Reply from 127.0.0.1：bytes＝32 time＜1ms TTL＝128”类似的信息则说明该计算机上的 TCP/IP 协议软件工作正常。

5. 私有 IP 地址（专用地址）

在 IP 地址中，A、B、C 类地址中都保留了一块空间作为私有（专用）IP 地址使用。它们是：

```
10. 0.0.0~10.255.255.255
172.16.0.0~172.31.255.255
192.168.0.0~192.168.255.255
```

所谓私有 IP 地址就是可以在自己内部网络中任意使用的 IP 地址，所以在 Internet 公共网络上不能使用私有 IP 地址。在 Internet 网上不会传送目的 IP 地址是私有 IP 地址的报文，因为一个私有 IP 地址可能对应无数台计算机，例如在家庭无线网络中大家都使用 192.168.1.X 的 IP 地址。在自己内部网络中使用私有 IP 地址不用考虑和其他网络的 IP 地址冲突问题。

用户在自己的企业内部网络中可以任意使用私有 IP 地址，但如果想把内部网络连接到 Internet 时，就必须借助网络地址转换（Network Address Translation，NAT）服务，将私有 IP 地址转换成合法的公网 IP 地址才能进入 Internet。市场上出售的小路由器一般都有 NAT 功能，借助这种小路由器就可以实现家庭网络通过一个公网 IP 地址上网。

2.2.3　IP 地址分配规则

TCP/IP 网络内的主机没有合法的 IP 地址就不能联网工作。网络管理员在分配 IP 地址时需要遵守以下规则。

1. 每个网络接口（连接）应该分配一个 IP 地址

一台主机通过网络接口连接到网络，例如使用网卡实现和网络的连接。对于连接到网络的接口都需要分配 IP 地址。一般计算机只通过一个接口和网络连接，所以一般分配一个 IP 地址，即通常说的给主机分配 IP 地址（严格地说是为网络连接或网络接口分配 IP 地址）。但如果一台计算机使用两个网络接口分别连接到两个网络，即建立了两个网络连接，那么就需要给每个网络连接分配一个合法的 IP 地址。路由器作为网络中的网络连接和报文存储转发设备，它的网络接口也需要分配 IP 地址，路由器的每个连接到网络的接口都需要分配一个合法的 IP 地址。路由器可以看作具有多个网络接口的计算机。(注意：交换机工作在链路层,接口使用 MAC 地址,不需要分配 IP 地址)。

2. 使用合法的 IP 地址

对于不需要和 Internet 连接的 TCP/IP 网络,网络内可以任意使用 A、B、C 类 IP 地址或者私有 IP 地址。但如果网络是连接都 Internet 上的,IP 地址就不能随意使用,只能从上级网络管理部门申请获得,如果使用私有 IP 地址就需要使用 NAT 转换。特殊的 IP 地址不能分配给网络接口(或者说主机),每个网络接口的 IP 地址必须是唯一的。

3. 同一网络内的 IP 地址网络号必须相同,一个网络的 IP 地址网络号必须唯一

在同一个网络内的所有主机、网络接口所分配的 IP 地址必须有相同的网络号。例如在图 2-8 中,假设取得了“200.100.65.0～200.100.68.0 ”4 个 C 类网络 IP 地址使用权,那么有如下分配方案。

网络 A 中的 IP 地址分配方案如下。

```
路由器 A 的 E0 口：200.100.65.1
PC1:              200.100.65.2
PC2:              200.100.65.3
PC3:              200.100.65.4
PC4:              200.100.65.5
```

网络 B 中的 IP 地址分配方案如下。

```
路由器 B 的 E0 口：200.100.66.1
PC5:              200.100.66.2
PC6:              200.100.66.3
PC7:              200.100.66.4
```

网络 C 中的 IP 地址分配方案如下。

```
路由器 B 的 E1 口：200.100.67.1
PC8:              200.100.67.2
PC9:              200.100.67.3
PC10:             200.100.67.4
PC11:             200.100.67.5
```

网络 D 中的 IP 地址分配方案如下。

```
路由器 A 的 s0 口：200.100.68.1
路由器 B 的 s0 口：200.100.68.2
```

在每个网络内,各个网络接口的 IP 地址是唯一的,但每个网络内所有 IP 地址的网络号是相同的,不同网络内的网络号都是不同的。虽然网络 D 内只占用了两个 IP 地址,但它必须占用一个网络号。

一个网络内的 IP 地址如果使用了其他网络的网络号,不仅会造成 IP 地址冲突,而且

会造成网络错误。这就像一个北京人寄信时把寄信人地址写成了上海，那么对方回信时信件肯定会寄到上海，发信人就永远收不到回信，在网络中就是网络不通。

2.3　子网与子网掩码

2.3.1　子网的概念

在当前世界上，IP 地址已经成为非常紧缺的信息资源。Internet 网络的发展之快使 IP 地址几乎消耗殆尽，申请 IP 地址的使用权已经变得相当困难。为了解决 IP 地址的危机问题，IP 推出了第 6 个版本 IPv6，IPv6 将 IP 地址编码长度扩展到了 128 位（16 个字节），但是目前大多数系统还在使用 IPv4，版本升级还有很多的困难。

在 IP 地址如此紧张的情况下，2.2 节中为图 2-8 设计的 IP 地址分配方案虽然没有错误，但基本上是行不通的，因为在这个方案中浪费了大量的 IP 地址。

在 A、B、C 类 IP 地址中，虽然一个网络号内可以包含很多主机地址，但使用起来却不方便。例如一个 B 类网络中可以容纳 65534 个主机地址，如果某个单位总共有 6 万台计算机，显然申请一个 B 类网络就足够了。但是 6 万台计算机不可能都放置在一起，如果分散在几百个部门，每个部门组成一个网络，各个部门之间使用路由器连接起来，这时最大的问题是网络号只有一个，而实际可能需要几百个网络号。

为了解决网络地址不足的问题，可以在一个网络地址内再划分成若干网络，在一个网络地址内划分出的网络称作子网。划分子网时需要占用原来的主机编号字段，当然一个网络划分若干网络后，每个网络内能够容纳的主机编码个数必然减少。

例如在图 2-8 中，如果只申请到了一个 C 类网络地址 200.100.61.0，因为一个 C 类网络中可以容纳 254 个主机，对于图 2-8 的情况是足够的。但需要的 4 个网络号如何取得呢？这里可以把主机编码部分分成两部分，左边两位用于子网编码，其余 6 位用于子网内主机编码，编码情况如图 2-9 所示。

通过将第 4 个字节的左边两位二进制位拿来作为子网编码，可以得到 00、01、10、11 四组编码，即 4 个子网号。在每个子网内主机编码部分可以从 000000 到 111111 变化，可以得到 64 个主机编码地址。但是在书写 IP 地址时不能把一个字节拆开写，即子网编码和子网内主机编码要合在一起书写，所以四个子网内的 IP 地址如图 2-9 中所示。

在划分了子网之后，子网号也是网络号，子网内主机编号部分全“0”时表示网络地址，全“1”时表示对该子网的广播地址，这两个 IP 地址也是不能分配给主机使用的。但子网编码部分全“0”（0 号子网）和全“1”的子网编号是允许使用的。

2.3.2　子网掩码

在 A、B、C 类 IP 地址中，可以根据 IP 地址的类别确定网络号和主机号。在划分子网之后，网络编号部分不再是固定的，这时如何判断网络地址呢？解决该问题的方法是使用

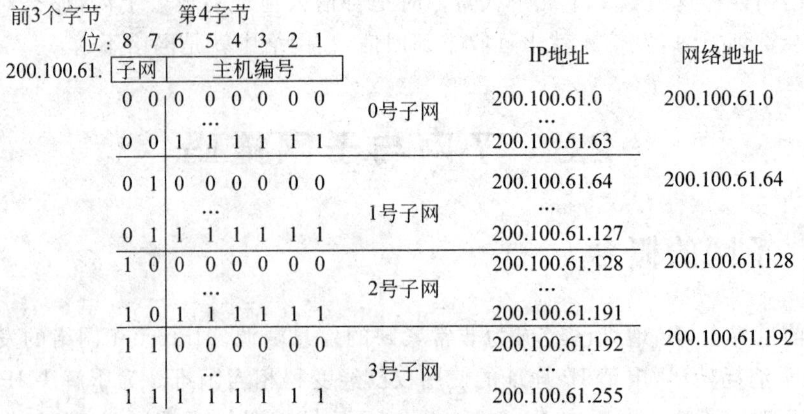

前3个字节	第4字节			
位:	8 7 6 5 4 3 2 1		IP地址	网络地址
200.100.61.	子网 | 主机编号			
	0 0 | 0 0 0 0 0 0	0号子网	200.100.61.0	200.100.61.0
	…		…	
	0 0 | 1 1 1 1 1 1		200.100.61.63	
	0 1 | 0 0 0 0 0 0	1号子网	200.100.61.64	200.100.61.64
	…		…	
	0 1 | 1 1 1 1 1 1		200.100.61.127	
	1 0 | 0 0 0 0 0 0	2号子网	200.100.61.128	200.100.61.128
	…		…	
	1 0 | 1 1 1 1 1 1		200.100.61.191	
	1 1 | 0 0 0 0 0 0	3号子网	200.100.61.192	200.100.61.192
	…		…	
	1 1 | 1 1 1 1 1 1		200.100.61.255	

图 2-9 子网与主机编码

子网掩码(Mask)。Mask 就是在使用子网之后用来计算网络地址的工具。在 Mask 中，二进制位为"1"的位表示网络编号部分；二进制位为"0"的位表示主机编号部分。例如对于 A、B、C 类 IP 地址，它们的子网掩码 Mask 分别是如下内容。

```
A类网络子网掩码 Mask: 255.0.0.0
B类网络子网掩码 Mask: 255.255.0.0
C类网络子网掩码 Mask: 255.255.255.0
```

在有了子网的概念之后，分配 IP 地址时必须同时指定一个子网掩码 Mask，用于说明如何计算网络地址；在判断网络地址时，使用 IP 地址和子网掩码 Mask 进行一个逻辑与运算，计算出该 IP 地址中的网络地址。例如子网掩码 Mask 为 255.255.255.224 时，IP 地址 200.100.166.108 的网络地址计算过程如图 2-10 所示进行"与"运算。

	十进制	二进制			
IP:	200.100.166.108	11001000	01100100	10100110	01101010
and) Mask:	255.255.255.224	11111111	11111111	11111111	11100000
=	200.100.166.96	11001000	01100100	10100110	01100000

图 2-10 网络地址计算过程

计算网络地址时使用 IP 地址和 Mask 按二进制位进行逻辑与运算，图 2-10 中计算结果 200.100.166.96 就是网络地址。

确定子网掩码 Mask 的因素是整个网络内需要的网络号个数和子网内所能容纳的最多主机个数。表 2-3 是 C 类网络中 Mask 的取值和可用的子网个数与子网内最多能够容纳的主机数对照表。

表 2-3 Mask 与子网数、子网内最多主机数对照表

Mask	二进制	子网数	子网内主机
128	10000000	2	126
192	11000000	4	62

续表

Mask	二进制	子网数	子网内主机
224	11100000	8	30
240	11110000	16	14
248	11111000	32	6
252	11111100	64	2

在图 2-8 的例子中，如果按照图 2-9 规划子网，那么使用的子网掩码为 255.255.255.192。网络 A 中的 IP 地址分配方案如下。

```
路由器 A 的 E0 口：200.100.61.1   255.255.255.192
PC1:             200.100.61.2   255.255.255.192
PC2:             200.100.61.3   255.255.255.192
PC3:             200.100.61.4   255.255.255.192
PC4:             200.100.61.5   255.255.255.192
```

网络 B 中的 IP 地址分配方案如下。

```
路由器 B 的 E0 口：200.100.61.65   255.255.255.192
PC5:             200.100.61.66   255.255.255.192
PC6:             200.100.61.67   255.255.255.192
PC7:             200.100.61.68   255.255.255.192
```

网络 C 中的 IP 地址分配方案如下。

```
路由器 B 的 E1 口：200.100.61.129   255.255.255.192
PC8:             200.100.61.130   255.255.255.192
PC9:             200.100.61.131   255.255.255.192
PC10:            200.100.61.132   255.255.255.192
PC11:            200.100.61.133   255.255.255.192
```

网络 D 中的 IP 地址分配方案如下。

```
路由器 A 的 s0 口：200.100.61.193   255.255.255.192
路由器 B 的 s0 口：200.100.61.194   255.255.255.192
```

这里对于 C 类网络来说只使用了 200.100.61.0 网络，但由于使用了 255.255.255.192 子网掩码 Mask，在一个 C 类网络内划分出了四个子网，满足了网络号的需求。四个子网的网络地址分别是 200.100.61.0、200.100.61.64、200.100.61.128、200.100.61.192。

在分配 IP 地址时，必须同时指定子网掩码 Mask，子网掩码 Mask 的表示方法也可以使用“IP 地址/网络地址长度”表示。例如在 C 类网络中，第 4 字节的前三位作为子网编码时，即网络地址长度为 27 位，子网掩码 Mask 可以用下列两种方法表示：

```
200.100.120.28   255.255.255.224
200.100.120.28/27
```

2.3.3 网络地址规划

在网络管理工作中，根据网络的分布与连接情况，根据申请得到的 IP 网络地址，合理地规划子网，正确的分配 IP 地址和子网掩码 Mask，就是进行网络地址规划。

在一个不和 Internet 连接的内部网络中，虽然可以任意使用 IP 地址，可以使用私有 IP 地址，但 IP 地址的分配规则是不能改变的。分配私有 IP 地址时也需要指定子网掩码 Mask，也要进行网络地址规划。要对每一个网络指定一个唯一的网络号，网络内部主机号也要进行科学的分配。只有做好网络地址规划，搭建的网络才能通畅地工作。

例如某公司内网络连接情况和各部门的计算机配置如图 2-11 所示。假设该公司申请得到了 202.3.5.0 网络地址使用权，应该如何进行网络地址规划呢？

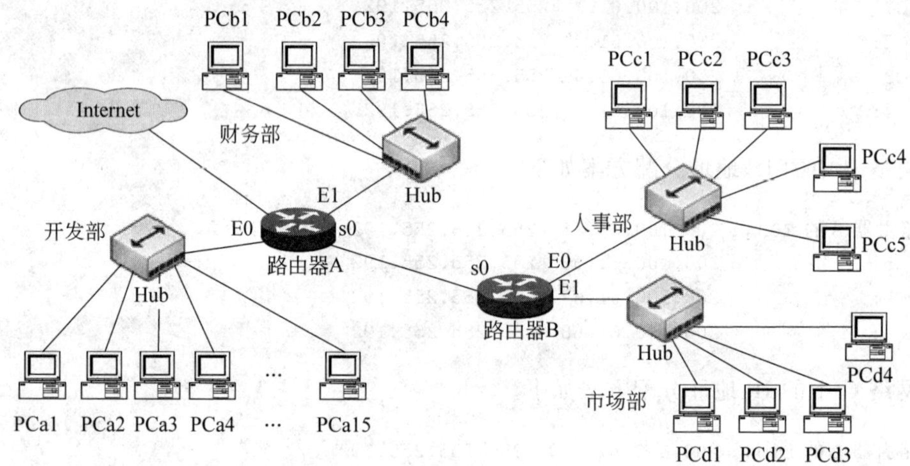

图 2-11 某公司内网络连接情况和各部门的计算机配置举例

首先要确定需要多少个网络号。在图 2-11 中，通过两个路由器连接了 5 个内部网络(连接到 Internet 的 IP 地址由上级网络提供，这里不需要考虑)，包括财务部、开发部、人事部、市场部 4 个网络和两个路由器之间的 1 个网络。在所有网络中，开发部配置的主机数量最多，有 15 台 PC。所以可以确定子网掩码 Mask＝255.255.255.224。根据表 2-3 可以知道在使用该 Mask 时，在 C 类网络中可以划分出 8 个子网，满足需要 5 个网络号的条件；每个子网内可以容纳主机 30 个，满足开发部需要 16 个主机地址(15 台 PC 加一个路由端口)的条件，所以网络地址规划方案如下。

(1) 开发部网络

```
路由器 A 的 E0 端口: 202.3.5.1   255.255.255.224
PCa1:               202.3.5.2   255.255.255.224
PCa2:               202.3.5.3   255.255.255.224
                    …
PCa15:              202.3.5.16  255.255.255.224
```

（2）财务部网络

```
路由器 A 的 E1 端口：202.3.5.33   255.255.255.224
PCb1:                202.3.5.34   255.255.255.224
PCb2:                202.3.5.35   255.255.255.224
PCb3:                202.3.5.36   255.255.255.224
PCb4:                202.3.5.37   255.255.255.224
```

（3）人事部网络

```
路由器 B 的 E0 端口：202.3.5.65   255.255.255.224
PCc1:                202.3.5.66   255.255.255.224
PCc2:                202.3.5.67   255.255.255.224
PCc3:                202.3.5.68   255.255.255.224
PCc4:                202.3.5.69   255.255.255.224
PCc5:                202.3.5.70   255.255.255.224
```

（4）市场部网络

```
路由器 B 的 E1 端口：202.3.5.97   255.255.255.224
PCd1:                202.3.5.98   255.255.255.224
PCd2:                202.3.5.99   255.255.255.224
PCd3:                202.3.5.100  255.255.255.224
PCd4:                202.3.5.101  255.255.255.224
```

（5）两台路由器之间连接的网络

```
路由器 A 的 s0 端口：202.3.5.129  255.255.255.224
路由器 B 的 s0 端口：202.3.5.130  255.255.255.224
```

从上面的 IP 地址分配中可以看到，开发部网络地址是 202.3.5.0，财务部网络地址是 202.3.5.32，人事部网络地址是 202.3.5.64，市场部网络地址是 202.3.5.96，两台路由器之间连接网络地址是 202.3.5.128。还有三个网络地址 202.3.5.160、202.3.5.192、202.3.5.224 没有使用。每个子网内分配 IP 地址时都是从网络地址加 1 开始的，子网内 0 编号地址不能分配给主机或网络连接端口，子网内最小的 IP 地址就是子网的网络地址（网络号）。

2.3.4　可变长子网掩码

在上面的网络地址规划中，使用了一个固定长度的（定长）Mask 将一个 C 类网络划分成了 8 个子网，既满足了网络地址的需要，也满足了各个子网内部信息点数的需要。但是，这种子网划分方式最大的缺点就是 IP 地址浪费比较严重，例如两个路由器之间的连接（常被称作串行链路），虽然只是占用了两个 IP 地址，但是该子网内的其他 IP 地址就不能在其他地方使用了，造成了很大的浪费，而且子网直径越大，这种浪费就越大。

在定长子网划分中，只能采用一个子网掩码，一旦子网掩码的长度确定后，子网的数量和每个子网中可用 IP 地址的数量都就确定了。而在实际的网络规划中，每个子网的大小要求往往并不相同，如果采用定长子网掩码，则可能造成大量 IP 地址的浪费，甚至无法完成子网的划分。

可变长子网掩码(Variable-Length Subnet Masks，VLSM)是一种产生不同大小子网的 IP 地址分配机制。它允许在同一个网络地址空间里使用多个长度不同的子网掩码，实现将子网继续划分为子网，以提高 IP 地址空间的利用率，克服定长子网掩码所造成的固定数目、固定大小子网的局限。

例如，某公司申请到了一个 C 类网段 202.207.120.0/24。该公司内部网络连接及各个部门的计算机数量如图 2-12 所示。分析可知，该公司各个部门主机数量总和为 182 个，加上路由器以太网接口的 IP 地址需求，总共需要的 IP 地址不会超过 200 个。而一个 C 类网段可以提供 $2^8-2=254$ 个有效的 IP 地址，完全可以满足该公司对 IP 地址的需求。但实际上，如果采用定长子网掩码来划分子网根本无法实现。

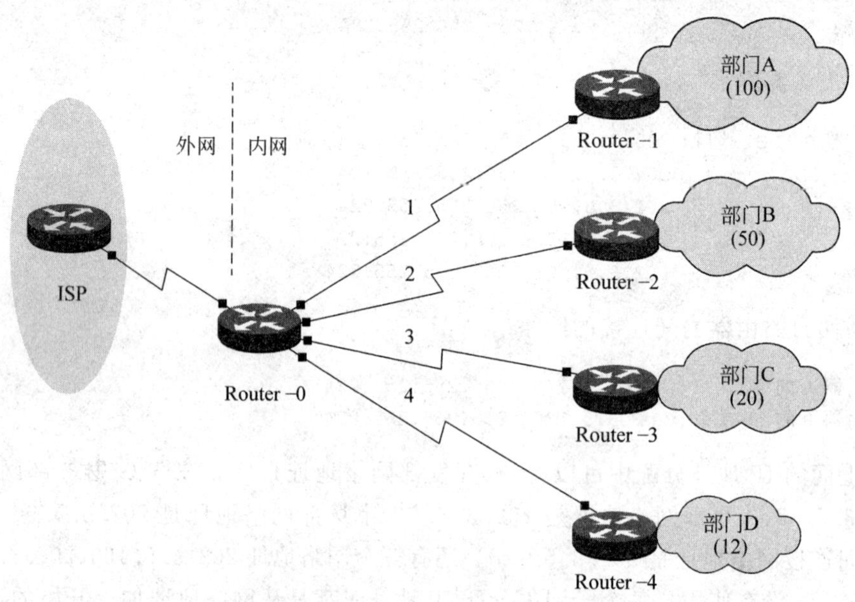

图 2-12　网络连接及各个部门的计算机数量

从图 2-12 中可以看出，该公司内部网络共需要划分出 8 个子网，最大的子网需要 101 个有效的 IP 地址，而最小的子网只需要 2 个可分配的 IP 地址即可。如果采用定长子网掩码来划分子网，为满足最大子网对 IP 地址数量的要求，只能借用 1bit 来划分子网，共可划分出 2 个子网，每个子网可用 IP 地址为 $2^7-2=126$，如表 2-4 所示。一方面是划分出的大的逻辑子网分配给小的物理网络造成的 IP 地址的浪费，另一方面是子网划分数量的不足。要解决这个问题，只能采用 VLSM 来实现。

表 2-4　借用 1bit 划分子网情况

子网号	子 网 地 址
Subnet1	202.207.120.0/25
Subnet2	202.207.120.128/25

由于 VLSM 允许多个长度不同的子网掩码，在此我们首先借用 1bit 划分出 2 个子网 Subnet1、Subnet2，将子网 Subnet1 分配给该公司的部门 A 使用；而在 Subnet2 内再借用 1bit 继续划分为 2 个子网 Subnet2.1、Subnet2.2，每个子网可提供 $2^6-2=62$ 个可分配 IP 地址，如表 2-5 所示，并将 Subnet2.1 分配给部门 B 使用。

表 2-5　Subnet2 内借用 1bit 划分子网情况

子网号	子网地址
Subnet2.1	202.207.120.128/26
Subnet2.2	202.207.120.192/26

在 Subnet2.2 内再借用 1bit 继续划分为 2 个子网 Subnet2.2.1、Subnet2.2.2，每个子网可提供 $2^5-2=30$ 个可分配 IP 地址，如表 2-6 所示。将 Subnet2.2.1 分配给部门 C 使用。

表 2-6　在 Subnet2.2 内借用 1bit 划分子网情况

子网号	子网地址
Subnet2.2.1	202.207.120.192/27
Subnet2.2.2	202.207.120.224/27

在 Subnet2.2.2 内再借用 1bit 继续划分为 2 个子网 Subnet2.2.2.1、Subnet2.2.2.2，每个子网可提供 $2^4-2=14$ 个可分配 IP 地址，如表 2-7 所示。将 Subnet2.2.2.1 分配给部门 D 使用。

表 2-7　在 Subnet2.2.2 内借用 1bit 划分子网情况

子网号	子网地址
Subnet2.2.2.1	202.207.120.224/28
Subnet2.2.2.2	202.207.120.240/28

最后还剩下一个子网 Subnet2.2.2.2，该子网内有 16 个 IP 地址。在该子网内再借用 2bit，将该子网再划分成 4 个子网 Subnet2.2.2.2.1、Subnet2.2.2.2.2、Subnet2.2.2.2.3、Subnet2.2.2.2.4，每个子网内可提供 $2^2-2=2$ 个可分配 IP 地址，如表 2-8 所示。

表 2-8　在 Subnet2.2.2.2 内借用 2bit 划分子网情况

子网号	子网地址
Subnet2.2.2.2.1	202.207.120.240/30
Subnet2.2.2.2.2	202.207.120.244/30
Subnet2.2.2.2.3	202.207.120.248/30
Subnet2.2.2.2.4	202.207.120.252/30

Subnet2.2.2.2.1、Subnet2.2.2.2.2、Subnet2.2.2.2.3、Subnet2.2.2.2.4 正好分配个 4 条串行链路，每条串行链路上正好需要 2 个可分配 IP 地址。IP 地址空间分配如图 2-13 所示。

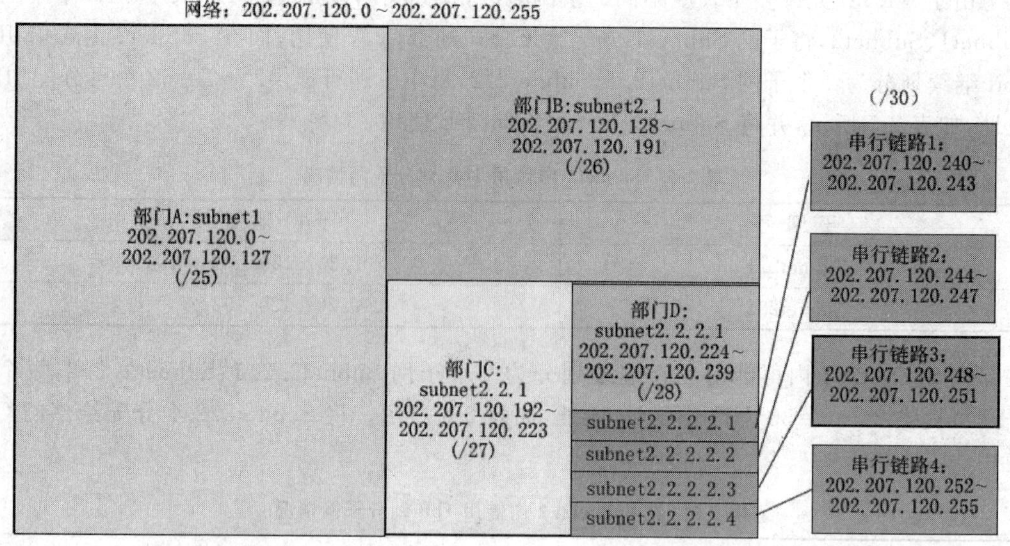

图 2-13　IP 地址空间分配

在上面的例子中，共存在 25、26、27、28、30 五种不同的子网掩码，并最终完成了定长子网掩码无法实现的子网划分，提高了 IP 地址的利用率，实现了对于 IP 地址的节约。长度为 30 位的子网掩码(255.255.255.252)划分的子网中由于只有 2 个可分配的 IP 地址，所以，所以一般称为串行链路子网掩码。

在使用 VLSM 时，需要注意的是只有尚未被使用的子网才可以进行进一步的划分，如果某个子网中的地址已经被使用，则这个子网不能再被进一步划分。

2.4　网络通信路由

人们在出门旅行之前，都会确定一条旅行路线。计算机网络中的一个主机将一个数据报文通过网络发送给某个主机时，就如同该报文到互联网络世界中去旅游，最终到达目的主机。对于计算机来说，当一个报文交付给网络层后，网络层首先要查找一下自己的路由表中有没有存储到达目的主机的路由。如果有，则根据路由表指示将报文发送给路由上的下一个主机(专业术语叫下一跳)；如果没有到达目的主机的路由，则丢弃该报文。网络连接设备路由器中也存储着路由表，路由器收到一个报文后，根据报文中的目的 IP 地址到路由表中查找到达目的地址的路由，如果查到了路由，将报文转发给路由上的下一跳；否则，丢弃该报文。由此可以知道，网络通信路由在计算机网络中是非常关键的问题。

2.4.1　路由表

主机中的路由表和路由器中的路由表内容有所不同，但路由表中一般包含以下信息。

1. 目的地址、子网掩码

目的地址是报文要到达的目的地址，子网掩码用于计算网络地址。

在路由器中，路由表的目的地址都是网络地址，只确定到达该网络的路由，这样可以减少路由器中的路由表项。

在主机中，路由表的目的地址有网络地址、主机地址和广播地址，用于指示到达特定网络路由、到达特定主机的路由和广播报文的路由。

2. 下一跳地址、输出端口

下一跳地址是路由中下一个接收该报文的主机或路由器的 IP 地址。路由表中并不指示一条通往目的网络的完整路线，只是告诉通往目的网络下一步应该怎样走，就像你问路一样，别人只会告诉你向哪儿走，不会领着你去目的地。路由表的路由描述方式是局部的，但对网络路由的把握是全局的。在主机路由表中，下一跳称作网关(Gateway)。

输出端口是本路由器在该路由上的连接端口，如 Ethernet0、Serial0 等。在主机路由表中输出端口用 IP 地址表示。

例如在图 2-14 所示的网络连接中，路由器 A 中路由表的部分内容如表 2-9 所示。

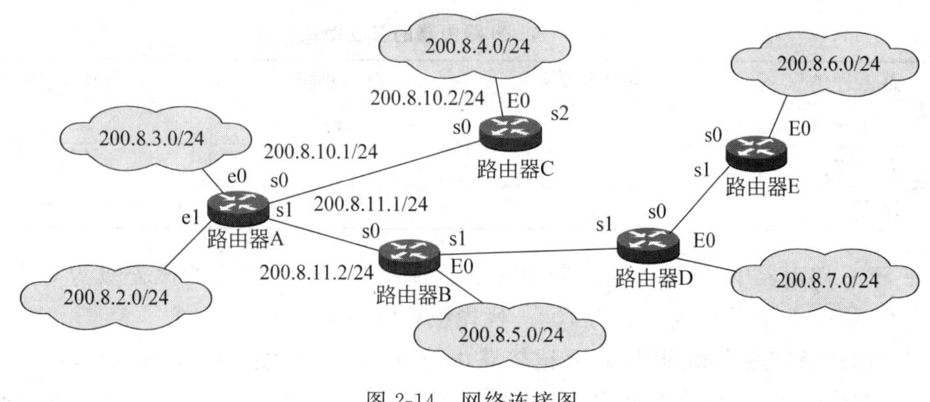

图 2-14　网络连接图

表 2-9　路由器 A 的路由表的部分内容

目 的 网 络	Mask	下 一 跳	输出端口
200.8.3.0	255.255.255.0	直连	Ethernet0
200.8.2.0	255.255.255.0	直连	Ethernet1
200.8.10.0	255.255.255.0	直连	Seria0
200.8.11.0	255.255.255.0	直连	Serial
200.8.4.0	255.255.255.0	200.8.10.2	Seria0
200.8.6.0	255.255.255.0	200.8.10.2	Seria0
200.8.5.0	255.255.255.0	200.8.11.2	Serial
200.8.7.0	255.255.255.0	200.8.11.2	Serial
…	…	…	…

3. 路由种类

在 Cisco 路由器的路由表中,每条路由前面有一个字符说明路由的种类。常见的路由种类如下。

C:直连网络(Connected Network Route),即与路由器直接相连接的网络。

S:静态路由(Static Network Route),由人工通过配置命令生成的路由。

R:由路由选择协议 RIP 生成的动态路由。

B:由边界网关协议 BGP 生成的动态路由。

O:由路由选择协议 OSPF 生成的动态路由。

*:默认路由(Candidate Default),当路由表内查找不到目标网络时使用的路由。

4. 管理距离与开销

在一个路由表内,到达同一个目的地址可能存在多条路由。在查找路由时应该使用最短的路由。开销(metric)就是为了选择最短路由而设计的。

在路由表内有多种路由存在时,管理距离将被使用,系统会选择管理距离最小的路由。管理距离是人为规定的,其中 Cisco 路由器的各种路由管理距离如表 2-10 所示。

表 2-10 Cisco 路由器的管理距离

路由种类	管理距离	路由种类	管理距离
直连网络	0	OSPF	110
静态路由	1	RIP	120
BGP	20		

在 H3C 路由器中,使用优先级表示表示管理距离。直连路由的优先级为 0,静态路由优先级为 60,RIP 路由优先级为 100。优先级可以在 1~255 中选择。

当路由的管理距离相同时,就要比较路由的开销值(最短路由)。在 RIP 路由中,开销用跳数(Hop)表示,跳数表示到达目的网络需要经过的路由器个数;OSPF 路由中,开销用费用(Cost)表示,该参数与网络中链路的带宽等因素相关,Cost 越小的路由越好。

下面是 Cisco 路由器中的两条路由:

C 202.207.124.128 255.255.255.224 is directly connected, Ethernet0

R 192.168.1.0/24 [120/1] via 192.168.255.1, 00:00:21, Serial0

第 1 条路由表示“202.207.124.128 255.255.255.224”网络是直接连接在 Ethernet0 端口上的。第 2 条路由表示是由路由选择协议 RIP 生成的动态路由,到达 192.168.1.0/24 网络下一跳的地址是 192.168.255.1,输出端口是 Serial0,该路由的管理距离是 120,到达目的网络为 1 跳,路由建立的时间计数为 21s。

在 Windows 系统中,在“命令提示符”窗口中使用命令:

```
Route print
```

可以显示主机中的路由表。例如下面就是在 Windows 系统中显示的路由表。

```
Active Routes:
Network Destination        Netmask          Gateway       Interface  Metric
          0.0.0.0          0.0.0.0      192.168.1.1    192.168.1.23      20
        127.0.0.0        255.0.0.0        127.0.0.1       127.0.0.1       1
      192.168.1.0    255.255.255.0     192.168.1.23    192.168.1.23      20
     192.168.1.23  255.255.255.255        127.0.0.1       127.0.0.1      20
    192.168.1.255  255.255.255.255     192.168.1.23    192.168.1.23      20
        224.0.0.0        240.0.0.0     192.168.1.23    192.168.1.23      20
  255.255.255.255  255.255.255.255     192.168.1.23    192.168.1.23       1
Default Gateway:     192.168.1.1
```

这个主机路由表中包括目的地址(Network Destination)、子网掩码(Subnet Mask),网关(Gateway)、输出端口(Interface)和开销(Metric)。网关就是下一跳 IP 地址。

路由表中第 1 条路由:

```
0.0.0.0          0.0.0.0       192.168.1.1     192.168.1.23       20
```

表示一个默认路由,因为任何 IP 地址用子网掩码 0.0.0.0 去做逻辑与运算时,得到的网络地址都是 0.0.0.0。默认路由的网关是 192.168.1.1,输出端口是 192.168.1.23,说明该计算机的 IP 地址是 192.168.1.23。

路由表中第 2 条路由是回送地址路由,网关和输出端口都是 127.0.0.1,表示该路由不会到达物理网络;第 3 条路由是到达“192.168.1.0 255.255.255.0”特定网络的路由;第 4 条是到达 192.168.1.23 特定主机路由,由于这是到达本机的路由,所示网关地址是 127.0.0.1,表示该路由不会到达物理网络;第 5 条是对本网络的广播路由;第 6 条是组播路由;第 7 条是受限广播路由。最后一行:

```
Default Gateway: 192.168.1.1
```

指示本机的默认网关是 192.168.1.1,它和默认路由是一致的。

在路由表内选择路由时,按照直连网络、特定主机路由、特定网络路由、默认路由的顺序选择。如果没有默认路由,而前面又没有查到路由结果时,报文将被丢弃。

2.4.2　主机路由设置

1. 默认路由设置

路由表在网络通信中的作用是非常重要的,一台计算机中没有正确的路由表就不能联网工作。在 2.4.1 小节看到的主机路由表中,除了默认路由之外的路由都是计算机系统自动生成的,但默认路由只能由用户自己设置。

设置默认路由的操作很简单,在如图 2-15 所示的“Internet 协议(TCP/IP)属性”对话框中,正确设置“默认网关”的 IP 地址就可以了。

2. 默认网关

主机路由表内没有默认路由设置或者默认路由设置不正确,该计算机都不能正常联

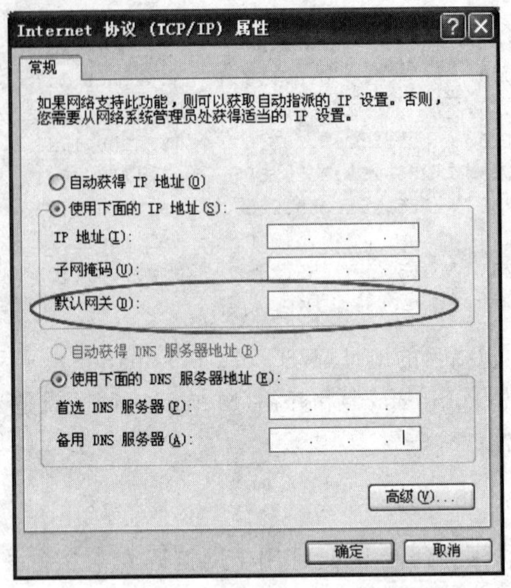

图 2-15 "Internet 协议(TCP/IP)属性"对话框

网工作。通过设置默认网关就可以设置默认路由，默认网关的地址应该如何确定呢？

现在来看图 2-16 的网络连接。在这个网络中有 3 台 PC 通过集线器 Hub 连接到路由器的 E0 端口，各台 PC 和路由器 E0 端口的 IP 地址已经标识在图中。对于 PC1 计算机来说，它的网关地址应该是哪个呢？

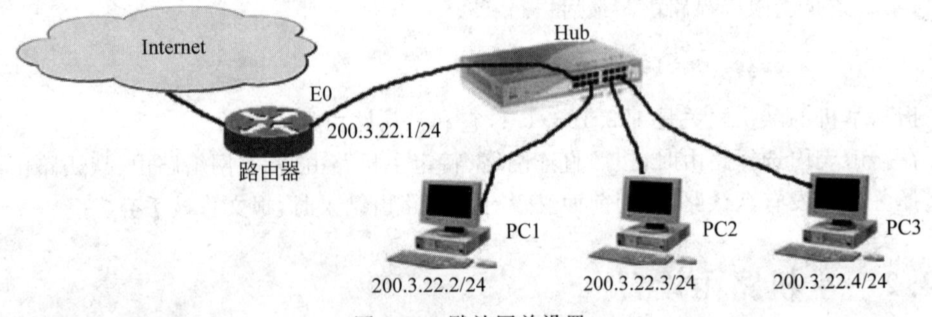

图 2-16 默认网关设置

所谓默认网关，就是与其他网络内主机通信时的必经之路。在图 2-16 中，如果 PC1 和 PC2、PC3 以及路由器通信，由于它们都属于 200.3.22.0/24 网络，属于本网络内部通信，路由表内自动生成了这个特定网络路由。但如果 PC1 和 Internet 中其他计算机通信，那么在系统自动生成的路由表内就不能查找到目的网络路由。但是这个报文应该送到哪里呢？显然应该交给路由器，再由路由器转发到 Internet。所以 PC1 计算机的默认网关设置应该使用路由器和本网络连接端口的 IP 地址，即默认网关应该设置 200.3.22.1。当然对于本网络内的其他计算机的默认网关也应该设置 200.3.22.1。

在做网络地址规划时，网络管理员总喜欢把该网络内的第 1 个可用主机编号或最后一个可用主机编号分配给连接该网络的路由器端口。当然这不是分配规则。但是在设置自己计算机上的默认网关时，必须知道和本网络相连接的路由器端口地址，即默认网关地址。

2.4.3　网络连接的 TCP/IP 属性设置

在 TCP/IP 协议网络中，主机中必须正确设置网络连接的 TCP/IP 属性才能正常联网工作。Windows 系统中网络连接的“Internet 协议(TCP/IP)属性”对话框如图 2-15 所示。在该对话框中有两组单选按钮，一组单选按钮是有关 IP 地址设置的，另一组单选按钮是有关 DNS 服务器设置的。

1. 自动获得

在网络连接的 TCP/IP 属性设置中，选中“自动获得 IP 地址”和“自动获得 DNS 服务器地址”单选按钮，可以由系统自动获得 TCP/IP 属性参数。这种设置用于网络内启用了动态主机配置协议(Dynamic Host Configuration Protocol，DHCP，DHCP 内容可以参考其他教材)和电话拨号上网、ADSL 上网的情况。

动态主机配置协议 DHCP 用于大型网络中自动为网络内主机分配网络连接的 TCP/IP 属性参数，还可以将有限的 IP 地址动态的分配给网络内主机使用。在启用了 DHCP 的系统中，只有主机联网工作时才临时获得 IP 地址，这样可以节省 IP 地址。

在网络内启用了 DHCP 后，只要打开网络连接，DHCP 系统就会给该主机分配 IP 地址、子网掩码、默认网关和 DNS 服务器地址。Windows 系统中查看“自动获得”的网络连接 TCP/IP 属性参数可以在“命令提示符”窗口输入命令：

```
ipconfig  /all
```

就能得到类似如下的显示信息(每行后面是添加的注释)：

```
Ethernet adapter 本地连接:
        Physical Address.........: 00-0B-DB-1C-02-19      ;物理地址
        Dhcp Enabled...........: Yes                      ;使用 DHCP 协议
        Autoconfiguration Enabled ....: Yes               ;使用自动配置
        IP Address............: 192.168.1.100             ;获得的 IP 地址
        Subnet Mask ...........: 255.255.255.0            ;子网掩码
        Default Gateway .........: 192.168.1.1            ;默认网关地址
        DHCP Server ...........: 192.168.1.1              ;DHCP 服务器地址
        DNS Servers ...........: 202.99.160.68            ;DNS 服务器地址
                                 202.99.166.4             ;备用 DNS 服务器地址
```

注意：对于电话拨号上网和 ADSL 上网都会给登录网络的主机分配 IP 地址、默认网关、DNS 服务器地址。但计算机获得的 IP 地址和默认网关地址是相同的，而且子网掩码是 255.255.255.255。其实这是一种虚接口设置，用于远程登录安全控制。

2. 静态设置

“自动获得”方式在有些情况下是不能使用的。例如网络中的服务器地址就必须是相对固定的，必须采用静态设置。在小型网络中，一般也采用静态设置方式。

静态设置方式就是在网络连接“Internet 协议 TCP/IP 属性”对话框中选中“使用下面的 IP 地址”和“使用下面的 DNS 服务器地址”单选按钮。然后在 IP 地址、子网掩码、默认网关文本框内填写合法的内容，在 DNS 服务器地址和备用 DNS 服务器地址文本框内填写本地 DNS 服务器的 IP 地址。

使用静态方式设置的 IP 地址称作静态 IP 地址。静态设置的网络连接 TCP/IP 属性参数是固定不变的。静态设置网络连接 TCP/IP 属性参数时必须了解网络的网络地址规划情况、子网掩码、默认网关地址和本地 DNS 服务器的地址，要根据网络规划或网络管理员分配的 IP 地址设置。

子网掩码 Mask 是用来计算 IP 地址中的网络地址的，如果子网掩码 Mask 设置错误，就可能造成该计算机不能正常联网工作。例如在图 2-8 的网络连接例子中，如果按照图 2-9 的地址规划配置 IP 地址和子网掩码(255.255.255.192)，但 PC5 计算机配置时使用了“200.100.61.66　255.255.255.0”，当 PC5 和 PC8 通信时，目的主机地址应该是 200.100.61.130。从图 2-8 可以知道，PC8 主机和 PC5 主机不在一个网络内，PC5 主机应该把报文送交默认网关——路由器 B 的 E0 口，由路由器转发到 PC8 所在的网络。但是由于 PC5 的子网掩码使用的是 255.255.255.0，表示本计算机所在的网络地址是 200.100.61.0，对于发送给 200.100.61.130 地址的报文，目标 IP 地址和 255.255.255.0 进行逻辑与运算之后，得到的网络地址是 200.100.61.0，即该报文是网络内部的报文，不需要送网关转发，所以就不能正常通信。

3. 启用网络连接 TCP/IP 属性设置

在完成网络连接的 TCP/IP 属性设置后，有些情况下需要重新启动计算机后网络连接的 TCP/IP 属性设置才能生效。如果不重新启动计算机，也可以在图 2-17 所示的“网络连接”窗口中右击“本地连接”图标，在弹出的快捷菜单中选择“停用”命令。当显示“本地连接禁用”后，双击“本地连接”图标，就可以使用新配置的网络连接 TCP/IP 属性参数重新启动网络连接。

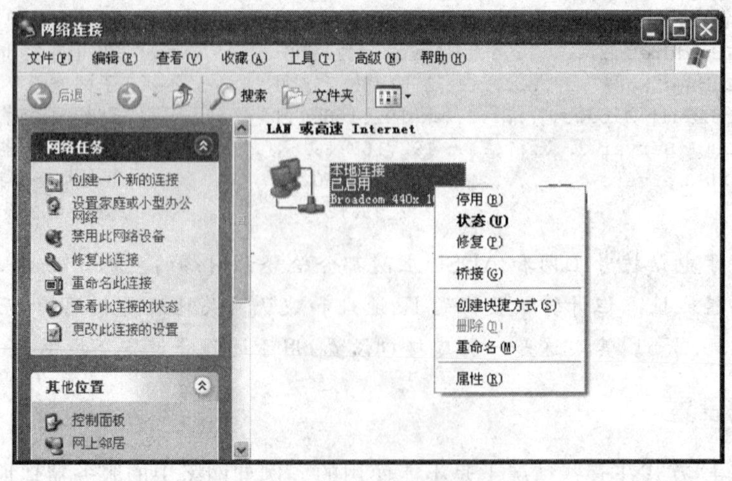

图 2-17　“网络连接”窗口

2.5 小　　结

本章主要介绍了与计算机网络中有关通信地址于通信路由的概念，包括 MAC 地址、IP 地址、端口地址和域名地址。介绍了 IP 地址、子网掩码、默认网关和 DNS 服务器的简单概念及计算机 TCP/IP 属性的配置方法。介绍了利用等长子网掩码和变长子网掩码进行网络地址规划的方法。

在本章介绍的利用等长子网掩码和变长子网掩码进行网络地址规划的方法虽然稍微复杂，但是在小型网络中，特别是企业内部网络中一般都是使用私有 IP 地址，IP 地址十分充足，一般比较容易进行 IP 地址规划。

2.6 习　　题

1. 在计算机网络中，物理地址是 OSI 模型中哪层使用的通信地址？
2. 在计算机网络中，IP 地址是 TCP/IP 模型中哪层使用的通信地址？
3. IP 地址为什么要分类？
4. 在表 2-11 中写出 IP 地址的类别、网络号和主机号(分段表示)。

表 2-11　写出 IP 地址的类别、网络号和主机号

IP 地址	类别	网络号	主机号
34.200.86.200			
200.122.1.2			
155.200.47.22			

5. 域名地址和 IP 地址是什么关系？
6. 在计算机网络中，端口地址是 TCP/IP 模型中哪层使用的通信地址？
7. 在 156.33.0.0、12.0.12.0、202.201.11.255、0.0.0.11 中，哪个是可以分配主机使用的 IP 地址？
8. 图 2-18 是一个企业内部网络连接图，请问：

(1) 还有哪些接口需要分配 IP 地址？

(2) 图中哪台 PC 分配的 IP 地址是错误的？为什么？应该怎样改正？

(3) 完成网络中所有应分配 IP 地址的接口 IP 地址分配。

9. 在图 2-19 所示的网络连接中，每个实验室装有 30 台 PC，假设可以使用 200.12.99.0 这个 C 类网络地址，请完成图 2-19 的网络地址规划(不考虑和 Internet 的连接)。
10. 某公司内部网络连接以及各个部门内的计算机数量如图 2-20 所示，该公司申请到的 IP 地址为 130.200.10.0/24，请在表 2-12 中为该公司完成网络地址规划。

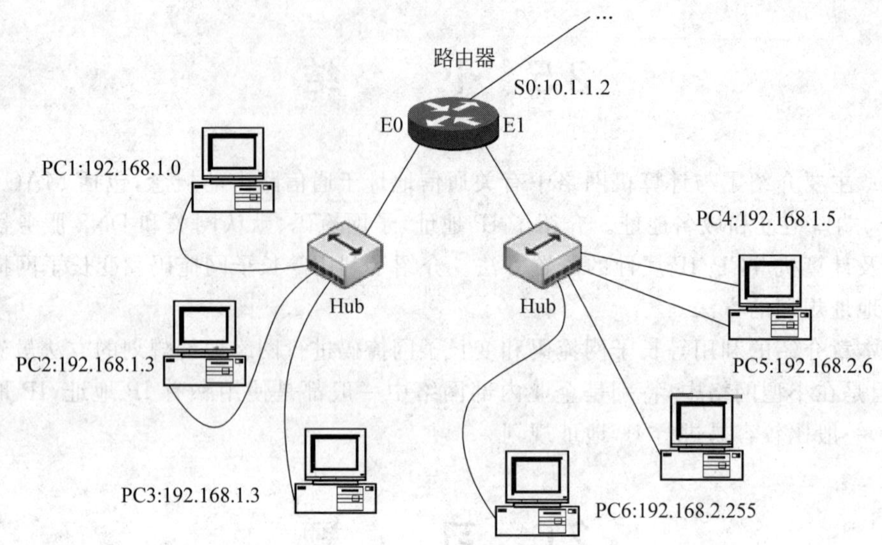

图 2-18　企业内部网络连接

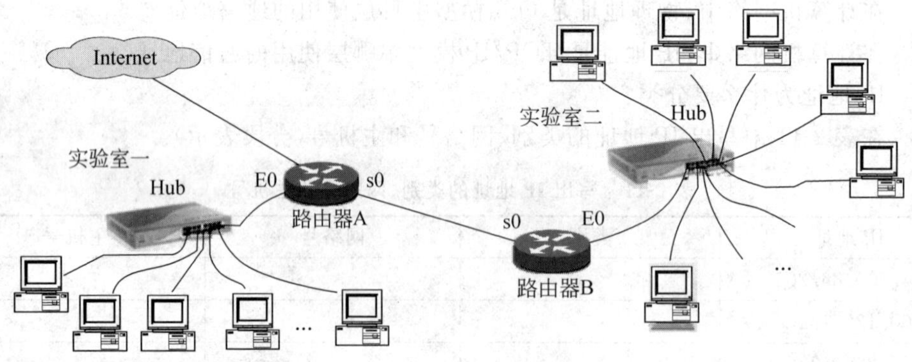

图 2-19　网络连接图

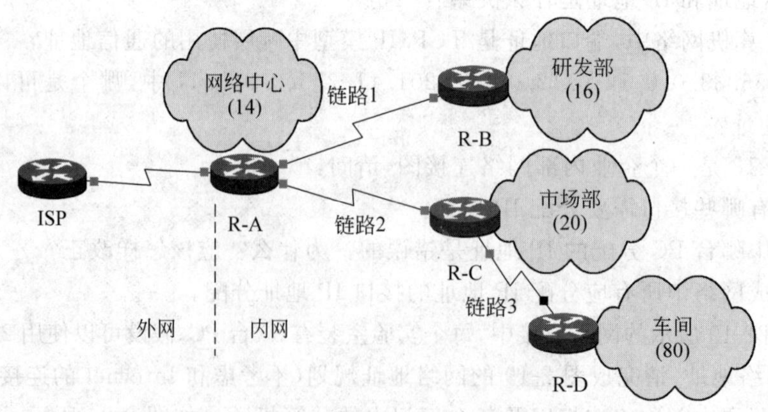

图 2-20　某公司各部门网络连接图

表 2-12　网络地址规划表

网　络	IP 地址范围	子网掩码	网络地址位数
车间			
市场部			
研发部			
网络中心			
链路 1			
链路 2			
链路 3			

11. 在浏览器地址栏输入 http://www.baidu.com 时不能打开网站，而在浏览器地址栏输入 http://202.108.22.5 能打开网站，这是什么原因？

12. 在计算机的命令窗口中能够 ping 通网关，但是不能浏览外网，这是什么原因？

第 3 章　路由器基本配置

路由器是网络中的连接设备，用于连接不同逻辑网络和提供网络间的通信路由、转发数据报文以及完成其他网络功能，其实就是一台专门用于路由功能的计算机。路由器的生产厂商有很多家，各家的性能、配置命令有所不同，但基本原理都是一样的。Cisco 公司是国际知名网络设备生产厂商，一些小品牌网络设备与 Cisco 设备配置方式近似。国内占有较大市场份额的网络设备是 H3C，本章主要以 Cisco 和 H3C 设备为例介绍网络设备的配置。

3.1　Cisco 路由器

3.1.1　Cisco 路由器硬件结构

1. 硬件组成

路由器具有计算机基本的组成部分，Cisco 路由器的硬件组成如下。

CPU：路由器的处理器。

Flash：存储路由器的操作系统映像和初始配置文件。

ROM：存储路由器的开机诊断程序、引导程序和操作系统软件。

NVRAM：非易失 RAM(Nonvolatile RAM)，存储路由器的启动配置文件。

RAM：存储路由表、运行配置文件和待转发的数据包队列等。

I/O port：输入/输出接口(有时也称端口)。一般有以下几种。

- Console：系统控制台接口。
- AUX：辅助口(异步串行口)。
- AUI：以太网接口(局域网接口)。
- Serial：同步串行口(广域网接口)。
- Asynchronism：异步串行口(广域网接口)。
- FastEthernet：100Mbps 以太网接口(局域网接口)。

图 3-1 是 Cisco 2620 路由器的接口面板，该款路由器有两个同步串行口 Serial0、Serial1；一个 Console 口；一个异步串行口 AUX；一个 100Mbps 快速以太网接口 FastEthernet 0/0。

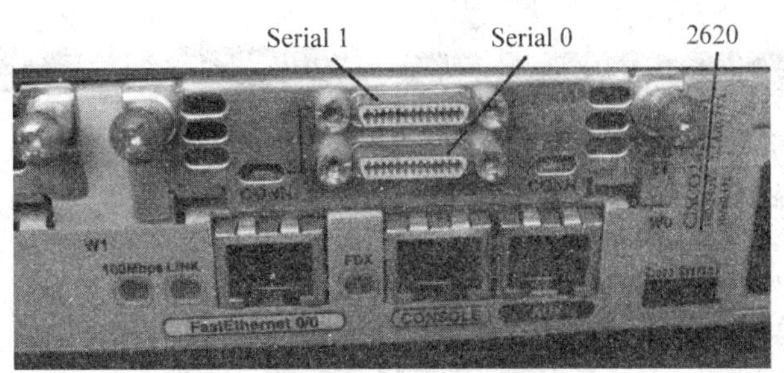

图 3-1 Cisco 2620 路由器接口面板

2. 控制台连接

路由器是一台专用计算机。但路由器平时工作时不像普通计算机一样有键盘输入设备和显示器输出设备。如果把一台具有显示器和键盘的计算机终端设备通过一条如图 3-2 所示的 Console 线连接到路由器的 Console 口,这时路由器就像一台普通的计算机了,这个计算机终端就成了路由器的控制台(Console)。一般在配置路由器时,就需要给路由器连接控制台,以便输入配置命令和查看配置结果以及检查路由器的运行状态等。

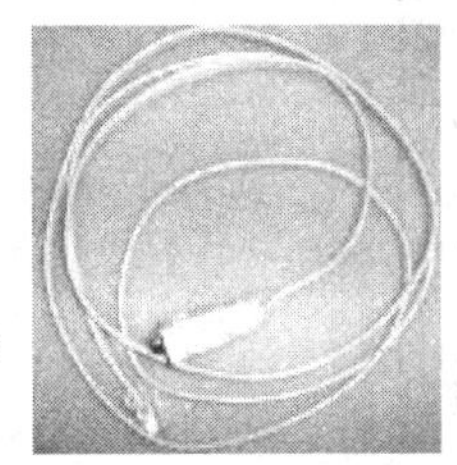

图 3-2 Console 线

Console 线是一条 8 芯的扁平电缆,一端使用 Rj-45 接口连接路由器的 Console 口;另一端使用 9 针的 RS-232 接口连接到计算机终端的 RS-232 异步串行口。在配置路由器时,也可以使用普通 PC 计算机代替计算机终端作为控制台,但需要使用 Windows 中的超级终端功能。

使用 Windows 系统 PC 作路由器控制台时,需要把 Console 线的 RS-232 接口连接到 PC 的 9 针 RS-232 口(一般称为 COM1 口)。在 Windows 系统中选择"开始"|"所有程序"|"附件"|"通讯"|"超级终端"命令,打开一个"新建连接"对话框,如图 3-3(a)所示。

在"新建连接"对话框中需要输入一个连接名称,名称可以随意;也可以为连接选择一个图标,单击"确定"按钮之后打开"连接到"对话框,如图 3-3(b)所示。在"连接到"对话框中需要在"连接时使用"下拉列表框内选择 COM1,单击"确定"按钮之后打开"COM1 属性"对话框,如图 3-4(a)所示。在"COM1 属性"对话框中需要修改"每秒位数"的传输速率设置,默认的设置是 2400,需要修改为 9600,其他项不需要修改。单击"确定"按钮之后打开"sa-超级终端"对话框。在路由器已经启动时,超级终端对话框中会显示出路由器的命令提示符"Router>",如图 3-4(b)所示。在路由器的命令提示符后就可以输入对路由器的操作命令了。

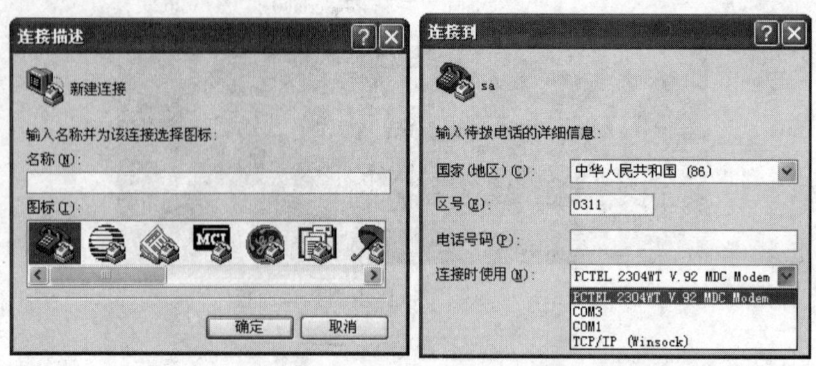

(a) “新建连接”对话框　　(b) “连接到”对话框

图 3-3　超级终端新建连接对话框

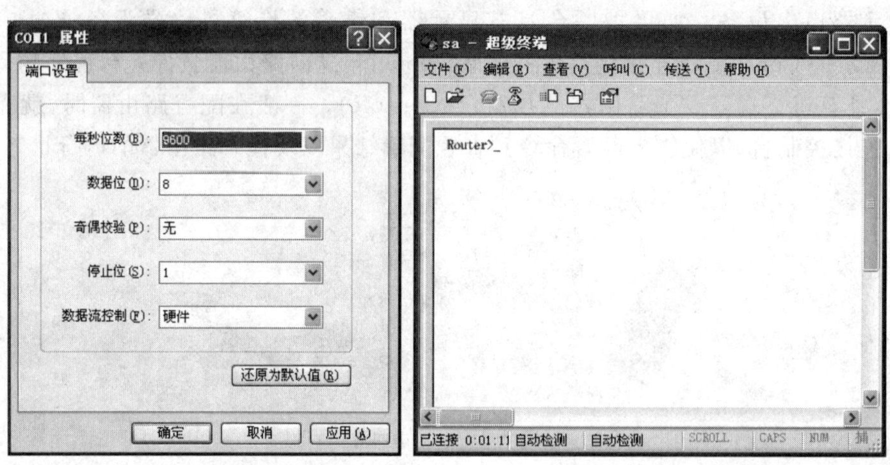

(a) “COM1属性”对话框　　(b) “超级终端”对话框

图 3-4　“COM1 属性”对话框和“sa-超级终端”对话框

3.1.2　Cisco 路由器启动过程

开启 Cisco 路由器电源后，首先执行 ROM 存储器中的开机诊断程序和操作系统引导程序，从 Flash 存储器中加载操作系统软件。如果 NVRAM 中有启动配置文件(startup-config)，将把配置文件加载到 RAM 中；如果 NVRAM 中没有启动配置文件，则从 Flash 中加载一个初始配置文件到 RAM 中。

路由器启动后，根据 RAM 中的配置文件配置各个网络端口和初始化路由表。对路由器的配置操作就是修改配置文件内容。对于新购置的路由器或者 NVRAM 中没有启动配置文件时，路由器启动后会提示：

```
Would you like to enter the initial configuration dialog? [yes/no]:
```

如果回答 Y 将进入路由器初始配置过程。一般需要回答 N，然后出现提示信息：

```
Press RETURN to get started!
```

按下 Enter 键，系统从 Flash 加载一个类似下面的配置（路由器型号不同，配置文件的内容会有些差异）：

```
version 12.2                                 ;操作系统版本
service timestamps debug datetime msec
service timestamps log datetime msec
no service password-encryption               ;没有口令设置，进入特权模式不需要密码
hostname Router                              ;路由器名称为 Router
ip subnet-zero                               ;允许使用 0 号子网
!
interface FastEthernet0/0                    ;FastEthernet0/0 口配置
no ip address                                ;无 IP 地址
shutdown                                     ;FastEthernet0/0 端口为关闭状态
duplex auto                                  ;自动全双工
speed auto                                   ;自动速率
!
interface Serial0/0                          ;Serial0/0 口配置
no ip address                                ;无 IP 地址
shutdown                                     ;Serial0/0 端口为关闭状态
!
interface Serial0/1                          ;Serial0/1
no ip address                                ;无 IP 地址
shutdown                                     ;Serial0/1 端口为关闭状态
!
ip classless                                 ;使用无类路由
no ip http server                            ;无启动 http 服务
!
line con 0                                   ;console 端口
line aux 0                                   ;辅助口
line vty 0 4                                 ;允许 5 个 Telnet 登录
!
end
```

路由器的初始配置中，除配置了主机名称和允许使用 0 号子网之外，所有端口都处于关闭（shutdown）状态。只有对路由器进行必要的配置后，路由器才能完成为数据报文寻找路由和转发工作。

3.1.3　Cisco 路由器的命令行界面

Cisco 路由器有多种命令行界面，在不同的命令行界面下允许进行的操作不同。在 Cisco 路由器中把命令行界面又称作模式，Cisco 路由器的部分模式和模式之间的转换命令以及不同模式的命令提示符、各种模式下可以进行的主要操作如表 3-1 所示。

表 3-1 Cisco 路由器的模式

模式名称	进入模式命令	模式提示	可以进行的操作
用户模式	开机进入	Router>	查看路由器状态
特权模式	Router> Enable（口令）	Router#	查看路由器配置、端口状态
全局配置模式	Router# Config terminal	Router(config)#	配置主机名、密码、静态路由等
接口配置模式	Router(config)# Interface 接口	Router(config-if)#	网络接口参数配置
子接口配置模式	Router(config)# Interface 接口.n	Router(config-subif)#	子接口参数配置
路由配置模式	Router(config)# Router 路由选择协议	Router(config-router)#	路由选择协议配置
线路配置模式	Router(config)# Line n	Router(config-line)#	虚拟终端等线路配置
退回上一级	Router(config-if)# exit	Router(config)#	退出当前模式
结束配置	Router(config-if)# Ctrl-Z	Router#	返回特权模式

3.1.4 Cisco 路由器的帮助功能

Cisco 路由器有比较好的帮助功能，可以帮助用户方便、高效地完成命令输入工作。Cisco 路由器的帮助功能包括以下内容。

1. 可用命令提示

任何模式下，输入 help 或“?”，都可以显示当前模式下的所有可用命令。

2. 使用历史命令

从键盘输入的所有命令都会存储在历史缓冲区内，历史缓冲区中默认可以存储 10 条历史命令。在特权模式下，使用 history size n(n：1～256)命令可以设置历史缓冲区的大小，最大可以设置到存储 256 条历史命令。

按 Ctrl+P 键或“↑”键可以显示前一条历史命令；按 Ctrl+N 键或“↓”键可以显示下一条历史命令。

3. 单词书写提示

当输入一个单词的开始部分字母后，输入“?”，系统将提示当前模式下以该部分字母开始的所有命令单词，如果该部分字母开始的单词在当前模式下是唯一的，可以使用 Tab 键让系统自动完成单词的书写。

4. 命令参数提示

当输入部分命令后，如果不知道下一个命令参数是什么，可以在和前面部分间隔一个空格后输入"?",系统将显示下一部分所有可用的参数或内容提示。

5. 简略命令输入

在 Cisco 路由器的操作命令中,无论命令单词还是参数部分,只要不发生理解错误或在当前状态下没有二义性解释,都可以简略输入。

例如从用户模式进入特权模式的命令是 enable,在用户模式下,以 en 字母开头的命令单词只有 enable,所以输入 enable 命令时只需要输入 en 就可以了。

又如进入接口配置模式命令 Router(config)# interface Fastethernet 0/0 可以简略成 Router(config)# int Faste 0/0; Router# Config terminal 可以简略成 Router# Conf t。

正是由于这样的原因,在路由器的端口标识中经常出现 E0、E1、S0、S1 等符号,表示路由器的 Ethernet0、Ethernet1、Serial0、Serial1 端口。在一些系列的 Cisco 路由器中,路由器的端口编号使用"模块号/端口号"表示,例如 Fastethernet 0/0、Serial 0/0、Serial 0/1 等。在书写配置命令时,端口编号必须按照路由器给出的编号书写(名称和编号之间的空格可有可无),但平时叙述中一般不考虑 Serial0 和 Serial 0/0、Ethernet0 和 FastEthernet0/0 的区别。

6. 错误提示

在输入一个命令后,如果存在语法错误,系统会在发生错误的部分下面显示一个"^",指示该部分存在错误。

3.1.5 Cisco 路由器常用基本命令

1. 全局配置命令

```
Router(config)#hostname 名字                    ;配置主机名称
Router(config)#enable secret 密码               ;配置/修改特权密码
```

注意:一旦路由器设置了特权密码之后,没有特权密码时就不能进入特权模式。设置特权密码后必须妥善保管密码。

2. 显示配置命令

```
Router#show running-config                      ;显示当前运行的配置文件
Router#show startup-config                      ;显示 NVRAM 中的配置文件
Router#show ip route                            ;显示路由表
Router#show interfaces 接口                     ;显示接口状态
```

3. 配置以太网接口

```
Router(config)#interface ethernet 0             ;指定端口
;快速以太网接口可能使用 fastethernet 0/0
```

```
Router(config-if)#ip address x.x.x.x  y.y.y.y        ;配置 IP 地址及子网掩码
Router(config-if)#no shutdown                        ;启动端口
```

4. 配置同步串行口

(1) 同步串行口的连接

路由器上的同步串行口一般用于广域网连接。两个路由器之间通过租用通信企业的线路把两个同步串行口连接起来。在企业网络中,需要租用通信企业的线路将企业网络连接到 Internet,而租用线路可能是数据专线或其他线路,但一般和外部连接端口的配置是有通信企业的技术人员完成的。

在广域网连接中,通信线路上需要使用基带 Modem 之类的 DCE 设备,而路由器则是 DTE 设备。同步传输中的同步时钟信号由 DCE 设备提供。

但有些情况下,例如相邻很近的两个路由器,或者在实验室做路由器配置实验时,路由器之间可以直接使用两条 V.35 接口电缆背对背的连接起来。

V.35 标准是 CCITT 组织制定的用于模拟线路上的 DTE 和 DCE 之间的接口标准,是同步传输接口。V.35 标准接口连接器为 34 针,其中有很多引脚并没有使用。V.35 标准接口外形及电缆连接器如图 3 5 所示。

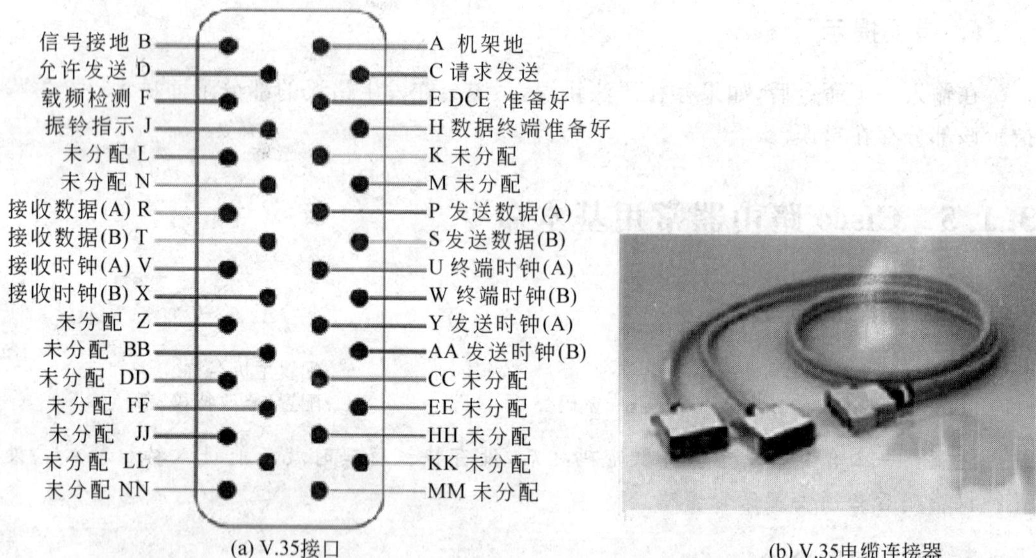

图 3-5 V.35 标准接口、外形及电缆连接器

使用两条 V.35 接口电缆背对背连接两个路由器如图 3-6 所示。

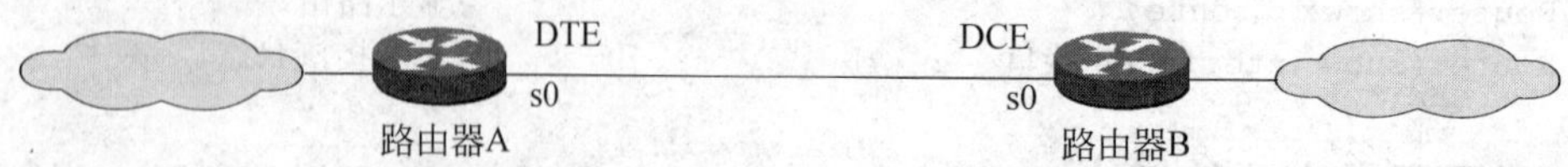

图 3-6 两个路由器背对背的连接

在图 3-6 中,连接两个路由器 S0 口的线路上没有 DCE 设备,所以必须把一个路由器

的 S0 端口配置成 DCE 工作方式，即该端口在通信时提供同步时钟信号。至于哪一方配置成 DCE 工作方式，哪一方配置成 DTE 工作方式是没有关系的，但是必须按照电缆上的 DTE、DCE 标签指示配置（在 V.35 接口电缆上贴有 DTE、DCE 标签），和 DCE 电缆连接的路由器 S0 端口必须配置成 DCE 工作方式。

（2）同步串行线路上的链路层数据封装格式

数据链路控制规程即数据链路层通信协议。数据链路控制规程是在物理线路建立的信号通道上，完成数据链路的建立、维护和释放的链路管理；完成数据帧的有序传输；完成通信节点之间的差错控制与流量控制。目前常见的面向字符型通信规程 PPP 和面向比特的高级数据链路控制规程 HDLC。在配置是两端选用同样的通信规程即可，没有太大区别。Cisco 路由器同步串行口默认的通信规程是 HDLC，而 H3C 路由器同步串行口默认的通信规程是 PPP。

（3）Cisco 路由器同步串行口配置

① DTE 端同步串行口配置

```
Router(config)#interface serial 0                  ;指定端口
Router(config-if)#ip address x.x.x.x  y.y.y.y      ;配置 IP 地址，子网掩码
Router(config-if)#encapsulation [hdlc|PPP]         ;链路层封装格式，Cisco 路由器默认
                                                    使用 HDLC 封装方式。如果使用
                                                    HDLC 封装，该行可省略。
Router(config-if)#no shutdown                      ;启动端口
```

② DCE 端同步串行口配置

```
Router(config)#interface serial 0                  ;指定端口
Router(config-if)#ip address x.x.x.x  y.y.y.y      ;配置 IP 地址，子网掩码
Router(config-if)#clock rate  nnnn                 ;同步时钟速率，DCE 端需要配置
Router(config-if)#no shutdown                      ;启动端口
```

现在的一些高版本路由器操作系统中，DCE 端的时钟速率可以自动设置，所以有时可以不配置 DCE 端的时钟速率；Cisco 路由器的端口默认都是关闭的，所以都必须使用命令启动端口。

5. 配置路由

（1）什么情况需要配置路由

在图 3-7 的网络连接中，路由器的 Fa0/0 端口连接着 192.168.1.0/24 网络；Fa0/1 端口连接着 192.168.2.0/24 网络；路由器端口的 IP 地址如图中所示。

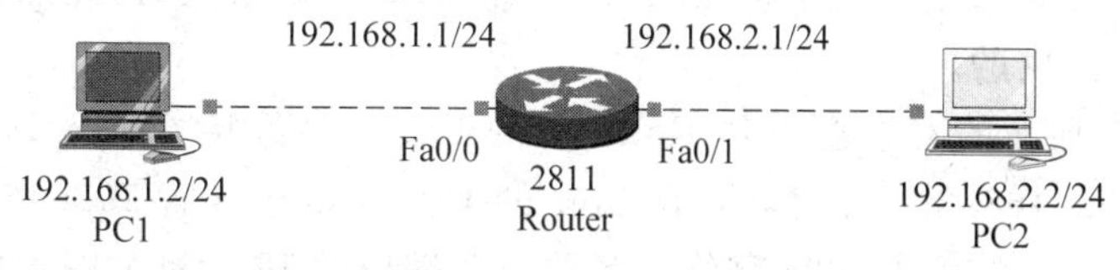

图 3-7 网络连接图

PC1 的 TCP/IP 属性配置如下。

IP 地址：192.168.1.2；Mask：255.255.255.0；默认网关：192.168.1.1。

PC2 的 TCP/IP 属性配置如下。

IP 地址：192.168.2.2；Mask：255.255.255.0；默认网关：192.168.2.1。

如果路由器中没有配置过路由，那么 PC1 能够和 PC2 通信吗？

在 PC1 的 DOS 命令窗口中输入命令及显示结果如图 3-8 所示。

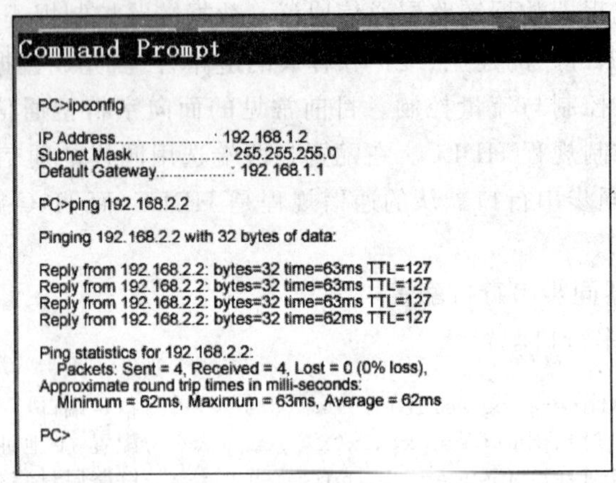

图 3-8　在 PC1 的 DOS 命令窗口中输入命令及显示结果

从图 3-8 中可以看到，本机的 IP 地址是 192.168.1.2，即图 3-7 中的 PC1。从 PC1 上使用命令：

```
ping 192.168.2.2
```

即 ping PC2，结果是通的。那么连接在路由器两侧两个网络中的计算机，在没有配置过路由的情况下为什么能够通信呢？

在路由器上查看一下路由表，输入的命令及显示结果如下：

```
Router#show ip route

  Gateway of last resort is not set

    C     192.168.1.0/24 is directly connected, FastEthernet0/0
    C     192.168.2.0/24 is directly connected, FastEthernet0/1
Router#
```

从上面显示的路由表中可以看到，该路由器中虽然没有配置路由，但路由表中却有两条直连路由。根据路由器的工作原理，当 PC1 给 PC2 发送报文时，显然在路由表内是可以查到目的网络路由的。

那么，在 3-9 所示的网络连接中，Router0 的 Fa0/0 口连接着 192.168.1.0/24 网络，Fa0/1 连接着 192.168.2.0/24 网络；Router 的 Fa0/0 口连接着 192.168.2.0/24 网络，Fa0/1 口连接着 192.168.3.0/24 网络。各路由器端口的 IP 地址如图中所示。

PC1 的 TCP/IP 属性配置如下。

IP 地址：192.168.1.2；Mask：255.255.255.0；默认网关：192.168.1.1。

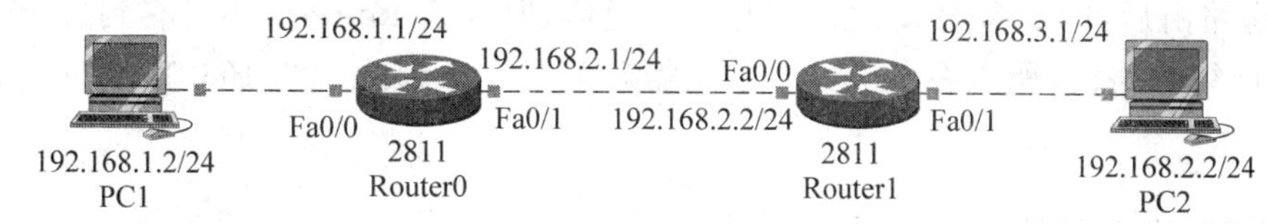

图 3-9　网络连接

PC2 的 TCP/IP 属性配置如下。

IP 地址：192.168.3.2；Mask：255.255.255.0；默认网关：192.168.3.1。

如果路由器 Router0 和 Router1 中都没有配置过路由，那么 PC1 能够和 PC2 通信吗？

答案是否定的。根据前面一个网络连接的经验可以知道，Router0 的路由表中应该有两条直连路由：

```
C    192.168.1.0/24 is directly connected, FastEthernet0/0
C    192.168.2.0/24 is directly connected, FastEthernet0/1
```

在 Router1 的路由表中应该有：

```
C    192.168.2.0/24 is directly connected, FastEthernet0/0
C    192.168.3.0/24 is directly connected, FastEthernet0/1
```

那么在 PC1 向 PC2 发送信息时，显然目的网络地址是 192.168.3.0。Router0 在收到 PC1 给 PC2 的报文后，从路由表内查找目的网络是 192.168.3.0 的路由，结果肯定是没有到达 192.168.3.0 网络的路由，该报文将被丢弃，所以 PC1 不能和 PC2 通信。反之亦然。

所以，当网络连接中存在和某路由器没有直连的网络时，该网络上就需要配置到达那个网络的路由。

(2) 配置静态路由命令格式

静态路由配置命令用于向路由表内添加一条静态路由，静态路由一般用于小型网络。Cisco 路由器的静态路由配置命令的简单格式为：

```
Router(config)#ip route 目的网络地址 Mask 下一跳 IP 地址/端口 [管理距离]
```

例如，在图 3-9 所示的网络中，因为路由器 Router0 没有和 192.168.3.0/24 网络直连，所以就没有到达 192.168.3.0/24 网络的路由。为了能够和 192.168.3.0/24 网络通信，可以在路由器 Router0 中配置一条到达 192.168.3.0/24 网络的静态路由：

```
Router(config)#ip route 192.168.3.0  255.255.255.0  192.168.2.2
```

该静态路由也可以使用下面命令格式配置：

```
Router(config)#ip route 192.168.3.0  255.255.255.0  fa0/1
```

fa0/1 是本路由器上的输出端口。

对于图 3-9 所示的网络中只在路由器 Router0 中配置一条到达 192.168.3.0/24 网

络的静态路由后，PC1 和 PC2 之间还是不能通信，原因是 Router1 中没有到达 192.168.1.0/24 网络的路由，所以在 Router1 中还需要配置一条到达 192.168.1.0/24 网络的静态路由：

```
Router(config)#ip route 192.168.1.0  255.255.255.0  192.168.2.1
```

使用静态路由配置命令中的管理距离可以改变路由的选择顺序。由表 2-10 可以知道，Cisco 路由器中静态路由的管理距离是 1，当路由表中同时存在到达同一目的网络的静态路由和其他路由选择协议生成的路由时，肯定首先选择静态路由。如果不希望静态路由作为首选路由，可以指定静态路由的管理距离。例如：

```
Router(config)#ip route 192.168.3.0  255.255.255.0  192.168.2.2  130
```

(3) 配置默认路由命令格式

在图 3-10 的网络连接中，为了使 PC1 能够访问 Internet，Router0 中应该配置什么路由呢？

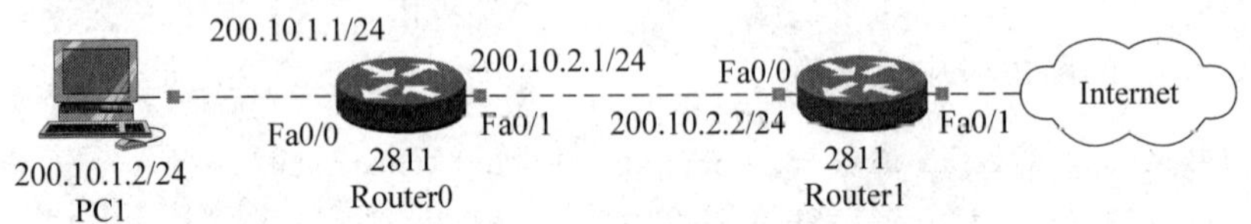

图 3-10　网络连接

显然，在 Internet 中有无数个逻辑网络，无论 Router0 中配置再多的静态路由，也不可能使 PC1 能够访问 Internet 中的所有网站，解决这种问题的方法是配置默认路由。

默认路由是为没有路由的报文提供的最终解决方案。当一个报文在路由表内查找不到到达目的网络的路由时，如果路由表内有默认路由，那么该报文将使用默认路由。默认路由的设置也会大量减少路由表的路由个数。

Cisco 路由器的默认路由配置命令格式为

```
Router(config)#ip route 0.0.0.0  0.0.0.0  下一跳
```

其实道理很简单，使用 Mask 0.0.0.0 去和任何 IP 地址相与，结果都是 0.0.0.0，所以就找到了一条路由。

在图 3-10 中，对于路由器 Router0，为了访问 Internet，需要配置的默认路由为

```
ip route 0.0.0.0  0.0.0.0  200.2.2.2
```

当然在 Router1 中还需要配置一条到达 192.168.1.0/24 网络的静态路由。

6. 删除配置命令

当需要删除一条配置命令时，需要进入相应的模式，在相同的命令前增加单词 no。例如删除为 E0 口配置的 IP 地址命令的操作如下：

```
Router(config)#interface e0                          ;指定端口
Router(config-if)#no ip address x.x.x.x  y.y.y.y     ;删除 IP 地址配置命令。
```

7. 保存配置文件

使用控制台进行的路由器配置操作只修改了 RAM 存储器中的运行配置(running-config)文件，如果不把 RAM 存储器中的运行配置文件保存到 NVRAM 存储器中，那么路由器下次启动时就不能使用本次所做的配置。把 RAM 存储器中的运行配置文件保存到 NVRAM 存储器中的命令为

```
Router#write memory
```

8. 测试命令

在路由器上测试到达某个主机或路由器端口是否能够连通，使用如下命令：

```
Router#ping  IP 地址
```

如果显示类似如下信息，就说明能够连通。

```
Sending 5, 100-byte ICMP Echos to x.x.x.x, timeout is 2 seconds:
!!!!!
Success rate is 100 percent(5/5), round-trip min/avg/max=28/28/28 ms
```

3.1.6　路由器配置举例

某公司由公司总部与分公司两个园区组成。公司总部与分公司之间相距 3 千米。公司为组建公司内部网络，从上游网管中心获取了 IP 地址 202.207.121.0/24 的使用权(DNS:202.99.160.68)。购置了 2 台 Cisco 2811 网络接入路由器(模块化路由器)及以太网交换机设备，路由器上有两个同步串行口和两个以太网接口。两个园区之间租用通信公司的数据专线连接，公司总部有 40 个信息点，分公司有 26 个信息点。总公司和分公司各自使用一台交换机连接成一个局域网。公司网络结构及 IP 地址规划如图 3-11 所示。完成网络中所有设备的配置，使公司内部各个计算机之间能够相互访问，并且所有计算机都能访问 Internet。

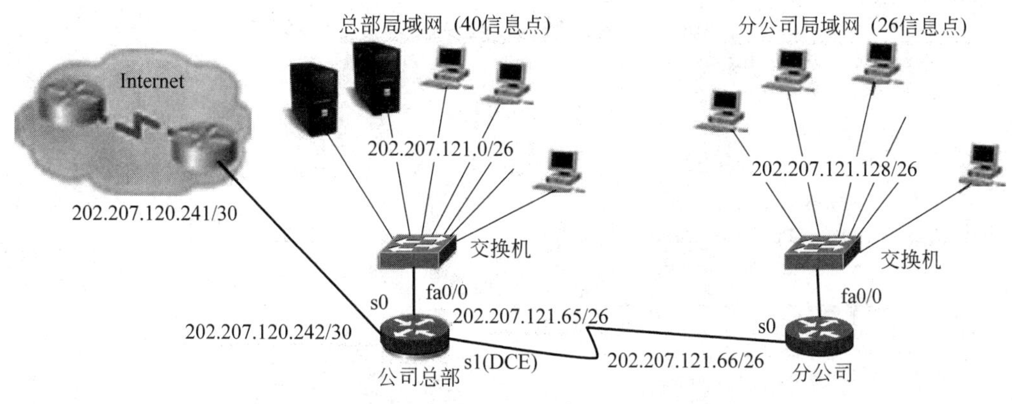

图 3-11　公司网络结构及 IP 地址规划图

1. 路由规划

（1）分公司路由器上的路由规划

对于分公司的路由器来说，需要在路由器中为 202.207.121.0/26 网络（总部局域网）和公司总部路由器以外的网络配置路由。但是，从分公司路由器无论到总部局域网还是到公司总部路由器以外的网络，都必须将报文发送给公司总部路由器，能否到达目的网络要看公司总部路由器中的路由配置。所以，在分公司的路由器上，只需要配置一条默认路由即可。默认路由的配置为

```
Ip route 0.0.0.0 0.0.0.0 202.207.121.65
```

（2）公司总部路由器上的路由规划

从图 3-11 可以看到，在公司总部路由器上，需要在路由器中配置到达 202.207.128.0/26 网络（分公司局域网）和 Internet 的路由。

显然，从公司总部路由器到达 Internet 需要配置一条默认路由，路由为

```
Ip route 0.0.0.0 0.0.0.0 202.207.120.241
```

但是，到达 202.207.121.128/26 网络的路由必须配置一条静态路由，路由为

```
Ip route 202.207.121.128  255.255.255.192 202.207.121.66
```

2. 公司总部路由器配置

（1）配置以太网接口

```
Router#Config terminal
Router(config)#interface fastethernet 0/0
Router(config-if)#ip address 202.207.121.1  255.255.255.192
Router(config-if)#no shutdown
Router(config-if)#exit
```

（2）配置 S0 口

```
Router(config)#interface Serial 0
Router(config-if)#ip address 202.207.120.242  255.255.255.252
Router(config-if)#no shutdown
Router(config-if)#exit
```

（3）配置 S1 口

```
Router(config)#interface Serial 1
Router(config-if)#ip address 202.207.121.65  255.255.255.192
Router(config-if)#clock rate 64000
Router(config-if)#no shutdown
Router(config-if)#exit
```

(4) 配置路由

```
Router(config)#ip route 0.0.0.0  0.0.0.0  202.207.120.241
Router(config)#ip route 202.207.121.128  255.255.255.192  202.207.121.66
Router(config)#exit
```

3. 分公司路由器配置

(1) 配置以太网接口

```
Router#Config terminal
Router(config)#interface fastethernet 0/0
Router(config-if)#ip address 202.207.121.129 255.255.255.192
Router(config-if)#no shutdown
Router(config-if)#exit
```

(2) 配置 S0 口

```
Router(config)#interface Serial 0
Router(config-if)#ip address 202.207.121.66 255.255.255.192
Router(config-if)#no shutdown
Router(config-if)#exit
```

(3) 配置路由

```
Router(config)#ip route  0.0.0.0  0.0.0.0  202.207.121.65
Router(config)#exit
```

4. 配置 PC 的 TCP/IP 属性

在公司总部局域网中,按照分配的 IP 地址(202.207.121.2～202.207.121.41)、Mask(255.255.255.192)、默认网关(202.207.121.1)和 DNS(202.99.160.68)配置各台 PC 的 TCP/IP 属性。

在分公司局域网中,按照分配的 IP 地址(202.207.121.130～202.207.121.155)、Mask(255.255.255.192)、默认网关(202.207.121.129)和 DNS(202.99.160.68)配置各台 PC 的 TCP/IP 属性。

5. 网络连通性测试

完成路由器上的端口配置、路由配置,完成所有信息终端上的 TCP/IP 属性配置之后,在任意 PC 上测试是否能够访问内部服务器以及是否能够访问 Internet 上的任意网站,如果都能够访问,表示网络配置完成。

3.2　H3C 路由器

H3C 路由器的硬件组成、控制台连接、启动过程等于 Cisco 路由器类似。下面主要介绍 H3C 路由器与 Cisco 路由器的不同之处。

3.2.1 H3C 命令视图

H3C 路由器和交换机把命令界面称作命令视图，H3C 路由器基本命令视图见表 3-2。

表 3-2 H3C 路由器基本命令视图

视图名称	进入视图命令	视 图 提 示	可以进行的操作
用户视图	开机进入	<H3C>	查看路由器状态
系统视图	<H3C>system-view	[H3C]	系统配置、路由配置
串行口视图	[H3C] Interface serial 0/n	[H3C-Serial0/n]	同步串行口配置
以太网口视图	[H3C] Interface ethernet 0/n	[H3C-ethernet 0/n]	以太网口配置
子接口视图	[H3C] Interface ethernet 0/n. 1	[H3C-ethernet 0/n. 1]	子接口配置(串行口也有子接口)
RIP 视图	[H3C] rip	[H3C-rip-1]	RIP1 协议配置
返回上一级	[H3C-Serial0/0]quit	[H3C]	
返回用户视图	[H3C-Serial0/0]Ctrl+Z	<H3C>	

H3C 路由器的命令视图比 Cisco 的相对简单，而且在任何视图下都可以查看路由器的状态以及端口状态。

3.2.2 H3C 路由器的帮助功能

H3C 路由器的命令帮助功能和 Cisco 路由器的帮助功能是完全一样的，相关帮助内容请参阅 3.1.4 小节。H3C 路由器和 Cisco 路由器一样支持命令的简略输入。

3.2.3 H3C 路由器常用基本命令

1. 显示命令

H3C 路由器的显示命令关键字使用 Display，Display 命令可以在任何视图中使用。常用的显示命令如下：

```
Display current-configuration                    ;显示路由器当前运行的配置
display startup                                  ;显示系统启动使用的配置文件
```

例如：

```
<H3C>display startup
Current startup saved-configuration file: cfa0:/startup.cfg
 Next main startup saved-configuration file: cfa0:/startup.cfg
 Next backup startup saved-configuration file: cfa0:/second.cfg(This file does
not exist.)
```

结果表示本次启动时用的配置文件是 flash 存储卡根目录下的 startup. cfg；下次启动使用的配置文件还是该文件。如果启动时找不到主启动配置文件，下次启动将使用备份配置文件 flash 存储卡根目录下的 second. cfg（但是 second. cfg 配置文件并不存在）。

```
display ip interface 接口                      ;显示接口的 IP 信息
display ip interface brief                     ;显示 IP 接口的摘要信息
display ip routing-table                       ;显示路由表
```

H3C 路由器的路由表显示格式与 Cisco 路由器有些不同，例如：

```
Destination/Mask     Proto     Pre  Cost      NextHop        Interface
0.0.0.0/0            Static    60   0         10.0.4.1       Eth0/1
10.0.4.0/24          Direct    0    0         10.0.4.2       Eth0/1
10.0.4.2/32          Direct    0    0         127.0.0.1      InLoop0
10.4.1.0/26          Direct    0    0         10.4.1.1       Eth0/0
10.4.1.1/32          Direct    0    0         127.0.0.1      InLoop0
10.4.1.64/26         Direct    0    0         10.4.1.65      S2/0
10.4.1.65/32         Direct    0    0         127.0.0.1      InLoop0
10.4.1.66/32         Direct    0    0         10.4.1.66      S2/0
10.4.1.128/26        Static    60   0         10.4.1.66      S2/0
```

Destination/Mask 为目的网络和 Mask，Mask 为 32 的表示是路由器上的一个端口地址；Proto Pre Cost 为路由的生成协议和优先级及开销值；NextHop 为该路由的下一跳，其中 127.0.0.1 表示下一跳为本身；Interface 为路由输出端口，InLoop0 表示内部管理端口。

2. 管理命令

（1）配置主机名用 sysname 命令

```
[H3C]sysname 主机名
```

（2）保存配置文件用 save 命令

```
<H3C>save [main|backup|配置文件名.cfg]              ;保存现在运行的配置文件
```

使用 save main 或 save 时，即保存为主配置文件，下次启动将使用该配置文件。例如：

```
<H3C>save
The current configuration will be written to the device. Are you sure? [Y/N]:
```

回答 Y 后，显示：

```
Please input the file name(* .cfg)[cfa0:/ startup.cfg]
(To leave the existing filename unchanged, press the enter key):
```

如果不提供新的配置文件名，将使用原来的配置文件名保存主配置文件。如果输入新的文件名，例如：

```
<H3C>save
```

```
The current configuration will be written to the device. Are you sure? [Y/N]:y
Please input the file name(*.cfg)[cfa0:/startup.cfg]
(To leave the existing filename unchanged, press the enter key):123.cfg
 Validating file. Please wait…
 Configuration is saved to device successfully.
<H3C>display startup
 Current startup saved-configuration file: cfa0:/startup.cfg
 Next main startup saved-configuration file: cfa0:/123.cfg
 Next backup startup saved-configuration file: cfa0:/second.cfg(This file does
not exist.)
<H3C>
```

可以看到,下次启动使用的主配置文件是 123.cfg。

在 save 命令中直接输入配置文件名,将保存一个普通的配置文件。普通的配置文件在启动时不能被使用。如果需要将一个普通的配置文件指定为主配置文件,可以使用如下命令:

```
<H3C>startup saved-configuration 配置文件名.cfg
```

例如:

```
<H3C>save sjzpc.cfg
The current configuration will be saved to cfa0:/sjzpc.cfg. Continue? [Y/N]:y
Now saving current configuration to the device.
Saving configuration cfa0:/sjzpc.cfg. Please wait...

Configuration is saved to cfa0 successfully.
<H3C>display startup
 Current startup saved-configuration file: cfa0:/startup.cfg
 Next main startup saved-configuration file: cfa0:/123.cfg
 Next backup startup saved-configuration file: cfa0:/second.cfg(This file does
not exist.)
<H3C>startup saved-configuration sjzpc.cfg
Please wait …
... Done!
<H3C>display startup
 Current startup saved-configuration file: cfa0:/startup.cfg
 Next main startup saved-configuration file: cfa0:/sjzpc.cfg
 Next backup startup saved-configuration file: cfa0:/second.cfg(This file does
not exist.)
<H3C>
```

通过指定启动配置,可以灵活地使用不同的启动配置。

(3) 显示文件列表用 dir 命令

```
<H3C>dir
Directory of cfa0:/

   0     drw-          -   Apr 18 2010 04:31:16    logfile
   1     -rw-      16256   Apr 18 2010 04:31:40    p2p_default.mtd
```

```
2    -rw-        574  May 23 2012 04:15:00   system.xml
3    -rw-       1190  May 06 2012 02:59:56   startup.cfg
4    -rw-   21079528  Aug 29 2010 20:50:48   msr20-cmw520-r1910p09-si.bin
4    -rw-       1174  May 23 2012 04:08:42   123.cfg
6    -rw-       1174  May 23 2012 04:15:02   sjzpc.cfg
7    -rw-   13399480  Sep 09 2009 15:02:10   main.bin
```

列出 flash 存储卡中的所有文件目录

(4) 删除文件命令用 delete 命令

```
<H3C>delete 文件名
```

删除 flash 存储卡中的文件，例如：

```
<H3C>delete sjzpc.cfg
Delete cfa0:/sjzpc.cfg? [Y/N]:y

%Delete file cfa0:/sjzpc.cfg...Done.
<H3C>
```

当主配置文件被删除后，而且也没有保存备份配置文件，启动时将使用空配置文件。

3. 同步串行口配置

H3C 路由器的同步串行口默认封装协议（通信规程）是 PPP，而且端口默认状态是开启的。使用背对背电缆连接时，DCE 端口默认提供 64K 的波特率。H3C 路由器同步串行口的简单配置命令如下：

```
interface serial number        ;指定配置端口，从配置文件可以得到端口号的表示方法（下同）
link-protocol { fr | hdlc | ppp }         ;指定封装格式，默认为 PPP
baudrate 波特率                           ;该命令只能在 DCE 端配置
ip address ip-address mask                ;配置 IP 地址。其中 Mask 可以使用点分十进
                                           制，也可使用掩码长度（下同）。例如下面两
                                           个配置命令是等效的：
ip address 192.168.1.1 255.255.255.0
ip address 192.168.1.1 24
```

例如：

```
[H3C]interface serial 0/0
[H3C-serial0/0]link-protocol  ppp         ;该行可以省略
[H3C-serial0/0]baudrate 2048000
[H3C-serial0/0]ip address 192.168.1.1 24
```

4. 以太网端口配置

以太网端口一般情况下只需要指定 IP 地址，端口状态默认为开启状态，一般配置为

```
interface ethernet number                 ;指定配置端口
ip address ip-address mask
```

例如：

```
[H3C]interface ethernet 0/0
[H3C-ethernet 0/0]ip address 10.1.1.1 24
```

5. 静态路由配置命令

```
ip route-static 目的网络地址 mask  下一跳 IP 地址 [preference 优先级值]
```

mask 可以使用网络地址长度表示。优先级值相当于 Cisco 的管理距离。在 H3C 路由器中，直连路由的优先级为 0，静态路由优先级为 60，RIP 路由优先级为 100。优先级可以在 1～255 中选择，数值越小，路由的优先级越高。

在静态路由中，目的网络地址和 mask 使用“0.0.0.0 0”或“0.0.0.0 0.0.0.0”时，即为默认路由。

例如配置一条静态路由：

```
[H3C]ip route-static 202.207.124.0  255.255.255.0  192.168.1.1
```

或者使用

```
[H3C]ip route-static 202.207.124.0  24  192.168.1.1
```

如果希望使用低于默认优先级的静态路由，可以配置如下：

```
[H3C]ip route-static 202.207.124.0  24  192.168.1.1 preference 80
```

6. 删除命令

```
undo 命令行                              ;在相应的命令视图中使用
```

3.2.4 H3C 路由器配置举例

现在仍以 3.1.6 小节图 3-11 为例说明。如果路由器使用 H3C 路由器，同步串行口为 Serial1/0、Serial2/0，以太网口为 ethernet 0/0，那么路由器配置如下。

1. 公司总部路由器配置

(1) 配置以太网接口

```
<H3C>system-view
[H3C] Interface ethernet 0/0
[H3C-ethernet 0/0]ip address 202.207.121.1  26
[H3C-ethernet 0/0] quit
[H3C]
```

(2) 配置 S1/0 口

```
[H3C]interface Serial 1/0
```

```
[H3C-Serial1/0]ip address 202.207.120.242  30
[H3C-Serial1/0] quit
[H3C]
```

(3) 配置 S2/0 口

```
[H3C]interface Serial 2/0
[H3C-Serial2/0]ip address 202.207.121.65  26
[H3C-Serial2/0] quit
[H3C]
```

(4) 配置路由

```
[H3C] ip route-static 0.0.0.0  0  202.207.120.241
[H3C] ip route-static 202.207.121.128  26  202.207.121.66
[H3C]
```

2. 分公司路由器配置

(1) 配置以太网接口

```
<H3C>system-view
[H3C] Interface ethernet 0/0
[H3C-ethernet 0/0]ip address  202.207.121.129 26
[H3C-ethernet 0/0] quit
[H3C]
```

(2) 配置 S1/0 口

```
[H3C]interface Serial 1/0
[H3C-Serial1/0]ip address 202.207.121.66  26
[H3C-Serial1/0] quit
[H3C]
```

(3) 配置路由

```
[H3C] ip route-static 0.0.0.0  0  202.207.121.65
[H3C]
```

3.3 小　　结

本章介绍了 Cisco 路由器和 H3C 路由器的基本配置，包括命令模式、端口配置、静态路由配置和默认路由配置。路由器配置原理都是一致的，各个厂家的配置命令有所不同，而且为了不涉及其他厂家的知识产权或专利，在一些处置方法上会有所不同，读者可以参考具体设备的说明书进行配置。

3.4 习　　题

1. 路由器和计算机有什么不同?

2. 路由器的 Console 口的作用是什么?

3. 使用超级终端配置路由器时串行口的传输速率应该设置为多少?

4. 配置完路由器后,为了使路由器开机就能按照设定的配置工作,应该怎样做?

5. 在 Cisco 路由器中显示当前运行的配置的命令是什么? H3C 路由器中的对应命令是什么呢?

6. 用什么命令可以查看路由器有哪些端口、端口名是什么、端口是否配置了 IP 地址?

7. 默认路由命令和静态路由命令格式有什么不同?

8. 在如图 3-12 所示的网络中,Router0、Router1、Router2 上各应该配置什么样的路由?(Router2 上已经有到 Internet 的路由)

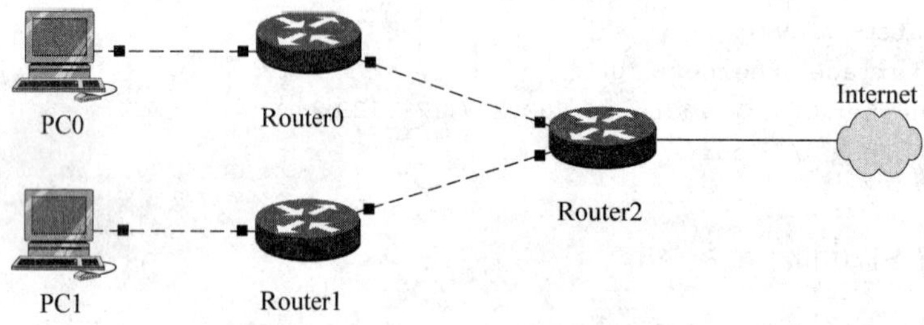

图 3-12　网络连接图

9. 在图 3-13 中两个路由器为 Cisco 2620 路由器,路由器 A 的 S0 口按 DCE 配置,路由器 B 的 S0 口按 DTE 配置。按照图中 IP 地址分配,要使网络 A 和网络 B 中 PC 之间能够通信,路由器 A 和路由器 B 应该怎样配置?

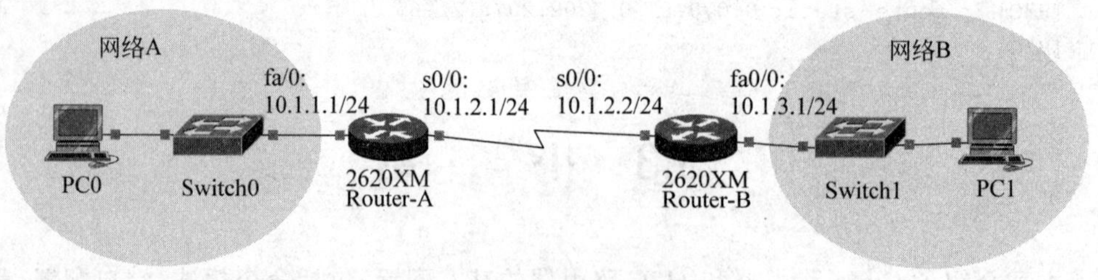

图 3-13　网络连接图

10. 请写出图 3-13 中 PC0 和 PC1 计算机网络连接的 TCP/IP 属性配置(不考虑 DNS 服务器地址)。

3.5　实训　小型网络中路由器的基本配置

【实训学时】 4 学时。

【实训组人数】 5 人。

【实训目的】 练习网络地址规划、路由规划；路由器端口配置、静态路由及默认路由配置。

【实训内容】 小型网络连接如图 3-14 所示。

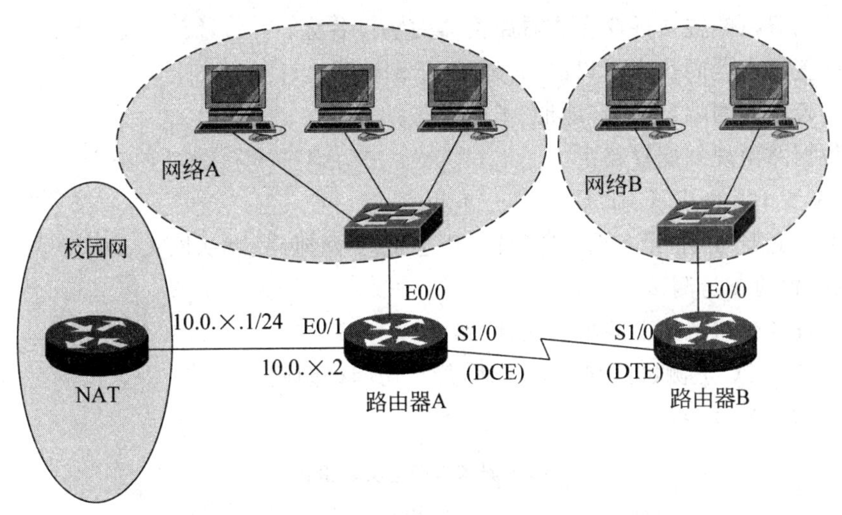

图 3-14　小型网络连接

每个分组使用 5 台安装有 TCP/IP 通信协议的 Windows XP 系统 PC 通过交换机连接到 H3C 路由器的 ethernet0/0 口，两台路由器之间使用 V. 35 背对背电缆连接。与外网的连接使用路由器 A 的以太网接口 ethernet0/1，出口地址为 10. 0. ×. 2(其中“×”为实训分组编号)，子网掩码使用 255. 255. 255. 0，上连地址使用 10. 0. ×. 1，DNS 地址为 202. 99. 160. 68。每组可以使用的 IP 地址为 10. ×. 1. 0/24(“×”是实训分组编号，上游路由器上已经配置好了到达实训网络的路由)。

(1) 为所有计算机及网络连接设备接口分配 IP 地址。

(2) 规划各个路由器中的路由，使网络通信畅通。

(3) 完成路由器端口配置与路由配置，完成 PC 的 TCP/IP 属性配置，使所有 PC 之间能够相互访问，使所有计算机都能访问校园网。

【实训指导】

(1) 根据分配的 IP 地址，完成 IP 地址规划及 IP 地址分配。

(2) 按照图 3-14 的网络连接及 IP 地址分配，完成两个模拟路由器上的路由规划。

(3) 路由器 A 配置。

① 使用 Console 线连接一台 PC 到路由器的 Console 口。

② 在 PC 上使用"超级终端"连接到路由器。

③ 使用显示配置文件命令查看路由器的端口名称。

④ 配置路由器同步串行口的 IP 地址、子网掩码。可以选择配置或不配置时钟速率。

⑤ 配置两个以太网端口的 IP 地址、子网掩码。

⑥ 根据路由规划配置路由。

(4) 路由器 B 配置。

① 使用 Console 线连接一台 PC 到路由器的 Console 口。

② 在 PC 上使用"超级终端"连接到路由器。

③ 使用显示配置文件命令查看路由器的端口名称。

④ 配置路由器同步串行口的 IP 地址、子网掩码。

⑤ 配置以太网端口的 IP 地址、子网掩码。

⑥ 根据路由规划配置路由。

(5) 配置 PC 的 TCP/IP 属性。

按照 IP 地址规划,给各台 PC 配置 IP 地址、子网掩码、默认网关、DNS。

(6) 配置检查与测试。

① 检查各台路由器上的配置文件、路由。

② 在各台 PC 上测试网络是否连通,能否访问校园网。

【实训报告】

路由器基本配置实训报告

班号： 组号： 学号： 姓名：

<table>
<tr><td rowspan="4">IP 地址规划</td><td>路由器 A</td><td></td><td>以太网接口：
同步串行口：</td></tr>
<tr><td>网络 A</td><td></td><td>--</td></tr>
<tr><td>路由器 B</td><td></td><td>以太网接口：
同步串行口：</td></tr>
<tr><td>网络 B</td><td></td><td>--</td></tr>
<tr><td rowspan="2">路由规划</td><td>路由器 A 中需要配置的路由</td><td colspan="2"></td></tr>
<tr><td>路由器 B 中需要配置的路由</td><td colspan="2"></td></tr>
<tr><td rowspan="3">路由器 A 配置</td><td>局域网端口</td><td colspan="2"></td></tr>
<tr><td>同步串行口</td><td colspan="2"></td></tr>
<tr><td>路由</td><td colspan="2"></td></tr>
<tr><td rowspan="3">路由器 B 配置</td><td>局域网端口</td><td colspan="2"></td></tr>
<tr><td>同步串行口</td><td colspan="2"></td></tr>
<tr><td>路由</td><td colspan="2"></td></tr>
</table>

续表

路由表(有效路由)	路由器 A 中的路由表		
	路由器 B 中的路由表		
连通性测试	网络 A ping 网络 B		通　不通
	从网络 A 中打开 http://www.baidu.com		能　不能
	从网络 B 中打开 http://www.baidu.com		能　不能

第 4 章　动态路由与路由选择协议

4.1　动态路由的概念

Internet 是连接了世界上所有国家和无数个网络的互联网络。在 Internet 中的路由数以万计，显然如此之多的路由不可能都保存在每个路由器内。路由器中的路由数量越多，查找路由的时间就越长，就会影响网络性能。所以 Internet 中采用了主干网络和自治系统的结构。Internet 网络结构可以如图 4-1 所示。

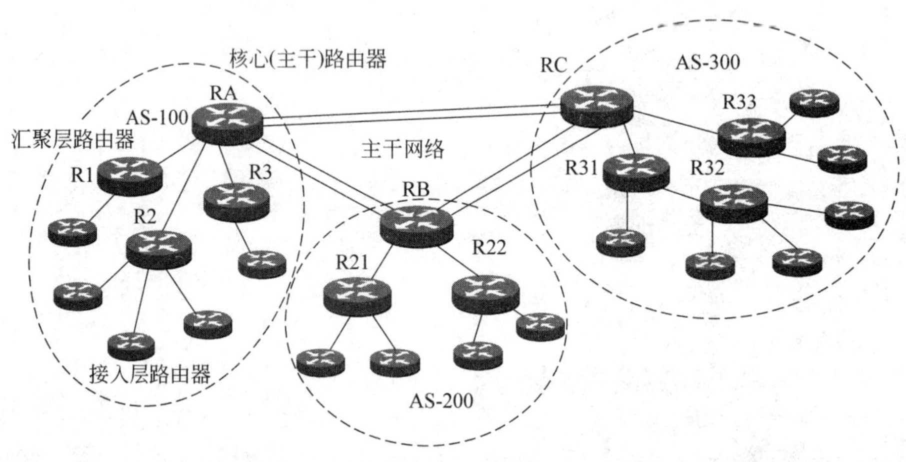

图 4-1　Internet 网络结构

自治系统（Autonomous System，AS）是一组路由器的集合，它们在一个管理域中运行，共享域内的路由信息。图 4-1 表示出了 3 个自治系统 AS 100、AS 200、AS 300。一个管理域表示这些路由器同属一个网络管理组织，可能是一个单位或一个部门，例如中国教育网（CERNET）是一个自治系统，中国 Internet 主干网 CHINANET 也是一个自治系统。在一个自治系统内，路由器之间可以相互传递路由信息。

自治系统是由一个 16 位二进制数的自治系统编号标识的，其中 1～64511 由 Internet 编号分配机构（Internet Assigned Numbers Authority，IANA）来管理。64512～65535 为私有 AS 号。使用私有 AS 号可以在一个 AS 内部再划分自治系统。私有 AS 号类似于私有 IP 地址。

一个自治系统中可能有几百台路由器，其最底层的路由器一般称作接入层路由器，用于网络的连接和接入。接入层路由器的 RAM 一般较小，CPU 处理能力较差，价格便宜。例如 Cisco 的 1600、1700、2500、2600 系列路由器。

在一个自治系统中可能存在多个地区性网络，例如在中国教育网内有很多分布在全国各地的大学校园网，每个大学校园网内又使用路由器连接了若干网络，但一般每个校园网只使用一个路由器和上一级网络连接，显然这个路由器上转发的报文的数量最大，而且路由条数较多，要求路由器的处理能力更强。这种路由器称作汇聚层路由器(也称作区域边界路由器)，例如 Cisco 的 4500、4000、3600 系列路由器就是汇聚层路由器。这类路由器的网络接口一般有自己的处理器，转发报文时一般不需要 CPU 的干预。

Internet 是由多个自治系统互联起来的网络，自治系统之间的连接也是通过路由器连接的。连接自治系统之间的路由器上需要转发的报文更多，这种路由器上存在的路由应该更多，即路由器的性能要求更高。这种连接自治系统的路由器称作核心(主干)路由器(也称作自治系统边界路由器，表示处于自治系统网络边界)，例如 Cisco 的 12000、7500、7200、7000 系列路由器就是核心路由器。核心路由器除了具有更强大的处理功能之外，还具有更多的广域网接口，一般两点之间都要使用两条线路连接。各个自治系统的核心路由器连接起来构成了 Internet 的主干(核心)网络，在主干网络中，核心路由器之间的连接都采用具有冗余线路的网状连接。

在一个小的网络中可以配置静态路由，也可以使用默认路由弥补静态路由的缺陷。但是在一个大网络中，静态路由的配置将非常麻烦，而且默认路由可能会导致许多弯路。最大的问题是，当网络中的路由发生变化时，静态路由的维护工作是非常困难的。为了在一个大型网络中能够自动生成和自动维护路由器中的路由表，需要使用动态路由。动态路由是由路由选择协议自动生成和维护的路由。

Internet 中路由选择协议分为两类：内部网关协议(Interior Gateway Protocol，IGP)和外部网关协议(External Gateway Protocol，EGP)。内部网关协议是在一个自治系统内部使用的路由选择协议，目前网络中使用较多的是路由信息协议(Routing Information Protocol，RIP)和开放最短路径优先协议(Open Shortest Path First，OSPF)等。一个自治系统内部可以自主的选用路由选择协议。外部网关协议是自治系统之间交换路由信息的协议，例如图 4-1 中的 RA、RB、RC 核心路由器之间交换路由信息需要使用外部网关协议。目前使用的外部网关协议是第 4 版边界网关协议(Border Gateway Protocol，BGP)。

在小型网络中，网络结构比较简单，一般使用静态路由和默认路由就能使网络连通；即便是稍微较复杂的网络结构，使用 RIP 一般就能解决路由问题。所以本书不涉及复杂的路由协议，关于 OSPF、BGP 协议的内容请参阅相关参考书。

4.2　路由信息协议 RIP

RIP 是最早应用于网络内生成和维护动态路由的协议，早在 20 世纪 70 年代就已经盛行。从现在的网络技术发展看 RIP，它是一种简单、过时的协议。在进入 21 世纪之后，出现了 RIP 的第 2 版，称作 RIPv2，那么最初的版本就是 RIPv1(一般说 RIP 就是指的

RIPv1)。尽管 RIP 存在着诸多缺点,但 RIP 的简单特性使它一直被延续下来,而且没有因为 RIPv2 的使用而被淘汰,RIP 一直和 RIPv2 共同存在,还可能继续延续下去。特别是在小网络中,RIP 一直有它的生命力。

1. RIP 简单的工作原理

RIP 是一种有类别的距离向量(Distance Vector)路由选择协议。执行 RIP 的路由器之间定时地交换路由信息,但在交换的路由信息中不携带子网掩码,所以说是有类别的路由选择协议。RIP 的默认管理距离是 120,说明由 RIP 生成的路由可信度较差。从表 2-10 可以看到,如果到达同一目的地址有其他类型路由存在,就不会使用 RIP 生成的路由。RIP 使用跳数(Hop Count)作为路由开销(Metric)的度量值,而不考虑线路的带宽、费用等因素。

在如图 4-2 所示的网络连接中,路由器 A 有两条路由到达路由器 C。一条是通过传输速率为 100Mbps 的局域网线路经过路由器 B 到达路由器 C;另一条是通过租用的传输速率为 56kbps 的电话线路直接到达路由器 C。当图 4-2 中的两台计算机之间通信时,RIP 认为电话线路最好,因为该路由跳数为 1,距离最近。但实际上这条路由不是最好的,所以说 RIP 路由的可信度较差。

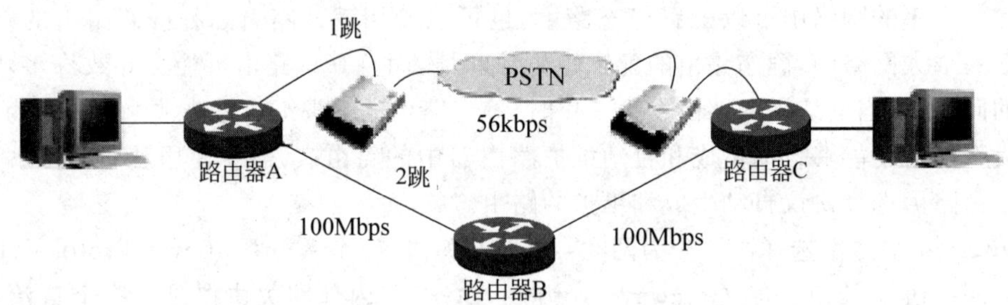

图 4-2　说明 RIP 路由可信度较差的网络

RIP 把跳数作为路由的距离,RIP 把路由的最远距离定义为 15 跳。如果跳数等于 16,则认为这是一条不可到达的路由。RIP 的跳数限制不能适应大型网络,但在 20 世纪 70 年代超过 15 跳的网络认为是不可能存在的。在大型网络中只能使用其他路由选择协议。

RIP 的简单工作原理如下。

(1) 路由器中的初始路由表中只有直连网络。图 4-3 是一个网络连接和路由器 B 的初始路由表。0 跳数表示一个直连网络。

(2) 路由器每隔 25～30s(标称 30s)向相邻路由器广播一次自己的路由表。路由器收到路由广播报文后,把报文中的每条路由信息和自己路由表中的内容进行比较。如果是一条新路由,则将该路由添加到自己的路由表中,并将跳数加 1;如果路由表内存在该条路由,再比较一下两条路由的跳数,如果表内的路由跳数大于收到路由的跳数加 1,则使用新路由替换表内路由,并把路由跳数加 1;否则丢弃收到的该条路由信息。

例如在第 1 次广播路由信息后,路由器 B 中的路由表如下:

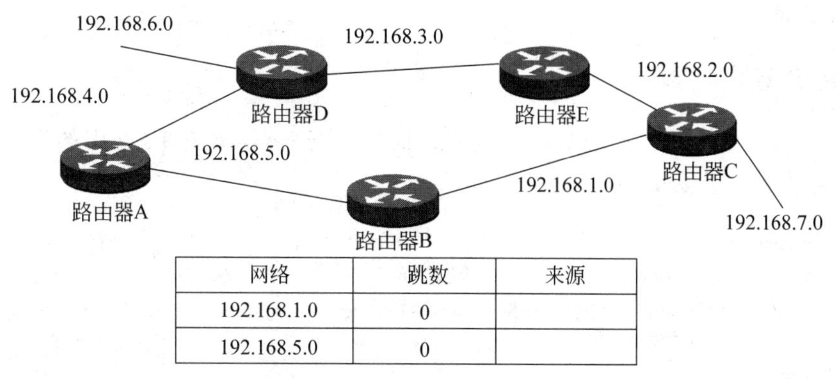

网络	跳数	来源
192.168.1.0	0	
192.168.5.0	0	

图 4-3　网络连接和路由器 B 的初始路由表

目的网络	跳数	来源
192.168.1.0	0	
192.168.5.0	0	
192.168.2.0	1	C
192.168.7.0	1	C
192.168.4.0	1	A

在第 2 次广播路由信息后，路由器 B 中的路由表如下。

目的网络	跳数	来源
192.168.1.0	0	
192.168.5.0	0	
192.168.2.0	1	C
192.168.7.0	1	C
192.168.4.0	1	A
192.168.3.0	2	C
192.168.6.0	2	A

在第 3 次广播路由信息后，路由器 B 虽然能够收到路由器 C 广播报文中到达 192.168.6.0 网络的路由信息，但是路由中的跳数是 3 跳，大于存在路由的跳数，所以丢弃该路由信息。

在图 4-3 所示的网络中，经过 2 次路由信息广播后，每个路由器中都已经存在了到达所有网络的路由。在 RIP 中每建立一条路由后，同时启动该路由的定时信息(初始定时器为 0s)，每次收到路由广播报文后，对于和路由表内路由信息相同的路由重新启动定时。如果某条路由的定时器计数达到了 180s，表示该路由已经有 180s 没有消息，说明该条路由已经失效(例如路由器关机、线路故障)，这时 RIP 将该路由的跳数设置为 16，表示该路由已经不可到达。

(3) RIP 的路由信息报文禁止向路由来源方向广播，该技术称作“水平分割”，目的是杜绝路由广播环路的形成，避免造成路由判断错误。

例如在图 4-3 中，假如 192.168.7.0 网线被拔掉，路由器 C 的路由表中该条路由将是不可到达。但是如果路由器 B 向路由器 C 广播从路由器 C 中得到的路由，则路由器 C 中将会产生一条到达 192.168.7.0 网络的路由，该路由的下一跳是路由器 A，跳数为 2，显然这是错误的。

2. RIP 基本配置

在 Cisco 路由器上 RIP 的基本配置非常简单，在路由器允许 IP 路由的情况下，对于图 4-3 中路由器 B 上配置 RIP 的命令如下：

```
Router(config)#router  rip
Router(config-router)#network  192.168.1.0
Router(config-router)#network  192.168.5.0
Router(config-router)#ctrl-z
Router#
```

每个和该路由器直连的网络使用一条 network 命令说明，但命令中不能使用子网掩码。配置完成后，使用 show ip route 命令显示路由会有类似下面的结果：

```
Router#show ip route
C       192.168.1.0 is directly connected, Serial0/0
C       192.168.5.0 is directly connected, Serial0/1
```

如果其他路由器上的 RIP 已经正确配置，等待 1min 之后再使用 show ip route 命令显示路由时，就会看到路由表内增加了若干条从其他路由器学习到的路由(路由来源是下一跳的地址，不是路由器名称)。

在配置 RIP 的 network 命令中，地址参数只能是有类 IP 网络地址，不能书写带子网的网络地址。例如将图 4-3 中 IP 地址修改为图 4-4 所示后，路由器 B 的 RIP 配置命令是：

```
Router(config)#router  rip
Router(config-router)#network  10.0.0.0
Router(config-router)#ctrl-z
Router#
```

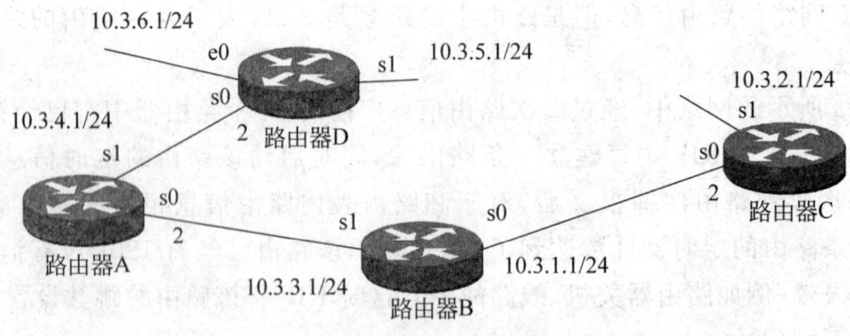

图 4-4　使用子网的网络路由

由于路由器 B 的 s0 口和 s1 口都连接着 10.0.0 网络，所以只需要使用一条 network 命令。

RIP 是有类别路由选择协议，但不意味着在 RIP 中不能使用子网路由。在图 4-4 的网络连接中，各个路由器上都正确配置了 RIP 和各个端口的 IP 地址之后(注意各个端口地址的子网掩码都是 24 位)，在路由器 B 上使用 show ip route 命令显示的路由表内容如下：

```
10.0.0.0/24 is subnetted, 6 subnets
C        10.3.1.0 is directly connected, Serial0/0
C        10.3.3.0 is directly connected, Serial0/1
R        10.3.2.0 [120/1] via 10.3.1.2, 00:01:09, Serial0/0
R        10.3.4.0 [120/1] via 10.3.3.2, 00:01:09, Serial0/1
R        10.3.5.0 [120/2] via 10.3.3.2, 00:00:26, Serial0/1
R        10.3.6.0 [120/2] via 10.3.3.2, 00:00:26, Serial0/1
```

RIP 在核实路由时，首先根据主网络，然后根据直连接口在主网络上的子网掩码判断子网路由。在图 4-4 中，所有 IP 地址都使用了 10.0.0.0 主网络，所有直连接口的子网掩码都使用了 24 位的子网掩码，RIP 都正确地识别出了所有子网，并广播了子网路由。但是，如果网络中的地址分配如图 4-5 所示，那么子网路由就不能正确传递了。

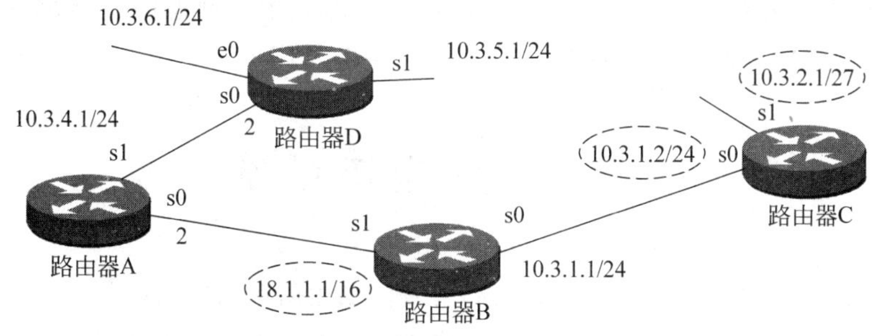

图 4-5　RIP 子网路由发生错误的网络

在图 4-5 的网络中，由于在路由器 A 和路由器 B 之间的主网络是 18.0.0.0，路由器 D 上的子网路由到达路由器 B 需要跨越主网络边界(通过另一个主网络)，由于路由信息中没有子网掩码，在路由器 A 上一边是 10.0.0.0 网络，一边是 18.0.0.0 网络，所以路由器 A 只能转发主网络路由，即 10.0.0.0，不会转发 10.3.5.0/24。

对于路由器 C 来说，一边的子网掩码是 24 位，一边的子网掩码是 27 位，这时 RIP 就不知道使用哪个接口的子网掩码了，所以路由器 C 就不广播路由信息了。

RIP 只适应简单的小网络，网络中主网络号应该一致(对于上游路由器来说，RIP 路由广播报文跨越主网络边界会形成路由的汇总，减少路由条数)；各个路由器上的子网掩码要一致，这就是所说的 RIP 不支持变长子网掩码。如果需要使用变长子网掩码，可以使用 RIPv2 或其他路由选择协议。

3. H3C 路由器的 RIP 配置命令

```
[H3C]rip
[H3C-rip-1]network 网络地址
[H3C-rip-1]network 网络地址
```

4. RIP 交换的路由信息

RIP 是在配置了 RIP 的路由器之间相互交换路由信息而形成动态路由表。一般把 RIP 交换路由信息称作定时广播自己的路由表。其实这种说法是不严格的，RIP 在有些情况下并不是广播路由器中路由表的全部内容。RIP 广播的路由信息有以下几个方面的约定。

(1) 只广播由 RIP 协议生成的路由信息。其中包括：

① 由 network 命令发布的直连网络。虽然路由器能够自己发现直连网络，并且能够将直连网络填写在路由表中。但是，如果没有在 RIP 协议配置中使用 network 发布直连路由，那么 RIP 就不能发布它的直连网络。

② 由 RIP 生成的路由信息。

(2) RIP 不向路由来源方向广播路由信息(水平分割)。

(3) RIP 不广播路由表中的其他路由信息。路由表中的静态路由、默认路由和其他路由选择协议生成的路由，默认情况下 RIP 都不会向外广播。

4.3 RIP 应用举例

一般来说，RIP 只适应简单的企业内部网络。虽然简单的网络中可以使用静态路由，但是，一方面静态路由不能适应路由表的动态变化；另一方面，当网络稍微复杂时配置静态路由也是一件比较麻烦的事情。

例如，某企业内部网络连接如图 4-6 所示。为了提高网络的可靠性，网络连接使用了 4 台 Cisco 2811 模块化路由器(2 个同步串行口和 2 个以太网接口)连接成了一个环形网络，通过一台路由器的同步串行口连接到外部网络。在这样的一个小型企业网络中，如果使用静态路由，不仅不能保证路由表的动态管理，而且配置所有的静态路由也非常麻烦。

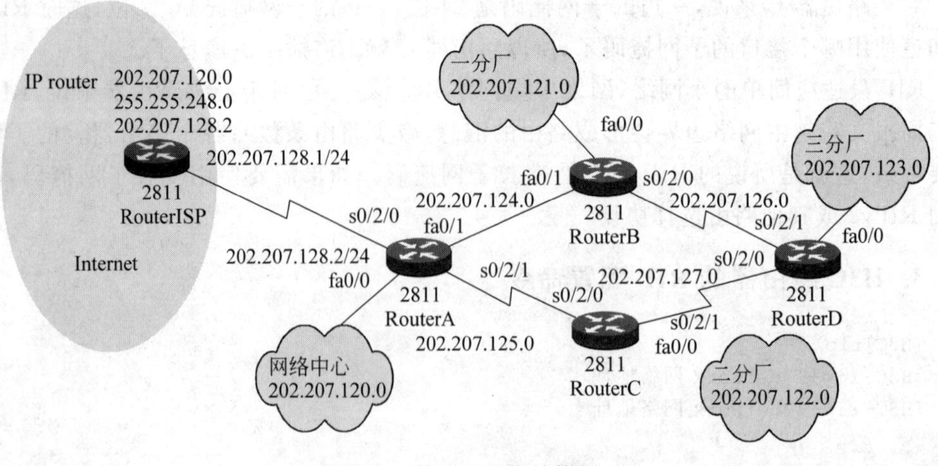

图 4-6　某企业网络结构图

在稍微复杂的内部网络中，首先要考虑使用动态路由。配置了动态路由之后，内部网络中的通信路由就没有问题了，即内网已经联通。一般外部网络不会使用动态路由协议与内部网络交换路由信息，所以与外部网络的路由一般需要通过默认路由解决。

下面以图 4-6 为例说明 RIP 的应用。该企业内部网络的网络连接、设备端口、各个部门局域网内的信息点数量及 IP 地址分配如图中所示。

网络外连端口的 IP 地址是 202.207.128.2/24，上连地址为 202.207.128.1/24，DNS 为 202.99.160.68。网络运营商端已经配置了到达本企业网络的路由。

4.3.1 路由规划

1. 网络内部路由

为了减少路由配置工作量和对路由进行动态维护，在网络内部的 4 台路由器上配置 RIP 协议，即可实现内部网络的畅通。

2. 外部网络路由

外部网络一般不会与内部网络交换路由信息。要保证内部网络能够访问外部网络，必须配置通往外部网络的路由。

在路由器 RouterA 上，通往外网的路由应该配置一条默认路由，配置命令为

```
Ip route 0.0.0.0 0.0.0.0 202.207.128.1
```

在路由器 RouterA 上配置了通往外网的默认路由之后，其他路由器上还需要配置通往外网的路由吗？既然路由器 RouterA 上有通往外网的路由，其他路由器有通往路由器 RouterA 的路由，似乎网络内部与外网的通信应该没有问题。但是，考虑一下网络层的工作原理就可以清楚地知道，在内部网络的其他路由器上，根本就不能访问外部网络。例如在 RouterB 上收到一个访问外部网络的报文后，从路由表内不可能查到到达目的网络的路由，当然该报文就要被丢弃。所以内部网络的其他路由器上，必须配置到达外部网络的路由。

如果各个路由器的连接端口 IP 地址配置为

```
RouterA  Fa0/1: 202.207.124.1/24
RouterA  S0/2/1: 202.207.125.1/24
RouterB  Fa0/1: 202.207.124.2/24
RouterB  S0/2/0: 202.207.126.1/24
RouterC  S0/2/0: 202.207.125.2/24
RouterC  S0/2/1: 202.207.127.1/24
RouterD  S0/2/0: 202.207.126.2/24
RouterD  S0/2/1: 202.207.127.2/24
```

在路由器 RouterB 上，与外部网络通信路由可以配置成：

```
Ip route 0.0.0.0 0.0.0.0 202.207.124.1
```

如果考虑网络的安全可用性及最佳路由选择，可以做如下配置：

```
Ip route 0.0.0.0 0.0.0.0 202.207.124.1
Ip route 0.0.0.0 0.0.0.0 202.207.126.2 10
```

在路由器 RouterB 有两条默认路由，但指向路由器 RouterA 的默认路由管理距离使用默认值 1，指向路由器 RouterD 的默认路由管理距离为 10，根据最短路径选法，一般情况下会选择指向路由器 RouterA 的默认路由。但是一旦 RouterA 和 RouterB 之间的链路发生故障后，RouterA 和 RouterB 之间的路由就会自动消失，路由器就会通过另一条默认路由与外部网络通信，即较远距离的路由为默认备份路由。

注意：如果路由器为 H3C 路由器，默认路由配置需要使用以下命令：

```
Ip route-static 0.0.0.0 0 202.207.124.1
Ip route-static 0.0.0.0 0 202.207.126.2  preference 70
```

不仅仅是命令格式不同，H3C 中静态路由的优先级默认值为 60。

同理，在路由器 RouterC 上配置的默认路由为

```
Ip route 0.0.0.0 0.0.0.0 202.207.125.1
Ip route 0.0.0.0 0.0.0.0 202.207.127.2 10
```

在路由器 RouterD 上配置的默认路由为

```
Ip route 0.0.0.0 0.0.0.0 202.207.126.1
Ip route 0.0.0.0 0.0.0.0 202.207.127.1
```

注意：在路由器 RouterD 上配置的默认路由不能配置成不同的管理距离。不仅仅是两条路由距离相同，两条默认路由的管理距离也应该相同，这样可以均衡网络负载；更重要的是，如果配置成管理距离不同，不但使某条路由上负载较重，而且一旦管理距离较小的链路上发生故障，例如配置成：

```
Ip route 0.0.0.0 0.0.0.0 202.207.126.1
Ip route 0.0.0.0 0.0.0.0 202.207.127.1 10
```

当 RouterA 与 RouterB 之间的链路发生故障后，RouterD 上到达外网的报文应该根据最短路径送达 RouterB，RouterB 收到报文后，由于较近的路由已经消失，就会根据现有的默认路由将报文转发给 RouterD，而 RouterD 根据最短路由选择又会把报文发给 RouterB，即形成路由死循环，网络不通。

4.3.2 路由器 RouterA 的配置

按照 IP 地址规划与路由规划，路由器 RouterA 的端口配置与路由配置如下。

1. 端口配置

```
Router(config)#hostname RouterA
RouterA(config)#
```

```
;外连端口配置
RouterA(config)#interface Serial0/2/0
RouterA(config-if)#ip address 202.207.128.2 255.255.255.0
RouterA(config-if)#clock rate 128000
RouterA(config-if)#no shutdown
RouterA(config-if)#exit
RouterA(config)#
;FastEthernet0/0 端口配置
RouterA(config)#interface FastEthernet0/0
RouterA(config-if)#ip address 202.207.120.1 255.255.255.0
RouterA(config-if)#no shutdown
RouterA(config-if)#exit
RouterA(config)#
;FastEthernet0/1 端口配置
RouterA(config)#interface FastEthernet0/1
RouterA(config-if)#ip address 202.207.124.1 255.255.255.0
RouterA(config-if)#no shutdown
RouterA(config-if)#exit
RouterA(config)#
;Serial0/2/1 端口配置
RouterA(config)#interface Serial0/2/1
RouterA(config-if)#ip address 202.207.125.1 255.255.255.0
RouterA(config-if)#clock rate 128000
RouterA(config-if)#no shutdown
RouterA(config-if)#exit
RouterA(config)#
```

2. 路由配置

```
;RIP 协议配置
RouterA(config)#Router  rip
RouterA(config-router)#network 202.207.120.0
RouterA(config-router)#network 202.207.124.0
RouterA(config-router)#network 202.207.125.0
RouterA(config-router)#network 202.207.128.0
RouterA(config-router)#exit
RouterA(config)#
;配置默认路由
RouterA(config)#ip route 0.0.0.0 0.0.0.0 202.207.128.1
RouterA(config)#
```

4.3.3 路由器 RouterB 的配置

按照 IP 地址规划与路由规划，路由器 RouterB 的端口配置与路由配置如下。

1. 端口配置

```
Router(config)#hostname RouterB
```

```
RouterB(config)#
;FastEthernet0/0 端口配置
RouterB(config)#interface FastEthernet0/0
RouterB(config-if)#ip address 202.207.121.1 255.255.255.0
RouterB(config-if)#no shutdown
RouterB(config-if)#exit
;FastEthernet0/1 端口配置
RouterB(config)#interface FastEthernet0/1
RouterB(config-if)#ip address 202.207.124.2 255.255.255.0
RouterB(config-if)#no shutdown
RouterB(config-if)#exit
;Serial0/2/0 端口配置
RouterB(config)#interface Serial0/2/0
RouterB(config-if)#ip address 202.207.126.1 255.255.255.0
RouterB(config-if)#clock rate 128000
RouterB(config-if)#no shutdown
RouterB(config-if)#exit
```

2. 路由配置

```
;RIP 协议配置
RouterB(config)#router rip
RouterB(config-router)#network 202.207.124.0
RouterB(config-router)#network 202.207.121.0
RouterB(config-router)#network 202.207.126.0
RouterB(config-router)#exit
;默认路由配置
RouterB(config)#ip route 0.0.0.0 0.0.0.0 202.207.124.1
RouterB(config)#ip route 0.0.0.0 0.0.0.0 202.207.126.2 10
RouterB(config)#
```

4.3.4 路由器 RouterC 的配置

路由器 RouterC 的主要配置如下：

```
RouterC(config)#interface FastEthernet0/0
RouterC(config-if)#ip address 202.207.122.1 255.255.255.0
RouterC(config-if)#no shutdown
RouterC(config-if)#exit
RouterC(config)#interface Serial0/2/0
RouterC(config-if)#ip address 202.207.125.2 255.255.255.0
RouterC(config-if)#exit
RouterC(config)#interface Serial0/2/1
RouterC(config-if)#ip address 202.207.127.1 255.255.255.0
RouterC(config-if)#clock rate 128000
RouterC(config-if)#no shutdown
RouterC(config-if)#exit
RouterC(config)#router rip
```

```
RouterC(config-router)#network 202.207.125.0
RouterC(config-router)#network 202.207.122.0
RouterC(config-router)#network 202.207.127.0
RouterC(config-router)#exit
RouterC(config)#ip route 0.0.0.0 0.0.0.0 202.207.125.1
RouterC(config)#ip route 0.0.0.0 0.0.0.0 202.207.127.2 10
RouterC(config)#
```

4.3.5　路由器 RouterD 的配置

路由器 RouterD 的主要配置如下：

```
RouterD(config)#interface Serial0/2/0
RouterD(config-if)#ip address 202.207.127.2 255.255.255.0
RouterD(config-if)#no shutdown
RouterD(config-if)#exit
RouterD(config)#interface Serial0/2/1
RouterD(config-if)#ip address 202.207.126.2 255.255.255.0
RouterD(config-if)#no shutdown
RouterD(config-if)#exit
RouterD(config)#interface FastEthernet0/0
RouterD(config-if)#ip address 202.207.123.1 255.255.255.0
RouterD(config-if)#no shutdown
RouterD(config-if)#exit
RouterD(config)#router rip
RouterD(config-router)#network 202.207.126.0
RouterD(config-router)#network 202.207.127.0
RouterD(config-router)#network 202.207.123.0
RouterD(config-router)#exit
RouterD(config)#ip route 0.0.0.0 0.0.0.0 202.207.126.1
RouterD(config)#ip route 0.0.0.0 0.0.0.0 202.207.127.1
RouterD(config)#
```

4.3.6　路由表检查

在经过数分钟之后，显示 RouterA 中的路由表为

```
RouterA#show ip route
Gateway of last resort is 202.207.128.1 to network 0.0.0.0

C     202.207.120.0/24 is directly connected, FastEthernet0/0
R     202.207.121.0/24 [120/1] via 202.207.124.2, 00:00:26, FastEthernet0/1
R     202.207.122.0/24 [120/1] via 202.207.125.2, 00:00:20, Serial0/2/1
R     202.207.123.0/24 [120/2] via 202.207.125.2, 00:00:20, Serial0/2/1
                       [120/2] via 202.207.124.2, 00:00:26, FastEthernet0/1
C     202.207.124.0/24 is directly connected, FastEthernet0/1
C     202.207.125.0/24 is directly connected, Serial0/2/1
```

```
R    202.207.126.0/24 [120/1] via 202.207.124.2, 00:00:26, FastEthernet0/1
R    202.207.127.0/24 [120/1] via 202.207.125.2, 00:00:20, Serial0/2/1
C    202.207.128.0/24 is directly connected, Serial0/2/0
S*   0.0.0.0/0 [1/0] via 202.207.128.1
RouterA#
```

可以看到所有网络的路由都已经存在，其中到达 202.207.123.0/24 网络的路由有两条，这是因为存在两条到达该网络的路由，并且距离(跳数为 2)相等。

RouterB 中的路由表为

```
RouterB#show ip route
Gateway of last resort is 202.207.124.1 to network 0.0.0.0

R    202.207.120.0/24 [120/1] via 202.207.124.1, 00:00:04, FastEthernet0/1
C    202.207.121.0/24 is directly connected, FastEthernet0/0
R    202.207.122.0/24 [120/2] via 202.207.124.1, 00:00:04, FastEthernet0/1
                      [120/2] via 202.207.126.2, 00:00:02, Serial0/2/0
R    202.207.123.0/24 [120/1] via 202.207.126.2, 00:00:02, Serial0/2/0
C    202.207.124.0/24 is directly connected, FastEthernet0/1
R    202.207.125.0/24 [120/1] via 202.207.124.1, 00:00:04, FastEthernet0/1
C    202.207.126.0/24 is directly connected, Serial0/2/0
R    202.207.127.0/24 [120/1] via 202.207.126.2, 00:00:02, Serial0/2/0
R    202.207.128.0/24 [120/1] via 202.207.124.1, 00:00:04, FastEthernet0/1
S*   0.0.0.0/0 [1/0] via 202.207.124.1
RouterB#
```

虽然配置了两条默认路由，但是显示出来的只有一条最近的默认路由([1/0]表示管理距离为 1，跳数为 0)。

RouterC 中的路由表为

```
RouterC#show ip route
Gateway of last resort is 202.207.125.1 to network 0.0.0.0

R    202.207.120.0/24 [120/1] via 202.207.125.1, 00:00:11, Serial0/2/0
R    202.207.121.0/24 [120/2] via 202.207.125.1, 00:00:11, Serial0/2/0
                      [120/2] via 202.207.127.2, 00:00:08, Serial0/2/1
C    202.207.122.0/24 is directly connected, FastEthernet0/0
R    202.207.123.0/24 [120/1] via 202.207.127.2, 00:00:08, Serial0/2/1
R    202.207.124.0/24 [120/1] via 202.207.125.1, 00:00:11, Serial0/2/0
C    202.207.125.0/24 is directly connected, Serial0/2/0
R    202.207.126.0/24 [120/1] via 202.207.127.2, 00:00:08, Serial0/2/1
C    202.207.127.0/24 is directly connected, Serial0/2/1
R    202.207.128.0/24 [120/1] via 202.207.125.1, 00:00:11, Serial0/2/0
S*   0.0.0.0/0 [1/0] via 202.207.125.1
RouterC#
```

RouterD 中的路由表为

```
RouterD#show ip route
Gateway of last resort is 202.207.126.1 to network 0.0.0.0
```

```
R     202.207.120.0/24 [120/2] via 202.207.126.1, 00:00:26, Serial0/2/1
                       [120/2] via 202.207.127.1, 00:00:23, Serial0/2/0
R     202.207.121.0/24 [120/1] via 202.207.126.1, 00:00:26, Serial0/2/1
R     202.207.122.0/24 [120/1] via 202.207.127.1, 00:00:23, Serial0/2/0
C     202.207.123.0/24 is directly connected, FastEthernet0/0
R     202.207.124.0/24 [120/1] via 202.207.126.1, 00:00:26, Serial0/2/1
R     202.207.125.0/24 [120/1] via 202.207.127.1, 00:00:23, Serial0/2/0
C     202.207.126.0/24 is directly connected, Serial0/2/1
C     202.207.127.0/24 is directly connected, Serial0/2/0
R     202.207.128.0/24 [120/2] via 202.207.126.1, 00:00:26, Serial0/2/1
                       [120/2] via 202.207.127.1, 00:00:23, Serial0/2/0
S*    0.0.0.0/0 [1/0] via 202.207.126.1
                [1/0] via 202.207.127.1
RouterD#
```

在路由器 RouterD 中由于存在两条管理距离相同的默认路由，所以显示有两条默认路由。

如果将 RouterB 的 Fastethernet0/1 口断开，在 RouterB 上的路由表将成为

```
RouterB#show ip route
Gateway of last resort is 202.207.126.2 to network 0.0.0.0

R     202.207.120.0/24 [120/3] via 202.207.126.2, 00:00:00, Serial0/2/0
C     202.207.121.0/24 is directly connected, FastEthernet0/0
R     202.207.122.0/24 [120/2] via 202.207.126.2, 00:00:00, Serial0/2/0
R     202.207.123.0/24 [120/1] via 202.207.126.2, 00:00:00, Serial0/2/0
R     202.207.125.0/24 [120/2] via 202.207.126.2, 00:00:00, Serial0/2/0
C     202.207.126.0/24 is directly connected, Serial0/2/0
R     202.207.127.0/24 [120/1] via 202.207.126.2, 00:00:00, Serial0/2/0
R     202.207.128.0/24 [120/3] via 202.207.126.2, 00:00:00, Serial0/2/0
S*    0.0.0.0/0 [10/0] via 202.207.126.2
RouterB#
```

显然默认路由变成了配置的第 2 条默认路由([10/0]管理距离为 10)，到达 202.207.120.0/24 网络的路由也已经重新生成。当然，由于网络连接结构的变化会引起各个路由器内路由表的变化，例如把 RouterB 的 Fastethernet0/1 口断开，RouterA 的路由表将是如下内容：

```
RouterA#show  ip route

Gateway of last resort is 202.207.128.1 to network 0.0.0.0

C     202.207.120.0/24 is directly connected, FastEthernet0/0
R     202.207.121.0/24 [120/3] via 202.207.125.2, 00:00:09, Serial0/2/1
R     202.207.122.0/24 [120/1] via 202.207.125.2, 00:00:09, Serial0/2/1
R     202.207.123.0/24 [120/2] via 202.207.125.2, 00:00:09, Serial0/2/1
C     202.207.125.0/24 is directly connected, Serial0/2/1
R     202.207.126.0/24 [120/2] via 202.207.125.2, 00:00:09, Serial0/2/1
```

```
R     202.207.127.0/24 [120/1] via 202.207.125.2, 00:00:09, Serial0/2/1
C     202.207.128.0/24 is directly connected, Serial0/2/0
S*    0.0.0.0/0 [1/0] via 202.207.128.1
RouterA#
```

4.4 路由注入

在图 4-6 的例子中，RouterB、RouterC、RouterD 上都设置了两条默认路由，用于应付当某条链路断开之后的网络可用性问题。对于 RouterD 来说，有两条管理距离相同的默认路由，当所有链路完好时，到外部网络的报文可以从两条链路通行，起到了流量分流的作用。但是如果考虑从 RouterB 经过要快些，而将通过 RouterB 的默认路由优先级提高，那么一旦 RouterA 和 RouterB 之间的链路出现故障，RouterB 上到外网的报文要送到 RouterD，而 RouterD 上到外网的报文要送到 RouterB，这样在 RouterB 和 RouterD 之间就会出现路由环路，造成网络故障。

在 RouterB、RouterC、RouterD 上设置默认路由是为了解决 RIP 不会广播路由表中的其他路由信息的问题。解决这一问题的另一种方法是在 RouterA 中将默认路由注入 RIP 协议的路由表内，让 RIP 将默认路由发布出去，从而实现默认路由的动态更新。

1. Cisco 路由器

在 Cisco 路由器中向 RIP 协议注入静态路由的命令为

```
Router(config)#router rip
Router(config-router)#redistribute static
```

在图 4-6 中各个路由器上配置了 RIP 后，在 RouterA 上配置一条默认路由：

```
RouterA(config)#Ip route 0.0.0.0 0.0.0.0 202.207.128.1
```

将默认路由注入 RIP 中：

```
RouterA(config)#router rip
RouterA(config-router)#redistribute static
```

在 RouterB 上显示路由表内容如下。

```
R     202.207.120.0/24 [120/1] via 202.207.124.1, 00:00:19, FastEthernet0/1
C     202.207.121.0/24 is directly connected, FastEthernet0/0
R     202.207.122.0/24 [120/2] via 202.207.124.1, 00:00:19, FastEthernet0/1
                       [120/2] via 202.207.126.2, 00:00:18, Serial0/2/0
R     202.207.123.0/24 [120/1] via 202.207.126.2, 00:00:18, Serial0/2/0
C     202.207.124.0/24 is directly connected, FastEthernet0/1
R     202.207.125.0/24 [120/1] via 202.207.124.1, 00:00:19, FastEthernet0/1
C     202.207.126.0/24 is directly connected, Serial0/2/0
R     202.207.127.0/24 [120/1] via 202.207.126.2, 00:00:18, Serial0/2/0
```

```
R*   0.0.0.0/0 [120/1] via 202.207.124.1, 00:00:19, FastEthernet0/1
```

可以看到：

```
R*   0.0.0.0/0 [120/1] via 202.207.124.1, 00:00:19, FastEthernet0/1
```

由 RIP 生成的默认路由，该路由的输出端口为 FastEthernet0/1。同样在 RouterD 上显示路由表内容为

```
R    202.207.120.0/24 [120/2] via 202.207.126.1, 00:00:12, Serial0/2/1
                      [120/2] via 202.207.127.1, 00:00:04, Serial0/2/0
R    202.207.121.0/24 [120/1] via 202.207.126.1, 00:00:12, Serial0/2/1
R    202.207.122.0/24 [120/1] via 202.207.127.1, 00:00:04, Serial0/2/0
C    202.207.123.0/24 is directly connected, FastEthernet0/0
R    202.207.124.0/24 [120/1] via 202.207.126.1, 00:00:12, Serial0/2/1
R    202.207.125.0/24 [120/1] via 202.207.127.1, 00:00:04, Serial0/2/0
C    202.207.126.0/24 is directly connected, Serial0/2/1
C    202.207.127.0/24 is directly connected, Serial0/2/0
R*   0.0.0.0/0 [120/2] via 202.207.126.1, 00:00:12, Serial0/2/1
R*   0.0.0.0/0 [120/2] via 202.207.127.1, 00:00:04, Serial0/2/0
```

可以看到有两条由 RIP 生成的默认路由。当某条链路故障时，默认路由也会动态的改变。

2. H3C 路由器

在 H3C 路由器中向 RIP 协议注入静态路由的命令为

```
[RTC]rip
[RTC-rip-1]import-route static originate
```

4.5　RIPv2

RIP 一般指 RIPv1。RIP 作为有类别路由选择协议，在路由更新消息中不携带掩码信息，因此它只支持主类网络之间的路由和属于同一主类网络的等长子网之间的路由。当 IP 地址分配采用了 VLSM 之后，RIP 就会产生路由判断的错误。为提供对变长子网和不连续子网的支持，RIP 推出了其无类别版本 RIPv2。RIPv2 在实现的原理上与 RIP 完全相同，主要变化是在路由更新消息中携带掩码信息，用于支持 VLSM 和不连续子网。

4.5.1　RIPv2 的配置

1. Cisco 路由器 RIPv2 配置

在 Cisco 路由器中 RIPv2 的配置命令如下：

```
Router(config)#router rip
```

```
Router(config-router)#version 2
Router(config-router)#no auto-summary
Router(config-router)#network network
```

首先在全局配置模式下，通过 router 命令启动 RIP 路由选择进程，然后需要指定运行的 RIP 版本为 RIPv2。在这里需要注意的是 no auto-summary 命令的使用。在默认情况下，RIPv2 的自动路由汇总功能是开启的，在使用 VLSM 时，就需要使用 no auto-summary 命令关闭自动路由汇总功能。network 命令通告直连网络，与 RIP 一样，在 RIPv2 中也是只通报主类网络地址，而不需要指定子网掩码信息。

2. H3C 路由器 RIPv2 配置

在 H3C 路由器中 RIPv2 的配置命令如下：

```
[H3C]rip
[H3C-rip-1]version 2
[H3C-rip-1]undo summary
[H3C-rip-1]network network-address
```

4.5.2 RIPv2 应用举例

下面以 2.3.4 小节图 2-12 所示的网络来配置网络路由。根据 2.3.4 小节中使用可变长子网掩码 VLSM 为网络进行的地址规划，网络中各部门的 IP 地址分配如图 4-7 所示。

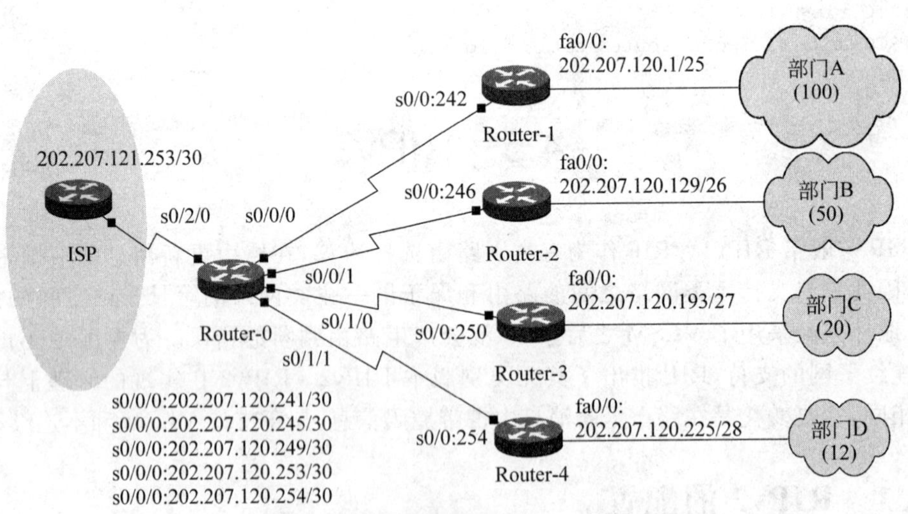

图 4-7　网络连接及 IP 地址分配

在该网络中，内部网络路由可以通过 RIP 实现，由于网络中使用了 VLSM，所以需要配置 RIPv2。到外部网络的路由需要在 Router-0 上配置到达外网的默认路由，为了简化其他路由器上到大外网默认路由的配置，可以在 Router-0 中配置静态路由注入，将默认路由注入 RIPv2 中。

1. Router-0 路由器配置

```
;配置端口
Router-0(config)#interface Serial0/0/0
Router-0(config-if)#ip address 202.207.120.241 255.255.255.252
Router-0(config-if)#clock rate 128000
Router-0(config-if)#no shutdown
Router-0(config-if)#exit
Router-0(config)#interface Serial0/0/1
Router-0(config-if)#ip address 202.207.120.245 255.255.255.252
Router-0(config-if)#clock rate 128000
Router-0(config-if)#no shutdown
Router-0(config-if)#exit
Router-0(config)#interface Serial0/1/0
Router-0(config-if)#ip address 202.207.120.249 255.255.255.252
Router-0(config-if)#clock rate 128000
Router-0(config-if)#no shutdown
Router-0(config-if)#exit
Router-0(config)#interface Serial0/1/1
Router-0(config-if)#ip address 202.207.120.253 255.255.255.252
Router-0(config-if)#clock rate 128000
Router-0(config-if)#no shutdown
Router-0(config-if)#exit
Router-0(config)#interface Serial0/2/0
Router-0(config-if)#ip address 202.207.121.254 255.255.255.0
Router-0(config-if)#ip address 202.207.121.254 255.255.255.252
Router-0(config-if)#exit
;配置到外网的默认路由
Router-0(config)#ip route 0.0.0.0 0.0.0.0 202.207.121.253
;配置 RIPv2
Router-0(config)#router rip
Router-0(config-router)#version 2
Router-0(config-router)#no auto-summary
Router-0(config-router)#network 202.207.120.0
;配置路由注入:
Router-0(config-router)#redistribute static
Router-0(config-router)#end
Router-0#
```

2. Router-1 路由器配置

```
;配置端口
Router-1(config)#interface Serial0/0
Router-1(config-if)#ip address 202.207.120.242 255.255.255.252
Router-1(config-if)#no shutdown
Router-1(config-if)#exit
Router-1(config)#interface FastEthernet0/0
```

```
Router-1(config-if)#ip address 202.207.120.1 255.255.255.128
Router-1(config-if)#no shutdown
Router-1(config-if)#exit
;配置 RIPv2
Router-1(config)#router rip
Router-1(config-router)#version 2
Router-1(config-router)#no auto-summary
Router-1(config-router)#network 202.207.120.0
Router-1(config-router)#end
Router-1#
```

3. Router-2 路由器配置

```
;配置端口
Router-2(config)#interface Serial0/0
Router-2(config-if)#ip address 202.207.120.246 255.255.255.252
Router-2(config-if)#no shutdown
Router-2(config-if)#exit
Router-2(config)#interface FastEthernet0/0
Router-2(config-if)#ip address 202.207.120.129 255.255.255.192
Router-2(config-if)#no shutdown
Router-2(config-if)#exit
;配置 RIPv2
Router-2(config)#router rip
Router-2(config-router)#version 2
Router-2(config-router)#no auto-summary
Router-2(config-router)#network 202.207.120.0
Router-2(config-router)#end
Router-2#
```

4. Router-3 路由器配置

```
;配置端口
Router-3(config)#interface Serial0/0
Router-3(config-if)#ip address 202.207.120.250 255.255.255.252
Router-3(config-if)#no shutdown
Router-3(config-if)#exit
Router-3(config)#interface FastEthernet0/0
Router-3(config-if)#ip address 202.207.120.193 255.255.255.224
Router-3(config-if)#no shutdown
Router-3(config-if)#exit
;配置 RIPv2
Router-3(config)#router rip
Router-3(config-router)#version 2
Router-3(config-router)#no auto-summary
Router-3(config-router)#network 202.207.120.0
Router-3(config-router)#end
Router-3#
```

5. Router-4 路由器配置

```
;配置端口
Router-4(config)#interface Serial0/0
Router-4(config-if)#ip address 202.207.120.254 255.255.255.252
Router-4(config-if)#no shutdown
Router-4(config-if)#exit
Router-4(config)#interface FastEthernet0/0
Router-4(config-if)#ip address 202.207.120.225 255.255.255.240
Router-4(config-if)#no shutdown
Router-4(config-if)#exit
;配置 RIPv2
Router-4(config)#router rip
Router-4(config-router)#version 2
Router-4(config-router)#no auto-summary
Router-4(config-router)#network 202.207.120.0
Router-4(config-router)#end
Router-4#
```

6. Router-0 中的路由表

```
Router-0#sh ip route
Codes: C -connected, S -static, I -IGRP, R -RIP, M -mobile, B -BGP
       D -EIGRP, EX -EIGRP external, O -OSPF, IA -OSPF inter area
       N1 -OSPF NSSA external type 1, N2 -OSPF NSSA external type 2
       E1 -OSPF external type 1, E2 -OSPF external type 2, E -EGP
       i -IS-IS, L1 -IS-IS level-1, L2 -IS-IS level-2, ia -IS-IS inter area
       * -candidate default, U -per-user static route, o -ODR
       P -periodic downloaded static route

Gateway of last resort is 202.207.121.253 to network 0.0.0.0

     202.207.120.0/24 is variably subnetted, 8 subnets, 5 masks
R       202.207.120.0/25 [120/1] via 202.207.120.242, 00:00:15, Serial0/0/0
R       202.207.120.128/26 [120/1] via 202.207.120.246, 00:00:13, Serial0/0/1
R       202.207.120.192/27 [120/1] via 202.207.120.250, 00:00:22, Serial0/1/0
R       202.207.120.224/28 [120/1] via 202.207.120.254, 00:00:20, Serial0/1/1
C       202.207.120.240/30 is directly connected, Serial0/0/0
C       202.207.120.244/30 is directly connected, Serial0/0/1
C       202.207.120.248/30 is directly connected, Serial0/1/0
C       202.207.120.252/30 is directly connected, Serial0/1/1
     202.207.121.0/30 is subnetted, 1 subnets
C       202.207.121.252 is directly connected, Serial0/2/0
S*   0.0.0.0/0 [1/0] via 202.207.121.253
Router-0#
```

7. Router-2 中的路由表

```
Router-2#sh ip route
```

```
Codes: C -connected, S -static, I -IGRP, R -RIP, M -mobile, B -BGP
       D -EIGRP, EX -EIGRP external, O -OSPF, IA -OSPF inter area
       N1 -OSPF NSSA external type 1, N2 -OSPF NSSA external type 2
       E1 -OSPF external type 1, E2 -OSPF external type 2, E -EGP
       i -IS-IS, L1 -IS-IS level-1, L2 -IS-IS level-2, ia -IS-IS inter area
       * -candidate default, U -per-user static route, o -ODR
       P -periodic downloaded static route

Gateway of last resort is 202.207.120.245 to network 0.0.0.0

     202.207.120.0/24 is variably subnetted, 8 subnets, 5 masks
R       202.207.120.0/25 [120/2] via 202.207.120.245, 00:00:10, Serial0/0
C       202.207.120.128/26 is directly connected, FastEthernet0/0
R       202.207.120.192/27 [120/2] via 202.207.120.245, 00:00:10, Serial0/0
R       202.207.120.224/28 [120/2] via 202.207.120.245, 00:00:10, Serial0/0
R       202.207.120.240/30 [120/1] via 202.207.120.245, 00:00:10, Serial0/0
C       202.207.120.244/30 is directly connected, Serial0/0
R       202.207.120.248/30 [120/1] via 202.207.120.245, 00:00:10, Serial0/0
R       202.207.120.252/30 [120/1] via 202.207.120.245, 00:00:10, Serial0/0
R*   0.0.0.0/0 [120/1] via 202.207.120.245, 00:00:10, Serial0/0
Router-2#
```

4.6 小　结

本章为了解决较为复杂结构的小型网络中的路由问题，介绍了动态路由及路由选择协议的基本概念，并介绍了 RIP 的基本原理与基本配置、路由注入和 RIPv2 的基本使用方法。由于本书面向小型网络，所以没有涉及复杂动态路由协议，以便降低读者的学习难度。如果读者面临较大型复杂网络，可以参考其他教材配置 OSPF 等动态路由协议。

4.7 习　题

1. 为什么需要使用动态路由？

2. 什么叫内部网关协议？

3. 一个路由器上连接着 155.3.20.0/24、155.3.21.0/24、155.3.22.0/24 三个逻辑网络，在该路由器上配置 RIP 时需要使用几条 network 命令？命令的内容是什么？

4. RIP 一般只能交换哪些路由信息？

5. RIP 是怎样识别子网信息的？

6. 如果路由器上的两个端口使用的 IP 地址配置分别是 188.23.2.1/24 和 188.23.3.1/16，那么 RIP 将怎样广播路由信息？

7. 网络连接如图 4-8 所示。网络内可以使用的 IP 地址为 200.1.1.0/24。上游网络已经配置了到达本网络的路由。

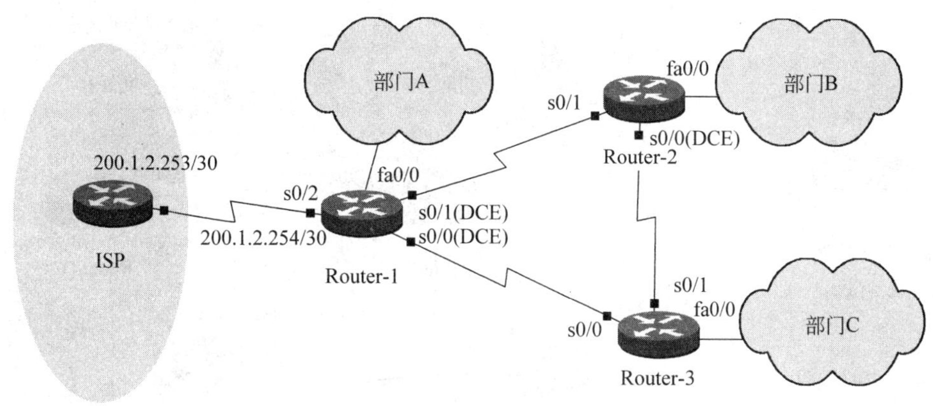

图 4-8　网络连接

如果各个部门内的计算机数量都不超过 20 台，请在表 4-1 中完成 IP 地址的分配。

表 4-1　IP 地址分配表

名　　称	IP 地址	Mask
Router-1：fa0/0		
Router-1：s0/0		
Router-1：s0/1		
Router-2：fa0/0		
Router-2：s0/0		
Router-2：s0/1		
Router-3：fa0/0		
Router-3：s0/0		
Router-3：s0/1		

8. 完成第 7 题中各个路由器上的路由规划，并说明路由配置的内容及用途。

9. 在第 7 题中，如果部门 A 和部门 B 中的计算机增加到了 50 台，请在表 4-1 中完成 IP 地址分配，并说明在各个路由器上需要配置的路由内容及用途。

4.8　实训　小型网络的路由规划

【实训学时】 4 学时。

【实训组人数】 5 人。

【实训目的】 练习网络地址规划、路由规划和 RIP 协议的配置。

【实训内容】 小型网络连接如图 4-9 所示。

每个分组使用 5 台安装有 TCP/IP 通信协议的 Windows XP 系统 PC 模拟 4 个连接

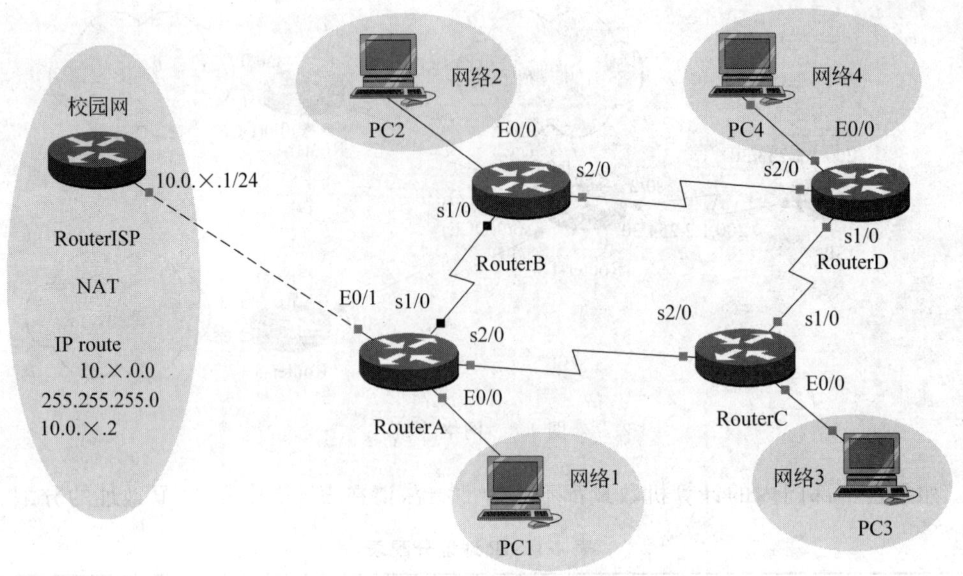

图 4-9　小型网络连接

网络，其中，网络 1 中的计算机数量为 20 台，网络 2、网络 3 和网络 4 中的计算机数量均为 50 台。

路由器为 H3C 路由器，路由器之间使用 V. 35 背对背电缆连接成环路。路由器 RouterA 的以太网接口连接到外网，出口地址为 10. 0. ×. 2(其中"×"为实训分组编号)，子网掩码使用 255. 255. 255. 0，上连地址使用 10. 0. ×. 1，DNS 配置使用 202. 99. 160. 68。每个分组可以使用的 IP 地址为 10. ×. 1. 0/24("×"是实训分组编号)，在上游路由器上配置了到达该网络的路由。

(1) 为所有计算机及网络连接设备接口分配 IP 地址。

(2) 路由规划，规划各个路由器中的路由，使网络通信畅通。

(3) 完成路由器端口配置与路由配置，完成 PC 的 TCP/IP 属性配置。

【实训指导】

(1) 按照网络内 IP 地址的需求，使用 VLSM 完成 IP 地址规划及 IP 地址分配。

(2) 使用 RIPv2、静态路由和路由注入技术，完成各个路由器上的路由规划。

(3) 路由器配置

① 按照 IP 地址分配配置各个路由器的端口。

② 按照路由规划配置在各个路由器上配置 RIP 协议及默认路由。

(4) 配置 PC 的 TCP/IP 属性

按照 IP 地址规划，给每个网络内的 PC 配置 IP 地址、子网掩码、默认网关、DNS。

(5) 配置检查与测试

① 检查各台路由器上的配置文件、路由。

② 在各台 PC 上测试网络是否连通，能否访问校园网。

【实训报告】

动态路由实训报告

班号：　　　　组号：　　　　学号：　　　　姓名：

	设　　备	IP 地址	Mask
IP 地址规划	RouterA	E0/0：	
		s1/0：	
		s2/0：	
	RouterB	E0/0：	
		s1/0：	
		s2/0：	
	RouterC	E0/0：	
		s1/0：	
		s2/0：	
	RouterD	E0/0：	
		s1/0：	
		s2/0：	
	PC1		
	PC2		
	PC3		
	PC4		
路由配置命令	RouterA		
	RouterB		
	RouterC		
	RouterD		

续表

<table>
<tr><td rowspan="2">路由观察：在路由器 B 上的路由表（有效路由）</td><td>配置完成后的路由表</td><td colspan="2"></td></tr>
<tr><td>断开到路由器 A 的链路后的路由表</td><td colspan="2"></td></tr>
<tr><td rowspan="4">连通性测试</td><td colspan="2">在 PC1 上打开 http://www.cptc.cn</td><td>能　不能</td></tr>
<tr><td colspan="2">在 PC2 上打开 http://www.cptc.cn</td><td>能　不能</td></tr>
<tr><td colspan="2">在 PC3 上打开 http://www.cptc.cn</td><td>能　不能</td></tr>
<tr><td colspan="2">在 PC4 上打开 http://www.cptc.cn</td><td>能　不能</td></tr>
</table>

第5章　网络布线

5.1　局域网结构设计

5.1.1　局域网分层网络设计模型

使用自备通信线路且地理覆盖范围较小的一个单位内部网络一般都使用局域网技术实现。当一个局域网内部信息点较多时，局域网的设计一般采用分层网络设计方法。同ISO/OSI模型的理念类似，分层网络设计模型把网络逻辑结构的设计这一复杂的网络问题分解为多个小的、更容易管理的问题。它将网络分成互相分离的层，每层提供特定的功能，这些功能界定了该层在整个网络中扮演的角色。通过对网络的各种功能进行分离，可以实现模块化的网络设计，从而提高网络的可扩展性和性能。典型的分层网络设计模型可分为三层：接入层、汇聚层和核心层，如图5-1所示。

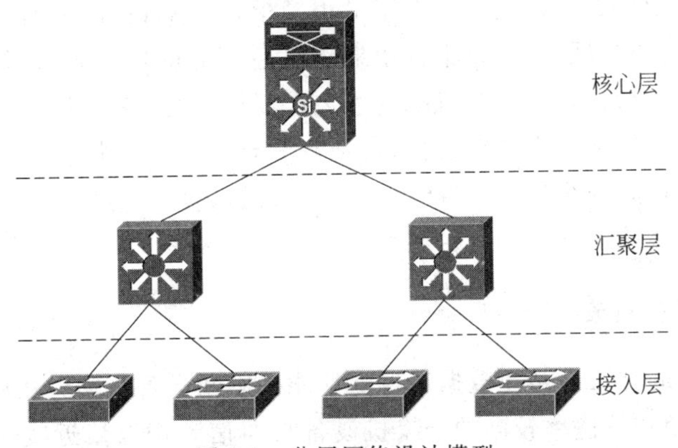

图5-1　分层网络设计模型

在局域网分层网络设计模型中各层网络设备通常使用包转发速率较高的以太网交换机实现。

1. 接入层

接入层负责将终端设备，如PC、服务器、打印机等连接到网络中。接入层的主要目的是提供一种将设备连接到网络并控制允许网络中的哪些设备进行通信的方法。根据网络接入方式的不同，接入层设备一般是较低档次的以太网交换机或无线接入设备。所有的最终用户均由接入层连接到网络中。

2. 汇聚层

汇聚层位于接入层和核心层之间,先汇聚接入层发送的数据,再将其传输到核心层,并最终发送到目的地。汇聚层设备一般使用具有较高包转发速率和路由功能的三层交换机。

3. 核心层

核心层是局域网分层网络中的高速主干,是局域网分层网络设计模型中的一个层次定义,而不是指整个网络系统的核心骨干网络。局域网分层网络设计中的核心层主要用于汇聚所有下层设备发送的流量,进行大量数据的快速转发。核心层不承担任何访问控制、数据加密等影响快速交换的任务。核心层设备通常需要具备极高的数据转发速率。

需要注意的是,局域网分层网络设计模型只是一个概念上的框架,实际的网络设计结构会因网络的具体情况而异。这三层可能位于清晰明确的物理实体中,也可能不是。在很多的小型网络中,通常采用紧缩核心型的网络设计,即将核心层和汇聚层合二为一。

5.1.2 局域网分层网络设计的优点

1. 可扩展性好

分层网络具有很好的可扩展性。由于采用了模块化的设计,并且同一层中实例设计的一致性,当网络需要扩展时,可以很方便地将某一部分的设计直接进行复制。例如,如果网络设计中为每 8 台接入层交换机配备了 2 台汇聚层交换机,则在网络接入点增多时,可以不断地向网络中增加接入层交换机,直到有 8 台接入层交换机交叉连接到 2 台汇聚层交换机上为止。如果网络接入点继续增多,则可以重复上述过程,通过增加汇聚层交换机和接入层交换机来确保网络的可扩展性。

2. 网络通信性能高

改善通信性能的方法是避免数据通过低性能的中间设备传输。在局域网分层网络设计中,一般通过使用转发速率较高的交换机设备将通信数据以接近线速的速度从接入层发送到汇聚层。随后,汇聚层交换机利用其高性能的交换功能将此流量上传到核心层,再由核心层交换机将此流量发送到最终目的地。由于核心层和汇聚层选用高性能的交换机,因此数据报文可以在所有设备之间实现接近线速的数据传递,大大提高网络的通信性能。

3. 安全性高

局域网分层网络设计可以提高网络的安全性。在接入层可以通过端口安全选项的配置来控制允许哪些设备连接到网络。在汇聚层则可以使用更高级的安全策略来定义在网络上部署哪些通信协议以及允许这些协议的流量传送到何方。

接入层交换机一般只在第 2 层执行安全策略，即使某些接入层交换机支持第 3 层功能。第 3 层的安全策略通常由汇聚层交换机来执行，因为汇聚层交换机处理的效率要比接入层交换机高很多。而在核心层不必定义任何的安全策略。

4. 易于管理和维护

由于局域网分层网络设计的每一层都执行特定的功能，并且整层执行的功能都相同。因此，分层网络更容易管理。如果需要更改接入层交换机的功能，则可在该网络中的所有接入层交换机上重复此更改，因为所有的接入层交换机在该层上执行的功能都相同。由于几乎无须修改即可在同层不同交换机之间复制配置，因此还可简化新交换机的部署。利用同一层各交换机之间的一致性，可以实现快速恢复并简化故障排除。

另外，在局域网分层网络设计中，每层交换机的功能并不相同。因此，可以在接入层上使用较便宜的交换机，而在汇聚层和核心层上使用较昂贵的交换机来实现高性能的网络，从而实现成本上的控制。

5.2　网络传输介质

网络传输介质就是网络连接设备之间的中间介质，也就是信号传输的介质。网络传输介质的目的是将网络系统信号无干扰、无损伤地传输给用户设备。

5.2.1　双绞线

双绞线(Twisted Pair，TP)是综合布线工程中最常用的一种传输介质。双绞线是由两根具有绝缘层的铜导线按一定密度互相扭绞在一起构成的线对。把一对或多对双绞线放在一个绝缘套管中便形成了双绞线电缆。

在双绞线中，将两根导线扭绞的目的是抵消传输电流产生的电磁场，降低信号干扰的程度。我们知道，所有的用电设备，例如，铜导线、电动机等，都会产生电磁干扰(Electro Magnetic Interference，EMI)，即电噪声。电磁干扰可以通过电感、传导、耦合等方式中的任何一种进入通信电缆，导致信号损失。双绞线作为铜导线同样具有吸收和发射电磁场的能力。我们将两条铜导线扭绞在一起，如果双绞线的绞距同外界电磁波的波长相比很小，可以认为电磁场在第一个绞节中产生的电流和第二个绞节中产生的电流相同但极性相反，这样，外界电磁干扰在双绞线中所产生的影响就可以互相抵消。而对于双绞线自身产生的电磁辐射，根据电磁感应原理，很容易确定出第一个绞节和第二个绞节中产生的电磁场大小相等、方向相反，相加为零，这就是双绞线的平衡特性。但是，这种情况只有在理想的平衡电缆中才会发生。实际上，理想的平衡电缆是不存在的。首先，弯曲会造成绞节的松散；另外，电缆附近的任何金属物体都会形成与双绞线的电容耦合，使相邻绞节内的电磁场方向不再完全相反，而会发射电磁波。

5.2.2 双绞线电缆的分类

双绞线电缆按照是否能够进行电磁屏蔽可以分成非屏蔽双绞线（Unshielded Twisted Pair，UTP）电缆和屏蔽双绞线（Shielded Twisted Pair，STP）电缆。

1. 非屏蔽双绞线电缆

非屏蔽双绞线电缆是目前综合布线系统中使用频率最高的一种传输介质，可以广泛用于语音、数据传输。非屏蔽双绞线电缆由多对双绞线外部包裹一层聚氯乙烯化合物（Polyvinyl Chloride，PVC）绝缘塑料套管构成。

由于线对外部没有屏蔽层，所以非屏蔽双绞线电缆的直径较小、节省空间，重量轻、易弯曲、易安装，串扰影响比较小，具有阻燃性，并且价格比较低廉。但是它对于外界电磁干扰的抵抗能力比较差，同时在信息传输时对外进行电磁辐射，安全性也比较差。不适合应用于对于安全性要求比较高以及电磁干扰比较强的环境。

在双绞线电缆中，非屏蔽双绞线电缆使用频率最高。在提到双绞线电缆时，如果没有特殊说明，一般是指非屏蔽双绞线电缆。

常见的非屏蔽双绞线有以下几种类型。

一类双绞线：电话线缆，用于传输语音信号。

二类双绞线：信道带宽为 4Mbps，用于早期的令牌网。

三类双绞线：信道带宽为 10Mbps，用于早期的以太网。

四类双绞线：信道带宽为 16Mbps，用于早期的以太网或总线环。

五类双绞线（Cat 5）：信道带宽为 100Mbps，用于百兆以太网。

超五类双绞线（Cat 5e）：信道带宽为 125～200Mbps，用于百兆以太网。

六类双绞线：信道带宽为 200～250Mbps，用于千兆以太网。

在局域网连接中，常用的是由 4 对五类以上双绞线组成的 UTP 双绞线电缆，如图 5-2 所示。

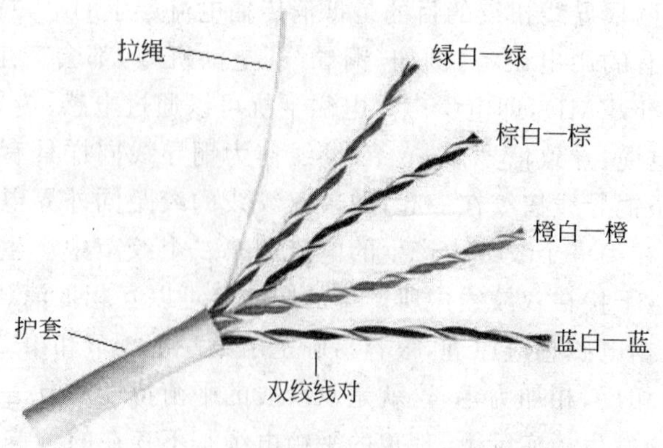

图 5-2 UTP 双绞线电缆

2. 屏蔽双绞线电缆

为了使双绞线电缆能够在比较恶劣的电磁环境和高安全性环境下正常进行数据传输，就要求双绞线电缆一方面能够具备比较强的抗电磁干扰能力；另一方面不能辐射过量的电磁波到周围的环境中去。实现的方法一般是在双绞线对的外层包上一层金属屏蔽层，以滤除不必要的电磁波。屏蔽双绞线电缆就是在非屏蔽双绞线电缆的基础上增加了金属屏蔽层来实现电磁屏蔽。另外，还有一根贯穿整个电缆线长度的排流线与金属屏蔽层相连，用来排放金属屏蔽层上积聚的电荷。

按照金属屏蔽层的数量和金属屏蔽层的绕包方式的不同，可将屏蔽双绞线电缆分为铝箔屏蔽双绞线(Foiled Twisted Pair，FTP)、铝箔/铜网双层屏蔽双绞线(Shielded Foiled Twisted Pair，SFTP)和独立双层屏蔽双绞线(Shielded Screened Twisted Pair，SSTP)三种。

屏蔽双绞线具有抗干扰能力强、保密性好等优点，但是屏蔽双绞线的价格相对比较高，而且在安装的时候，金属屏蔽层必须要良好接地(在频率低于 1MHz 时，一点接地即可；当频率高于 1MHz 时，最好在多个位置接地)，以释放屏蔽层的电荷。如果接地不良，就会产生电势差，成为影响屏蔽系统性能的最大障碍和隐患。而且屏蔽双绞线的重量大、体积大。所以，屏蔽双绞线电缆的使用相对较少。

5.2.3　光纤

光纤(Optical Fiber)是光导纤维的简称，是一种把光封闭在其中并沿轴向进行传输的导波结构。将一定数量的光纤按照特定方式组成缆心，并且包覆外护层，就形成了光缆。用以实现光信号的传输。

光纤裸纤一般包括三部分，中心是高折射率的玻璃纤芯，进行光能量的传输；中间为低折射率的硅玻璃形成的包层，为光的传输提供反射面和进行光隔离，并起一定的机械保护作用；最外层是树脂涂覆层，对光纤进行物理保护，如图 5-3 所示。

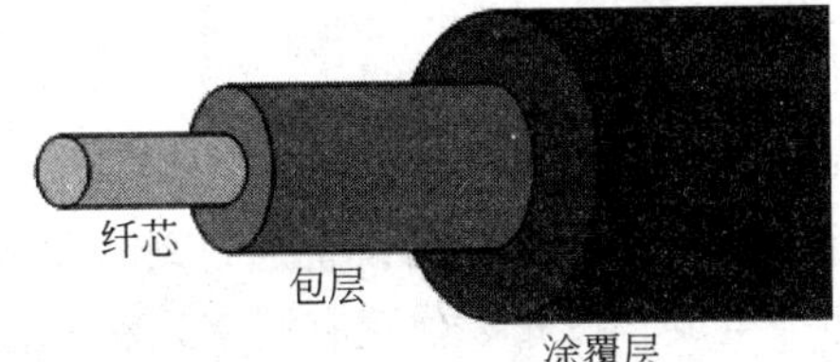

图 5-3　光纤裸纤结构图

根据光的折射、反射和全反射原理可知，当光从一种物质射向另一种物质时，就会在两种物质的交界面产生反射和折射，并且折射的角度会随着入射光角度的变化而变化。当入射光达到或超过某一个角度时，折射光就会消失，入射光被全部反射回来，形成全反射。不同的物质对相同波长的光的折射角度是不同的，相同的物质对于不同波长的光的折射角度也不相同。光纤通信就是基于这个基本原理而形成的。

光纤的纤芯由高纯度的二氧化硅(SiO_2)制造,并加入极少部分掺杂剂以提高纤芯的折射率。包层通常也使用高纯度的二氧化硅(SiO_2)制造,并加入掺杂剂以降低其折射率。这样,包层的折射率低于纤芯的折射率,以便光线被束缚在纤芯中传输。在包层外面通常还有一层涂覆层,涂覆层的材料是环氧树脂或硅橡胶,其作用是增加光纤的机械强度,在光纤受到外界震动时保护光纤的物理和化学性能,同时又可以增加柔韧性、隔离外界水气的侵蚀。

光纤有多模光纤和单模光纤之分。单模光纤芯径较小,一般在 9μm 以下。单模光纤使用 1550nm 波长光波传输信号。由于光纤芯径接近光波波长,在单模光纤中仅仅提供单条光通道。单模光纤常见的规格是纤芯/包层外直径为 9/125μm 光缆。单模光纤使用激光作光源,信道带宽较高,理论带宽为 40Gbps,实验室记录带宽可达 1200Gbps。单模光纤在 100Mbps 速率时传输距离可以达到 50km 以上。单模光纤成本较高,一般用于长距离传输。

多模光纤使用 850nm 和 1310nm 波长光波传输信号,多模光纤纤芯直径一般远大于光波波长,所以光信号可以与光纤轴有多个可辨角度传输,多模光纤中可以提供多条光通道。目前多模光纤市场主要有两种规格:50/125μm 和 62.5/125 μm。多模光纤使用 LED 作光源,成本较低,信道带宽较低,多用于传输速率相对较低,传输距离相对较短的网络中。62.5/125μm 多模光纤在 1Gbps 速率下,使用 850nm 波长光波传输距离为 300m,使用 1300nm 波长光波传输距离为 550m。50/125μm 多模光纤在 1Gbps 速率下,使用 850nm 和 1300nm 波长光波传输距离均可达到 600m。

5.3 网络连接部件

网络连接部件是指在网络布线中用来端接通信线缆以组成完整的信息传输通道的部件。对于不同的网络传输介质、布线方式所使用的网络连接部件不尽相同。在双绞线构成的网络布线中主要涉及的网络连接部件有信息插座、配线架等。

5.3.1 信息插座

信息插座一般位于工作区中,用来将终端设备通过跳线端接到网络中。信息插座由信息模块、底盒和面板三部分组成。按安装位置有墙壁式和地板式。

1. 信息模块

信息模块是信息插座中的核心部分,是双绞线与网络终端设备连接使用的连接器。网络布线中使用 RJ-45 标准的数据模块,用来实现计算机等数据终端设备的端接。RJ-45 标准的数据模块如图 5-4 所示。

其中,插入孔用来连接来自终端设备的跳线,接线块用来端接来自配线子系统的双绞线,从而实现终端设备到网络的连接。另外,信息模块一般还配有一个扣锁式端接帽,用来保护接线块部分的端接。锁定弹片用来将信息模块固定在信息插座面板上。

使用图 5-4 所示的数据模块和双绞线连接时，需要使用专用的打线工具才能将双绞线连接到数据模块上。现在市场上的免打线模块可以不需要打线工具就可以完成双绞线与数据模块的连接，使用起来比较方便。免打线模块如图 5-5 所示。

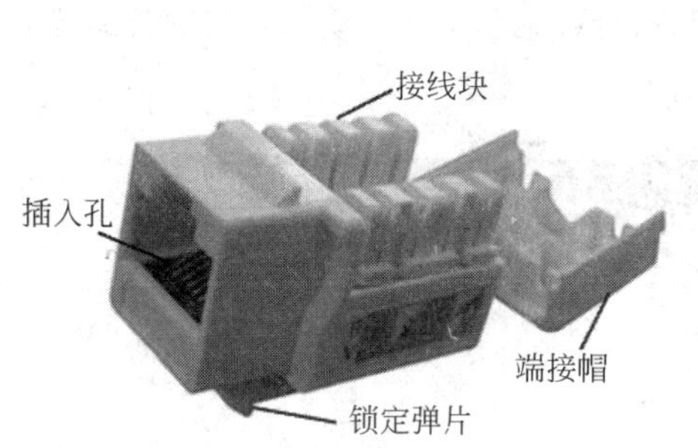

图 5-4　RJ-45 数据模块

图 5-5　免打线模块

2. 底盒

信息插座底盒用来将信息插座固定到墙壁上或桌面上。底盒分为明装和暗装两种，明装底盒直接通过螺丝固定在墙壁或桌面上，一般在为已有的建筑进行布线时使用；而对新建筑进行布线时一般选用暗装底盒，即将底盒嵌入墙体中，以保持美观。信息插座底盒如图 5-6 所示。

3. 面板

信息插座面板用来固定并保护信息模块，使接线头与模块接触良好。根据固定的信息模块数量可以分为单孔、双孔、三孔、甚至四孔面板。信息插座面板如图 5-7 所示。

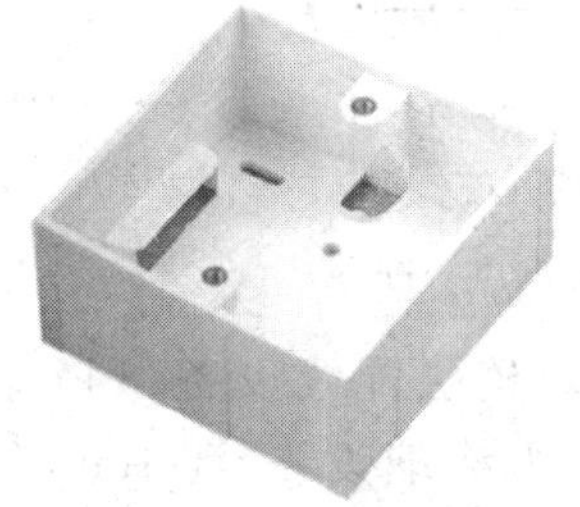

图 5-6　信息插座底盒

图 5-7　信息插座面板

5.3.2　配线架

配线架是对线缆进行端接和连接的装置，在网络布线系统中，双绞线电缆线的端接大多数是在配线架上完成的。通过在配线架上使用跳线进行线缆的交连或互连操作实现不同子系统线缆之间的连接。网络布线中一般使用模块式快速配线架。

模块式快速配线架是一种模块式嵌座配线架，一般安装在机柜内部。在配线架背部使用打线工具将配线或干线线缆端接到配线架上，并通过前面的 RJ-45 接口使用跳线连接网络设备或配线架以实现不同子系统线缆之间的连接。模块式快速配线架的套件包括标签与嵌入式图标，标签位于配线架前面的 RJ-45 接口上方，用于方便用户对信息点进行标识；嵌入式图标位于背部的卡线部位，用于标识背部线缆的线序。模块式快速配线架如图 5-8 所示。

图 5-8 模块式快速配线架

5.4 建筑物内网络布线

5.4.1 建筑物内网络布线系统结构

在一个建筑物内的网络布线一般采用分层星形拓扑结构设计，由工作区子系统(Work Area Subsystem)、配线子系统(Horizontal Subsystem)、配线管理子系统(Administration Subsystem)和干线子系统(Backbone Subsystem)、设备间子系统(Equipment Room Subsystem)组成。建筑物内的网络布线系统的基本连接构成如图 5-9 所示。

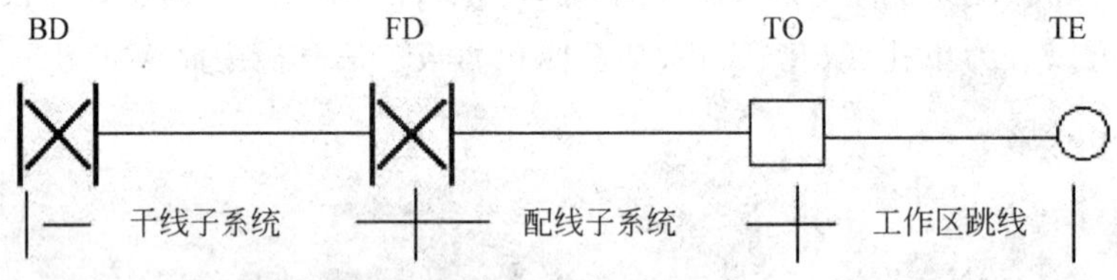

图 5-9 建筑物网络布线系统基本连接构成

其中，BD 为建筑物配线设备(Building Distributor)，FD 为楼层配线设备(Floor Distributor)，TO 为信息点(Telecommunications Outlet)，TE 为终端设备(Terminal Equipment)。

配线管理子系统设置在设备间和楼层配线间，是配线子系统端接的场所，主要由楼层配线设备(配线架、理线架、交连、互连、转换插座等)组成。配线管理子系统提供了子系统之间连接的手段。使整个网络布线系统及其所连接的设备、器件等构成一个完整的整体。

设备间是在每一栋大楼的适当地点安放通信设备和计算机网络设备，以及进行网络管理的场所。设备间子系统包括通信设备、网络连接设备、配线架等。设备间子系统是网络布线系统中最主要的节点，是一栋大楼网络布线星形拓扑结构的中心节点。

建筑物内网络布线系统的逻辑拓扑结如图 5-10 所示。

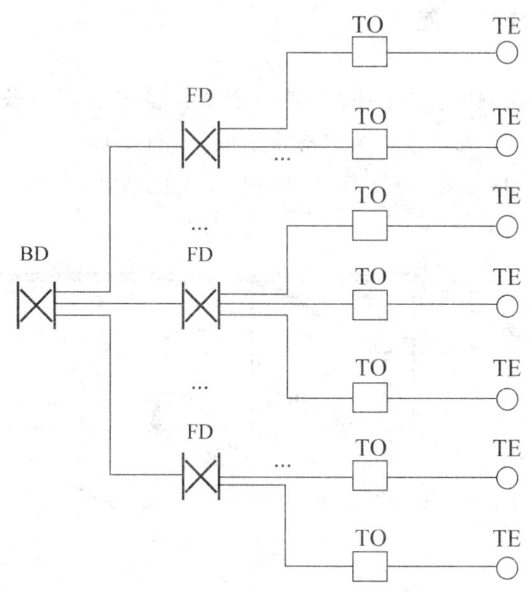

图 5-10　网络布线系统的逻辑拓扑结构

在一栋建筑物内，网络布线系统和网络设备的连接如图 5-11 所示。按照国际标准，进线和出线应该打到不同的配线架上，并使用不同的色线区别。

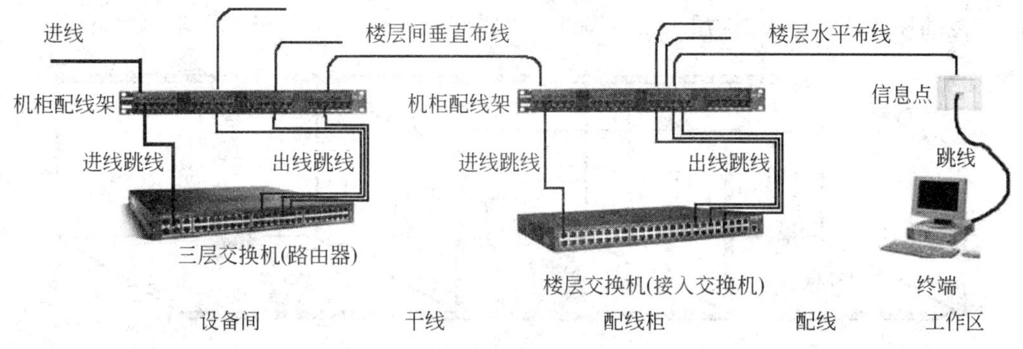

图 5-11　网络布线系统和网络设备的连接

连接到外网(或楼宇管理系统)的进线连接到建筑物配线设备 BD 配线架，通过跳线与 3 层交换机或路由器连接。BD 配线架与楼层配线设备 FD 配线架之间使用永久双绞线电缆连接(电缆打在配线架上的固定端口)，在 BD 配线架上通过跳线连接到 3 层交换机或路由器某个端口，在 FD 配线架上通过跳线连接到楼层交换机。FD 配线架与房间信息插座之间也是采用永久双绞线电缆连接，在 FD 配线架上可以根据需要使用跳线与楼层交换机的某端口连接，房间信息插座和终端设备之间使用跳线连接。在这样的连接中，无论更换网络设备还是改变连接端口都很方便，因为跳线两端都是可以插拔的 RJ-45 插头。

5.4.2 工作区子系统

工作区子系统又称为服务区子系统，是一个需要设置终端设备的独立区域。工作区子系统由终端设备和连接到信息插座的跳线组成，如图 5-12 所示。工作区的连接线缆最大长度一般不超过 5m，传输距离（工作区跳线长度＋配线线缆长度＋配线间跳线长度）不能超过 100m。

图 5-12 工作区子系统

5.4.3 配线子系统

配线子系统也称为水平子系统。配线子系统由工作区用的信息插座、每层配线设备至信息插座的配线电缆、楼层配线设备和跳线等组成。配线子系统如图 5-13 所示。

图 5-13 配线子系统

配线子系统一般是在一个楼层上，仅与信息插座、楼层配线间相连接。配线子系统一般使用 4 对非屏蔽双绞线（UTP）作为配线电缆，以避免由于使用多种不同类型的线缆而造成灵活性降低和管理上的困难。但在有电磁场干扰或信息安全性要求比较高的场合可以采用屏蔽双绞线或光缆。

配线子系统中永久链路部分的最大长度为 90m，这个距离是楼层配线间中水平跳接的线缆终端到信息插座的线缆终端的距离。

配线系统网络布线常见的有下列几种方式。

1. 直接埋管布线方式

直接埋管布线方式是由一系列密封在现浇混凝土里的金属布线管道或金属馈线走线槽组成的。这些金属管道或金属线槽从楼层配线间向信息插座的位置辐射，如图 5-14 所示。

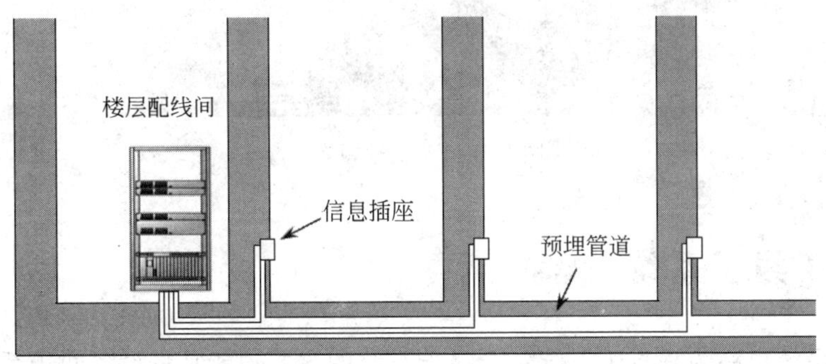

图 5-14　直接埋管布线方式

2. 吊顶内线槽方式

吊顶内线槽方式是通过吊顶内线槽到各房间，再经分支线槽从主线槽分叉后进入墙体内预敷暗管或通过 PVC 线槽沿墙壁而下到本层的信息插座上，如图 5-15 所示。

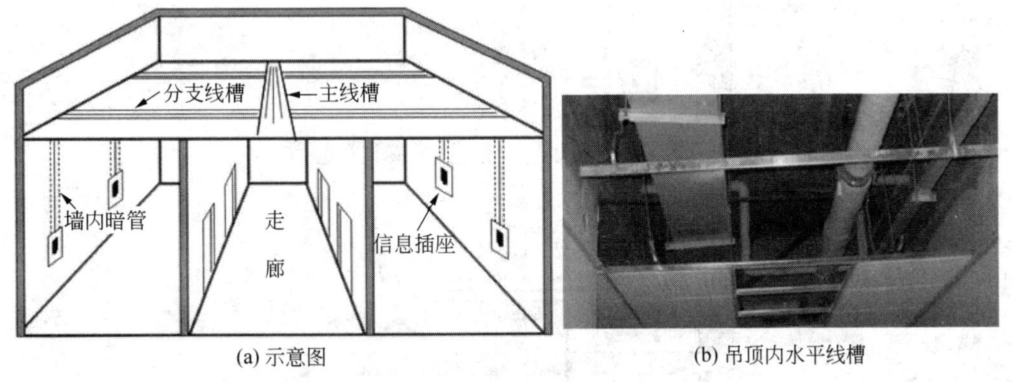

(a) 示意图　　(b) 吊顶内水平线槽

图 5-15　吊顶内线槽方式

3. 地面线槽方式

地面线槽方式是线缆通过地面线槽到墙上的信息插座。地面线槽方式最常见的是网格地板布线，是一种架空地板布线方式，常用于计算机机房的布线。架空地板布线如图 5-16 所示。

图 5-16 架空地板布线

5.4.4 干线子系统

干线子系统也称为垂直子系统。干线子系统的主要功能是将设备间子系统与各楼层的配线管理子系统连接起来，提供建筑物内垂直干线线缆的路由。具体而言，就是实现数据终端设备、交换机等设备和各管理子系统之间的连接。干线子系统由设备间的配线设备、跳线及设备间至各楼层配线间的连接线缆组成，如图 5-17 所示。

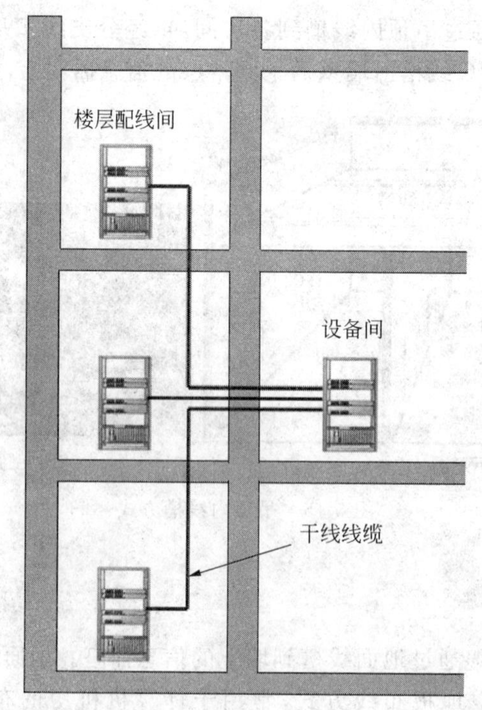

图 5-17 干线子系统

干线子系统可选用的线缆种类较多：4 对双绞线电缆、大对数双绞线电缆、62.5/125μm 多模光纤、8～10/125μm 单模光纤等均可作为干线线缆。干线线缆使用双绞线电缆时长度不能超过 90m，加上配线架上跳线的长度总共不能超过 100m。通常主配线架的放置位置在建筑物的中间，用以保证从设备间到各楼层配线间的路由距离不会超过100m，这样就可以使用双绞线电缆来布放干线子系统的缆线。

常见的干线线缆的敷设方式是垂直敷设方式。垂直敷设干线线缆一般有电缆孔方式和电缆井方式两种。

1. 电缆孔方式

通常将直径为10cm的刚性金属管在浇注混凝土地板时嵌入地板中作为干线通道的电缆孔。电缆孔比地板表面高出2.5～10cm，一般至少安装三根钢管。干线线缆往往捆扎在钢丝绳上，通过建筑物每层地板上的电缆孔穿越各个楼层，而钢丝绳又固定到墙上已铆好的金属条上，如图5-18所示。当楼层配线间上下都对齐时，一般采用电缆孔方式进行布线。

2. 电缆井方式

电缆井是在楼房建筑时建设的通信设施，对于没有电缆井的建筑物可以在每层楼板上开出一些方孔，使线缆可以穿过这些电缆竖井并从某层楼伸到相邻的楼层。电缆井的大小依所用线缆的数量而定，但一般不宜小于30cm×10cm。电缆井方式中线缆的固定可以和电缆孔方式类似，即将线缆捆扎在钢丝绳上，钢丝绳靠墙上金属条或地板三脚架固定住，但更多的时候是使用桥架来进行线缆的固定，如图5-19所示。

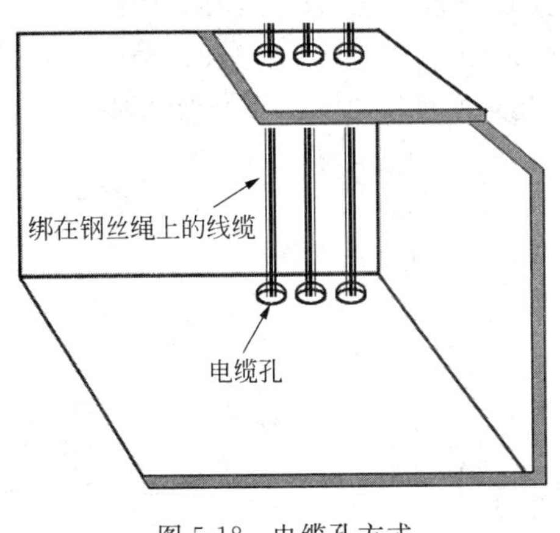

图5-18 电缆孔方式

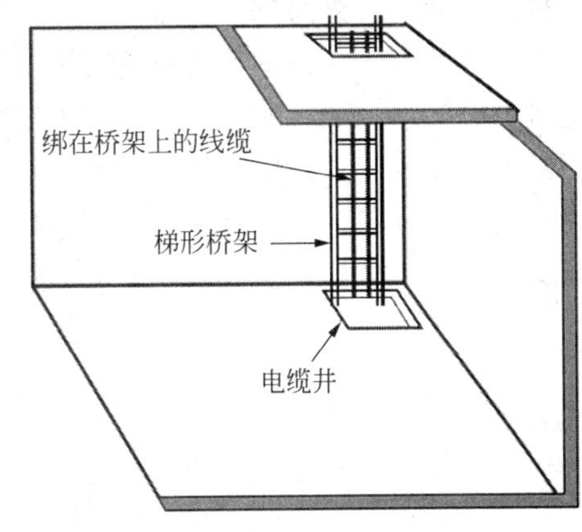

图5-19 电缆井方式

电缆井可以让粗细不同的各种线缆以任何组合方式通过，但在没有建设电缆井的建筑物中开电缆井安装线缆造价较高，而且很难防火，使楼板的结构完整性将遭到破坏。

5.5 网络布线技术

5.5.1 跳线电缆的制作

在网络布线中，从配线架到网络设备、从信息插座到终端设备的连接一般都需要使用跳线。所谓跳线就是两端安装有 RJ-45 水晶头的 4 对的 UTP 双绞线电缆，一般也称作网线。市场上有成品跳线，一般成品跳线纤芯是由多股软铜线组成的，所以也称作软跳线。成品跳线如图 5-20 所示。

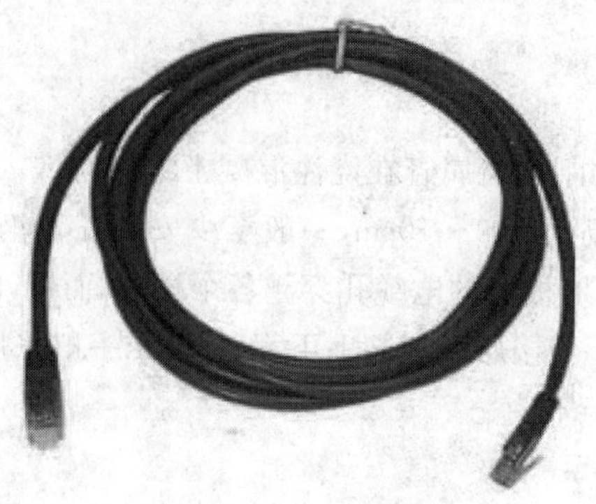

图 5-20　成品跳线(网线)

使用 UTP 双绞线电缆和 RJ-45 水镜头可以自己制作跳线，一般称作制作网线。

1. 直通网线与交叉网线

在以太网交换机、路由器、以太网卡以及配线架上都使用 RJ-45 插座来连接传输线路。设备上的 RJ-45 插座可以分成两种类型：计算机网卡和路由器以太网口为一种，交换机和 HUB 为一种。网卡 RJ-45 接口引脚功能和交换机接口 RJ-45 引脚排列及功能如图 5-21 所示。

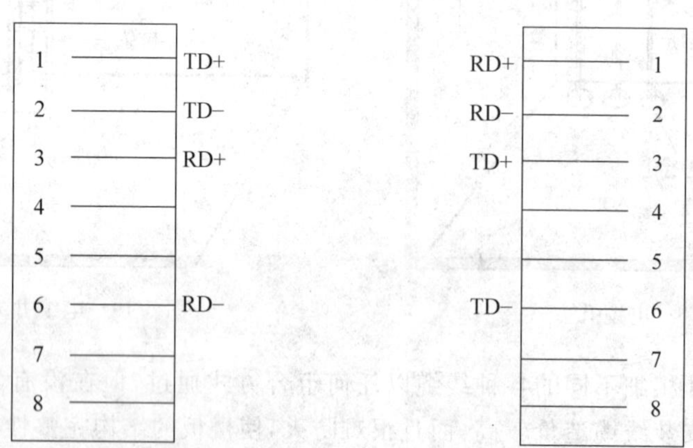

图 5-21　网卡 RJ-45 接口引脚功能和交换机接口 RJ-45 引脚功能

在图 5-21 中可以看到，在网卡的插座上，1、2 引脚是发送数据线的 TD＋、TD－，需要连接到交换机上的接收数据线 RD＋、RD－(交换机插座的 1、2 引脚)；网卡插座上，3、6 引脚是接收数据线 RD＋、RD－；需要连接到交换机上的 TD＋、TD－(交换机上的 3、6 引脚)。由此可以看到，连接网卡和交换机的电缆连接规则是：1 到 1，2 到 2，3 到 3，6 到 6，即 4 根直通线，这样的双绞线网线称作直通网线。

如果是同种接口类型的设备连接，如计算机连接到路由器、交换机连接到交换机，显然是用直通网线就不行了，一端的 1、2 引脚必须连接到另一端的 3、6 引脚，即两队双绞线在中间做了一个交叉换位，所以这样的网线称作交叉网线。

一般来说，同种接口类型的设备连接需要使用交叉网线，不同种类接口类型的设备连接需要使用直通网线。随着网络设备技术的进步，现在的网络设备一般都具备"Auto-MDI/MDIX 自动翻转功能"，即可以根据网线的功能线序自动改变设备接口插座的引脚功能排列顺序，使用接收信道连接到对方的发送信道，使用发送信道连接到对方的接收信道。与支持"Auto-MDI/MDIX 自动翻转功能"的设备进行网络连接时，使用直通网线和交叉网线都没有关系，但是在网络布线中都要求使用直通网线。

2. 网线的制作

4 对 UTP 双绞线电缆中的双绞线分别用橙白—橙、绿白—绿、蓝白—蓝、棕白—棕表示，每对双绞线按照一定的密度绞合在一起，绞合在一起的双绞线只有成对使用才能达到规定的传输速率。在制作以太网电缆时一般只需要使用其中的两对，一对作为发送信道，另一对作为接收信道。

(1) 网线线序

制作双绞线网线需要在电缆两端安装 RJ-45 水晶头，水晶头上还可以安装水晶头护套(一般常省略水晶头护套安装)，RJ-45 水晶头护套如图 5-22(a)所示，RJ-45 水晶头和水晶头上的线序如图 5-22(b)(c)所示。

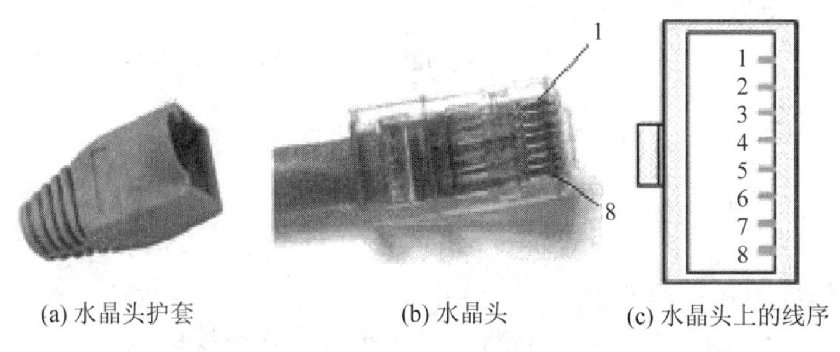

(a) 水晶头护套　(b) 水晶头　(c) 水晶头上的线序

图 5-22　RJ-45 水晶头护套、水晶头和水晶头上的线序

操作时注意 RJ-45 水晶头上的线路引脚序号，引脚面朝上时左侧为 1 号引脚。

(2) 电缆布线标准

无论直通网线还是交叉网线，从原理上讲，只要发送信道使用一对双绞线、接收信道使用一对双绞线，一方的发送信道连接到对方的接收信道就没有问题。但是，从综合布线来说，电缆制作需要遵守综合布线标准。在双绞线网线制作中，一般遵守美国电子工业协会 EIA 和美国通信工业协会 TIA 的美国布线标准 EIA/TIA-568A 和 EIA/TIA-568B 标准。按照 RJ-45 水晶头上的引脚序号，EIA/TIA-568A 和 EIA/TIA-568B 标准如表 5-1 所示。

表 5-1 双绞线布线标准

标准 \ 引脚序号	1	2	3	4	5	6	7	8
EIA/TIA-568A	绿白	绿	橙白	蓝	蓝白	橙	棕白	棕
EIA/TIA-568B	橙白	橙	绿白	蓝	蓝白	绿	棕白	棕

制作直通网线两端可以都使用 568A 标准,也可以都使用 568B 标准。一般习惯使用 568B 标准制作直通网线;制作交叉网线时,一端使用 568A 标准,另一端使用 568B 标准。

(3) 制作网线

制作双绞线网线需要使用双绞线网线制作专用工具和电缆测试仪。双绞线网线制作专用工具称作压接工具或压接钳、压线钳;电缆测试仪用于检测电缆的质量是否合格。压接钳和电缆测试仪如图 5-23 所示。

图 5-23 压接钳和电缆测试仪

压接钳的种类比较多,一般都具备切线刀、剥线口和压接口。切线刀用于截取电缆和将双绞线切齐整;剥线口用于剥离双绞线电缆外层护套;压接口用于把双绞线和 RJ-45 水晶头压接在一起。

双绞线电缆的制作过程如下。

(1) 截取需要长度的双绞线电缆,将水晶头护套穿入电缆中。

(2) 使用压接钳的剥线口(也可以使用其他工具)剥除电缆外层护套。

(3) 分离 4 对电缆,并拆开绞合,剪掉电缆中的呢绒线。

(4) 按照需要的线序颜色排列好 8 根线,并将它们捋直摆平。

(5) 使用压线钳切线口剪齐排列好的 8 根线,剩余不绞合电缆长度约 12mm。

(6) 将有次序的电缆插入 RJ-45 水晶头中,把电缆推入得足够紧凑,要确保每条线都能和水晶头里面的金属片引脚紧密接触,确保电缆护套插入插头中。图 5-24 是电缆护套与水晶头错误与正确的位置。

如果电缆护套没有插入插头里,拉动电缆时就会造成将双绞线拉出,造成双绞线与水晶头的金属片引脚接触不良,很多网络故障是由于这种原因造成的。

(7) 检查线序和护套的位置,确保它们都是正确的。

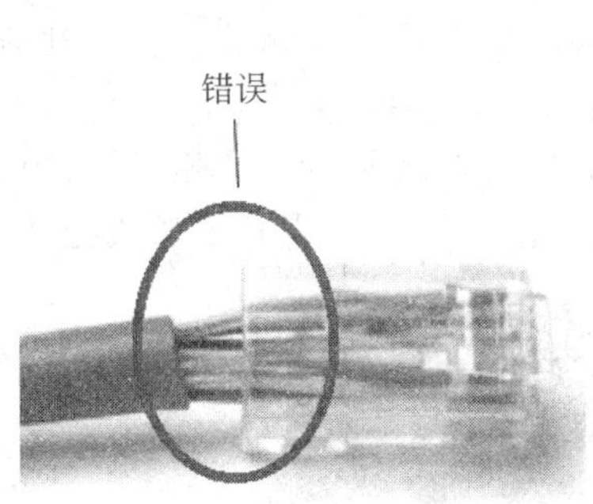

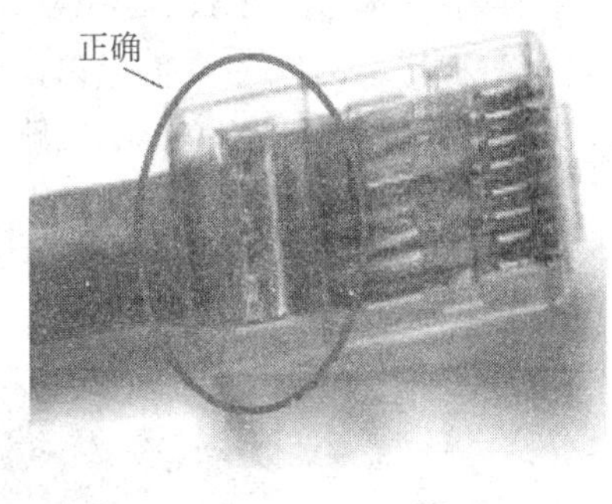

图 5-24 电缆护套与水晶头错误与正确的位置

(8) 将插头紧紧插入压接钳压接口中,并用力对其进行彻底压接。

(9) 检查两端插头有无问题,查看水晶头上的金属片是否平整。

(10) 将电缆两端插头插入电缆测试仪上的两个 RJ-45 插座内,打开测试开关,对于直通电缆,测试仪上 8 个指示灯应该依次为绿色闪过,否则就是断路或接触不良。对于交叉电缆,测试仪上 8 个指示灯应该按照交叉线序闪过。

(11) 电缆检查没问题后将水晶头护套安装到水晶头上。

5.5.2 信息模块的端接

信息模块的端接一般有使用打线工具端接和不使用打线工具端接两种,其中不使用打线工具端接的信息模块称为免打模块,端接操作相对简单。

1. 打线工具端接

使用打线工具端接的信息模块,打线工具如图 5-25 所示。

信息模块的端接步骤如下。

(1) 把双绞线护套的一端剥去 2～3cm,暴露出内部的 4 对芯线。

(2) 将芯线按照信息模块上标识的线序分别卡在相应的槽口中,如图 5-26 所示。

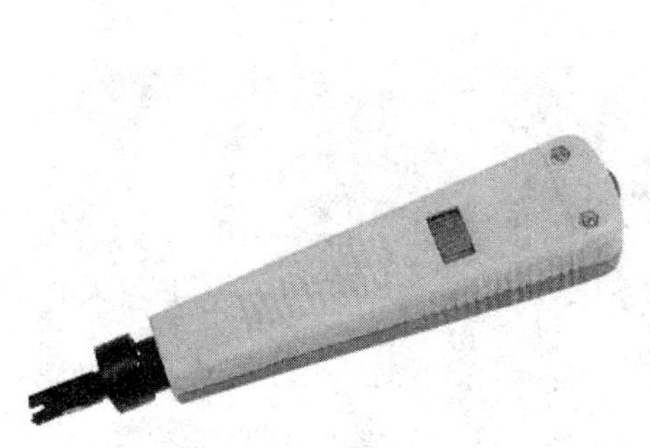

图 5-25 打线工具

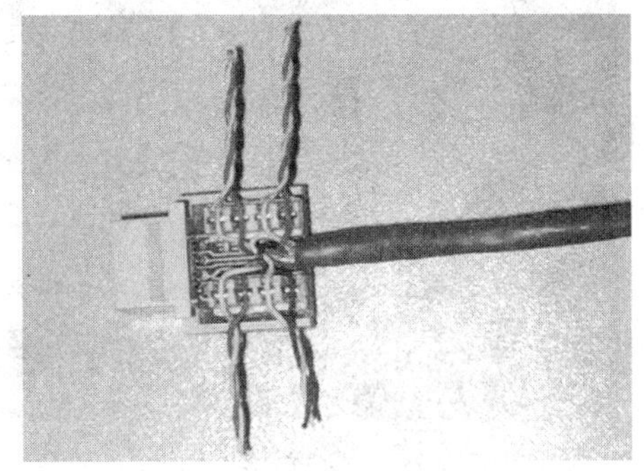

图 5-26 按线序在信息模块上放置芯线

信息模块的端接同样有 EIA/TIA568A 和 EIA/TIA568B 两种标准，一般在信息模块的两侧会给出两种标准的线序颜色标识，只要按颜色放置芯线即可。另外需要注意的是，双绞线线对尽量不要解绞，以免影响线路参数。

(3) 将打线工具刃口向外放置在槽口上，垂直用力按下，听到“咔嗒”的声音即可，如图 5-27 所示。此时，模块外多余的线会被剪断。重复此操作，直到 8 条线全部端接。

图 5-27 用打线工具对信息模块进行端接

注意：一般在进行信息模块端接时，会将信息模块的接线块部分向上放置在桌面或墙面上，而由于信息模块的锁定弹片的原因，信息模块并不会与桌面或墙面处在同一水平面上。进行端接时，打线工具一定要垂直于信息模块用力，而不是垂直于桌面或墙面，以免打坏信息模块的槽壁。

2. 免打信息模块端接

(1) 将双绞线电缆护套剥去 2～3cm，将双绞线解绞并按照信息模块的扣锁端接帽上标注的 EIA/TIA-568B 线序进行排序(注意：不同厂家的信息模块可能在线序上有所不同，一定要严格按照所标注的线序排序)。

(2) 将排序后的双绞线捋直，使用剪刀将双绞线斜口剪齐，如图 5-28 所示，以方便将双绞线插入扣锁端接帽中。

(3) 按照标注的线序方向将双绞线插入扣锁端接帽中，如图 5-29 所示。

图 5-28 斜口剪齐双绞线

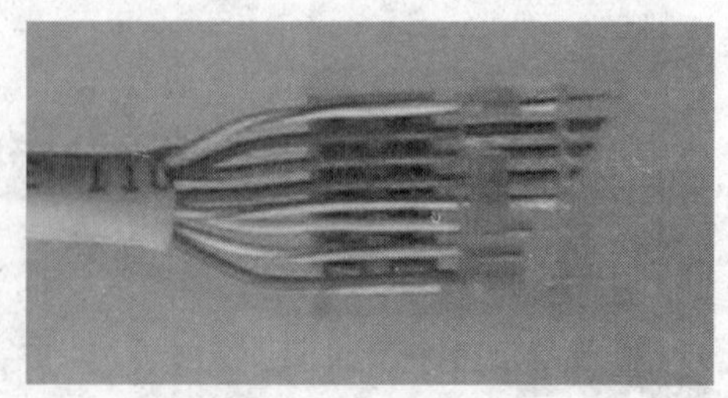

图 5-29 双绞线插入扣锁端接帽

(4) 将双绞线的解绞部分完全插入扣锁端接帽，并将多余的芯线弯至端接帽的反面，此时应保证双绞线电缆的塑料外皮部分进入扣锁端接帽，以确保端接后的牢固，如图 5-30 所示。

(5) 将弯至端接帽反面的多余芯线用剪刀剪平，如图 5-31 所示。

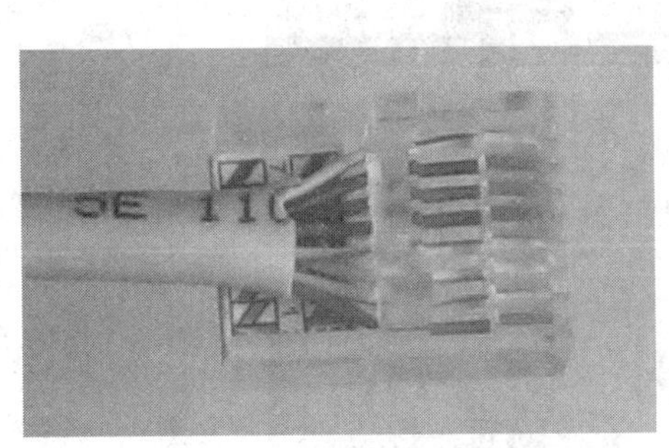

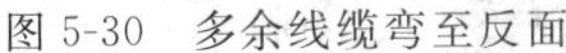

图 5-30　多余线缆弯至反面

图 5-31　剪去多余线缆

(6) 用钳子将扣锁端接帽压接到模块底座上，如图 5-32 所示。免打线模块端接完成。

图 5-32　压接信息模块

5.5.3　模块式快速配线架的端接

模块式快速配线架一般安装在机柜内部，在配线架背部进行线缆的端接。对模块式快速配线架进行端接的打线工具与信息模块使用的工具相同。具体步骤如下。

(1) 将模块式快速配线架用螺丝固定在机柜的垂直固定架上。

(2) 整理需要端接的双绞线，用扎带将其固定在机柜的垂直固定架上。

通过固定线缆，一方面保证机柜内走线的美观，另一方面主要是避免端接点承受因线缆的自重导致的拉力。

(3) 将需要端接的双绞线电缆护套剥去 2～3cm，暴露出内部的 4 对芯线。

(4) 按照模块式快速配线架背部的嵌入式图标标识的线序将双绞线芯线分别卡在相应的槽口中，线对解绞要求同信息模块，如图 5-33 所示。

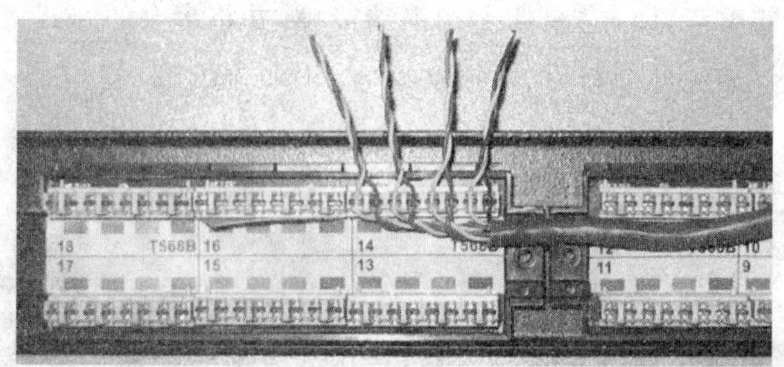

图 5-33　按线序在配线架上放置芯线

(5) 用打线工具进行端接,要求同信息模块,如图 5-34 所示。

图 5-34　用打线工具对配线架进行端接

5.5.4　室内线槽敷设

一般在新建的建筑中,网络布线规划会在建筑施工前确定,因此在建筑施工的过程中就会按照规划将网络布线所用的布线管道埋设在建筑的墙体内。但如果要在已有的建筑中进行布线,或者对于已有的网络布线系统进行扩展,就需要进行室内明槽的敷设。注意:预埋的布线管道一般采用镀锌金属管,但室内明槽的敷设一般采用的是 PVC 线槽。

PVC 线槽按照"宽×高"可以分为 20mm×10mm、30mm×15mm、40mm×20mm 等不同的规格,一般线槽的规格和型号会按照一定的距离间隔标注在线槽的侧壁上。在进行布线时要按照布线量来确定使用哪一种规格的线槽,总体的原则是线槽的填充率不宜超过 50%,以免增加后期管理和维护的复杂度。

线槽的敷设分为线槽底槽的敷设和盖板的敷设,下面分别对其进行介绍。

1. 底槽的敷设

底槽的敷设主要难度在于在线槽需要过弯时的成型,包括水平直角的成型和非水平直角的成型,而非水平直角的成型又包括内弯角的成型和外弯角的成型。

(1) 水平直角的成型

首先在 PVC 线槽上确定需要进行水平直角成型的位置,然后以该位置为基点画一条垂直于线槽底面的直线,如图 5-35 所示。

以刚画的直线作为一个边画两个等腰直角三角形,构成一个大的等腰直角三角形,如

图 5-36 所示。

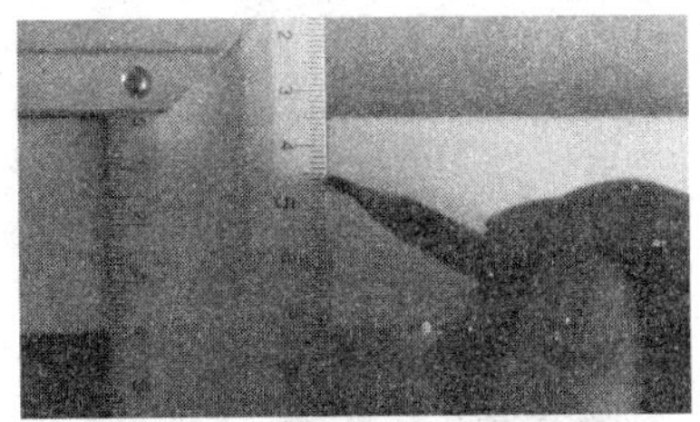

图 5-35　确定成型位置并画线

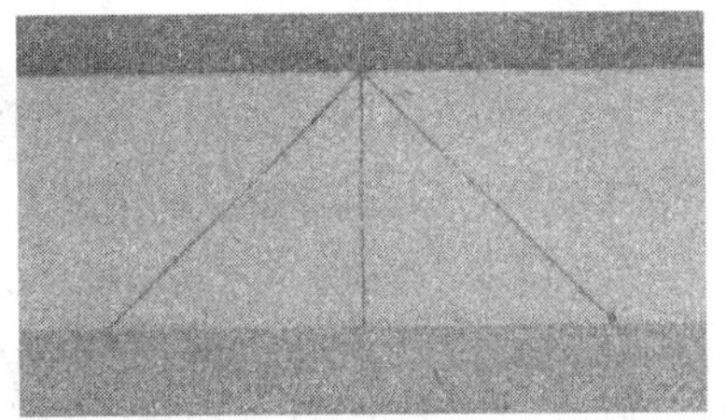

图 5-36　确定裁剪位置

将画出的等腰直角三角形部分裁剪掉，如图 5-37 所示。

将 PVC 线槽弯曲，即可成型，如图 5-38 所示。

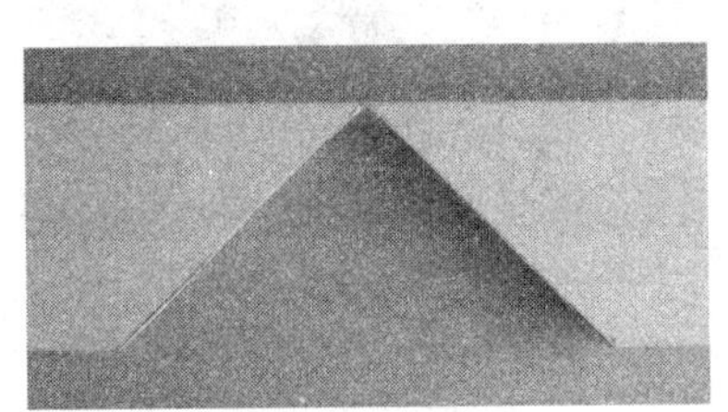

图 5-37　裁剪掉线内部分

图 5-38　水平直角成型

(2) 内弯角的成型

首先在 PVC 线槽上确定需要进行内弯角成型的位置，然后以该位置为基点画一条垂直于线槽侧壁的直线，如图 5-39 所示。

以刚画的直线作为一个边画两个等腰直角三角形，构成一个大的等腰直角三角形，如图 5-40 所示。

图 5-39　确定成型位置并画线

图 5-40　确定裁剪位置

在 PVC 线槽的另一侧壁上重复相同的操作。

将两个侧壁上的等腰直角三角形部分全部裁剪掉，如图 5-41 所示。

将 PVC 线槽弯曲，即可成型，如图 5-42 所示。

(3) 外弯角的成型

首先在 PVC 线槽上确定需要进行外弯角成型的位置，以该位置为基点在线槽的两个侧壁上分别画一条垂直于线槽侧壁的直线，然后用剪刀沿所画的垂线将线槽侧壁剪开，如图 5-43 所示。

将 PVC 线槽弯曲，即可成型，如图 5-44 所示。

图 5-41　裁剪掉线内部分

图 5-42　内弯角成型

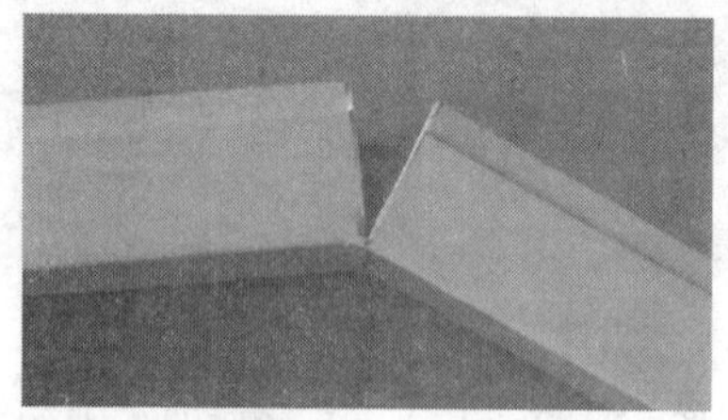

图 5-43　沿线将线槽侧壁剪开

图 5-44　外弯角成型

2. 盖板的敷设

在底槽敷设完成并将线缆布放到底槽中后，即可进行盖板的敷设。需要注意的是，在进行盖板的敷设时，一定要错位敷设盖板，即使底槽的连接处和盖板的连接处处于不同的位置，以保证敷设的牢固性，如图 5-45 所示。

在盖板的过弯或连接处，为保证布线的美观，一般需要使用相应的连接器件对盖板进行连接，在水平直角处、内弯角处和外弯角处使用的连接器件分别称为直角、阴角和阳角；在线槽分支处和结束处使用的连接器件分别称为三通和堵头。在图 5-46 中，上排从左至右依次为直角、阴角和阳角，下排从左至右依次为三通和堵头。

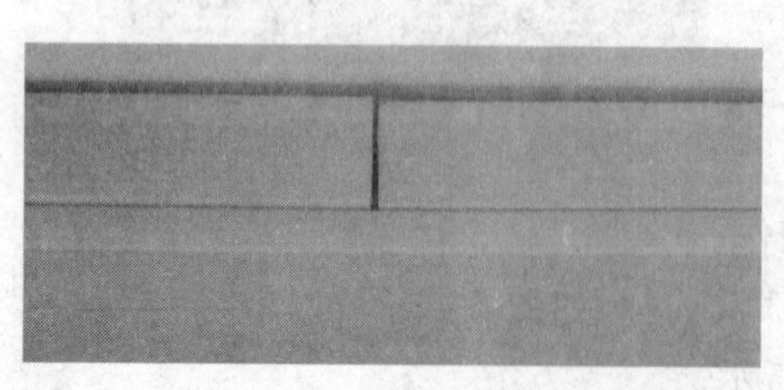

图 5-45　错位敷设盖板

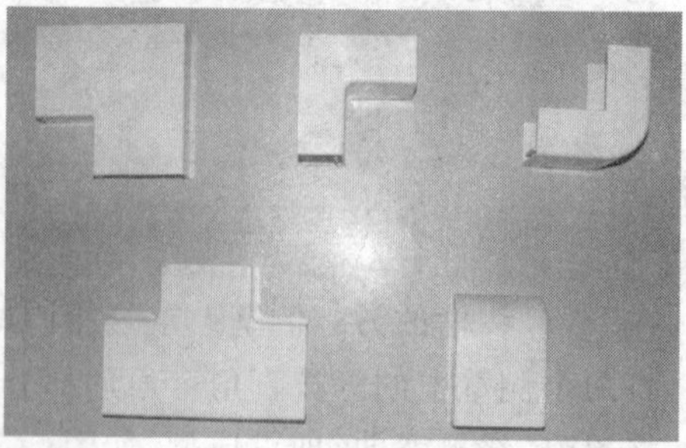

图 5-46　直角、阴角、阳角、三通和堵头

盖板敷设完成后的线槽如图 5-47 所示。

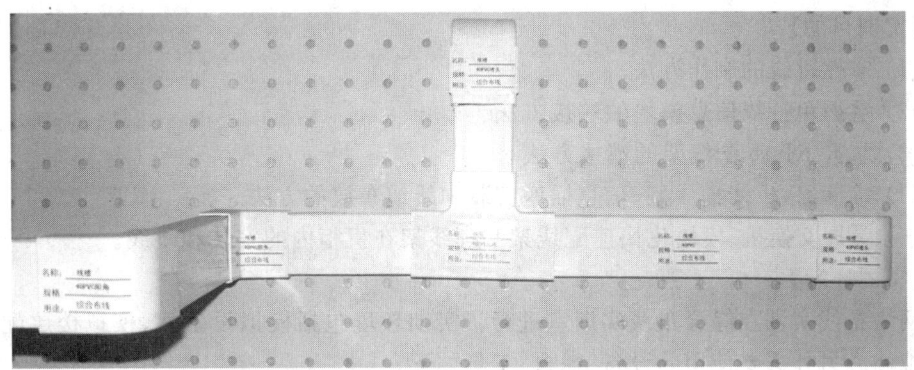

图 5-47　盖板敷设完成的线槽

5.6　小　　结

本章通过对局域网结构设计的介绍引出与之相对应的建筑物内网络布线的结构，并对网络布线涉及的各个子系统的组成和设计、常用网络传输介质、网络连接部件以及常用的网络布线技术等进行了系统的介绍，力图使读者对网络布线系统建立起一个整体的概念，了解网络布线系统的设计方法和具体施工中的工程实现方法，并通过线缆端接实训及网络设备安装和布线实训掌握线缆与信息模块、配线架的端接技术，以及网络设备安装和PVC 线槽的敷设技术。

5.7　习　　题

1. 典型的局域网分层网络设计模型可以分成哪几层？每一层的功能是什么？
2. 简述局域网分层网络设计的优点。
3. 简述双绞线缆的平衡特性。
4. 多模光纤和单模光纤中哪个更适应于长距离传输的场合？
5. 建筑物内网络布线系统由哪几个子系统组成？
6. 配线子系统有哪几种常用布线方式？
7. 简述 EIA/TIA-568A 和 EIA/TIA-568B 标准的线序。

5.8　实训　小型网络的布线

【实训学时】 4 学时。

【实训组学生人数】 4 人。

【实训目的】

(1) 掌握跳线的制作方法。

(2) 掌握免打线信息模块的端接方法。

(3) 掌握 RJ-45 配线架的端接方法。

(4) 掌握 PVC 线槽成型、信息插座安装和线缆布放的方法。

(5) 掌握交换机、模块化快速配线架和理线架在机柜内的安装和跳线。

【实训环境】

网络布线实训在综合布线实训室进行。实训环境包括模拟设备间、模拟楼层配线间和模拟墙。另外需要使用的设备、耗材、工具如下。

(1) 交换机：1 台(包括固定螺丝)。

(2) 模块化快速配线架：2 个;理线架：1 个。

(3) 双孔信息插座(包括信息模块、明装底盒和面板)：1 套。

(4) 免打线信息模块：5 个。

(5) PVC 线槽：6m。

(6) 线槽直角：6 个;线槽阴角：2 个：线槽阳角：1 个。

(7) 成品跳线：4 条。

(8) 超五类双绞线电缆：15m。

(9) 扎带若干,号码管若干。

(10) 蛇皮管：1m。

(11) 水晶头：2 个。

(12) 电源线：1 条。

(13) 工具：压线钳、测线器、打线刀、剪刀、老虎钳、拐角尺、十字螺丝刀、卷尺、铅笔各 1,自攻螺丝若干。

【实训内容】

(1) 跳线的制作。

(2) 免打线信息模块的端接。

(3) 配线架的端接。

(4) PVC 线槽的成型和敷设。

(5) 信息插座的安装。

(6) 配线架、理线架和交换机的安装。

(7) 机柜内跳线的走线。

【实训指导】

(1) 跳线的制作

从分配的双绞线电缆上截取长度为 1m 的一段,制作机柜内使用的跳线。要求跳线的两端线序均遵循 EIA/TIA-568B 标准,具体的制作方法请参考第 5.5.1 小节中网线的制作部分。

制作完成后,使用测线器进行测试,保障跳线的连通性,然后将跳线放置在一旁备用。

(2) PVC 线槽的成型和敷设

PVC 线槽的敷设要求如图 5-48 所示，从模拟设备间配线架到模拟设备间配线架，从模拟设备间配线架到模拟墙上的信息插座。需要注意的是，图中给出的距离并非为精确距离，在安装时必须要考虑到 PVC 线槽的安装位置要和模拟墙上安装孔的位置相对应。

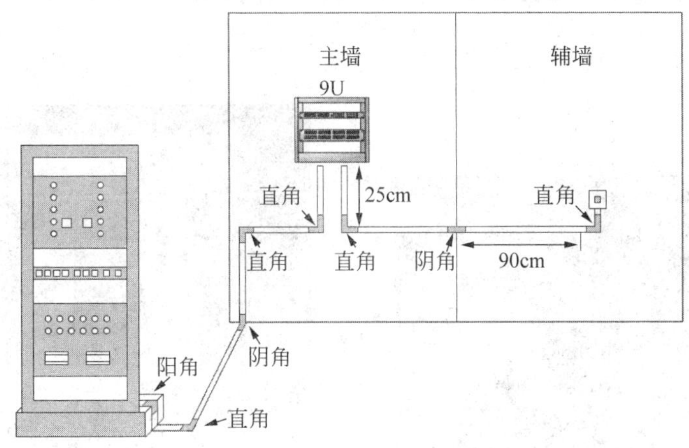

图 5-48　PVC 线槽敷设图

按照如图 5-48 所示进行 PVC 线槽的成型，具体的成型方法请参考第 5.5.4 小节室内线槽的敷设。需要注意的是在进行水平直角成型时，成型的位置应距离横向线槽下最后一个安装孔 1/2 个线槽宽度，以保证竖向安装孔位于竖向线槽的中心。

PVC 线槽成型后，按照图 5-48 的要求在模拟墙上使用自攻螺丝进行安装。安装完成后右侧的线槽如图 5-49 所示。

图 5-49　安装完成的 PVC 底槽

在右侧的 PVC 线槽中布放两条双绞线并安装上线槽盖板，线槽拐弯处使用阴角或直角等专用接头连接线槽盖板，以保证线槽的美观。双绞线电缆在安装信息插座一端预留 15cm 左右，用于端接信息模块；在机柜一端，通过机柜底部的进线口穿入机柜中，并预留 50cm 左右，用于端接到模块化快速配线架上。在双绞线进入机柜的位置采用金属软管(蛇皮管)或塑料软管对双绞线电缆进行保护。双绞线电缆的两端使用号码管进行标识，布放完成后如图 5-50 所示。

左侧的双绞线布放和线槽盖板安装与右侧类似，布放完成后的左侧线槽如图 5-51 和图 5-52 所示。

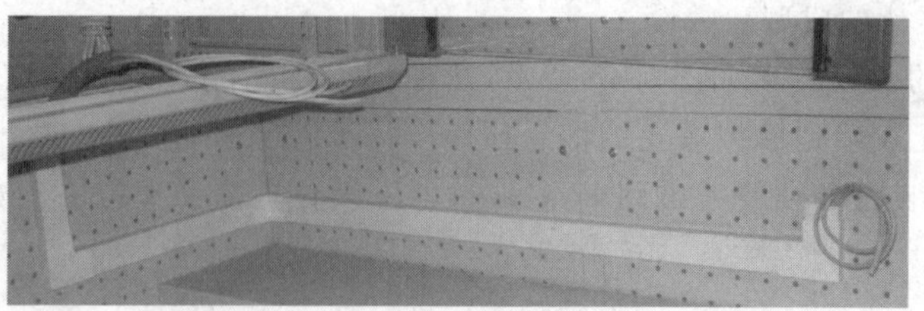

图 5-50　PVC 线槽和双绞线电缆布放完成

图 5-51　左侧 PVC 线槽敷设整体

图 5-52　左侧 PVC 线槽敷设局部

(3) 信息插座的安装

按照图 5-48 的要求将信息插座的底盒安装到相应的位置，底盒的进线孔与线槽出口相对应，将双绞线电缆从进线孔拉入信息插座底盒中，如图 5-53 所示。

将信息插座底盒中的双绞线电缆端接信息模块，将信息模块卡入信息插座面板上，如图 5-54 所示。

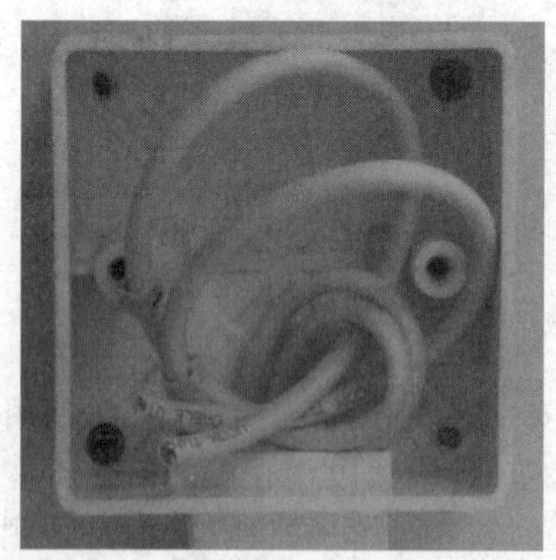

图 5-53　安装信息插座底盒

图 5-54　端接信息模块

将冗余电缆盘于信息插座底盒中，将信息插座面板固定到底盒上，如图 5-55 所示，则信息插座安装完成。

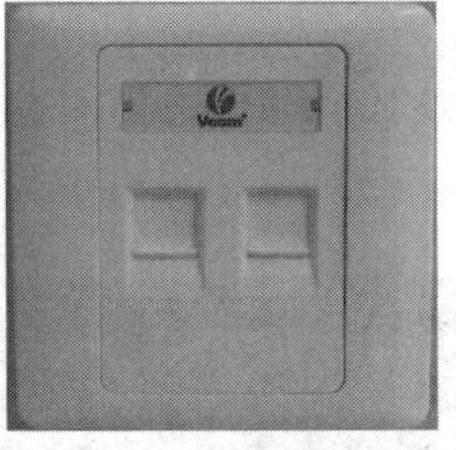

图 5-55　将面板固定到底盒上

(4) 配线架、理线架和交换机的安装

将模块化快速配线架安装到壁挂式机柜中。配线架应安装在距离机柜进线最近的位置，在本实验中双绞线电缆从机柜底部穿入机柜，因此将配线架安装在机柜下部。对进入机柜的双绞线电缆留出一定的冗余长度盘放在机柜底部，然后沿机柜侧面立柱使用塑料扎带进行绑扎固定。按照双绞线电缆在配线架上端接的位置预留长度后剪断双绞线电缆，端接信息模块，并将端接好的信息模块卡入模块化快速配线架上，其中从位于工作区子系统的信息插座引来的信息模块卡入配线架的第一个和第二个接口上，而上连到位于设备间的配线架的信息模块卡入配线架的最后一个接口上，如图 5-56 所示。配线架安装完成。

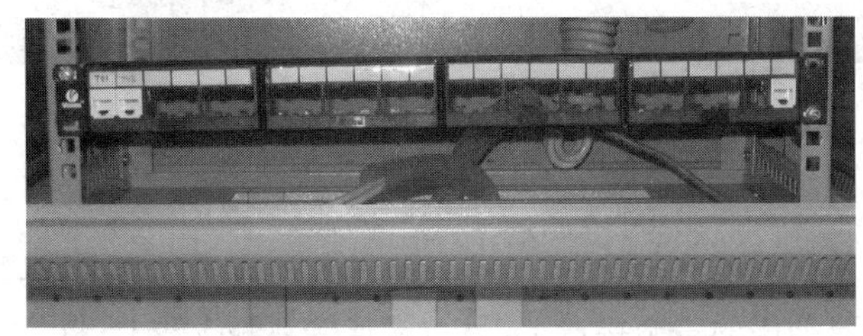

图 5-56　模块化快速配线架安装

在配线架上方 1/3U 的位置安装理线架，在理线架上方 1/3U 的位置安装交换机。跳线电缆通过理线架从模块化快速配线架跳接到交换机的相应接口上。其中配线架上的第一个和第二个接口跳接到交换机的第一个和第二个接口上，使用的跳线为成品跳线；配线架上的最后一个接口跳接到交换机的最后一个接口上，使用的跳线为实训第一个步骤中自己制作的跳线，如图 5-57 所示。

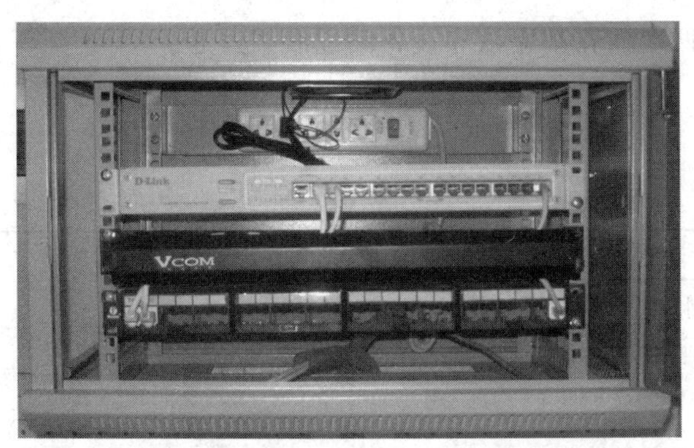

图 5-57　理线架、交换机安装和跳线

(5) 配线架的端接

将从线槽中引出的双绞线电缆沿网络配线机架用塑料扎带绑扎至配线架处,如图 5-58 所示。

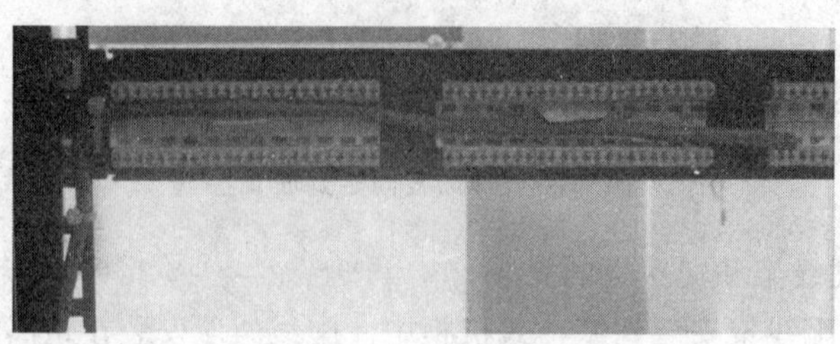

图 5-58 绑扎双绞线至配线架处

选择端接的配线架齿形槽模块,进行双绞线到配线架的端接,具体方法请参考第 5.5.3 小节模块化快速配线架的端接。端接完成后如图 5-59 所示。

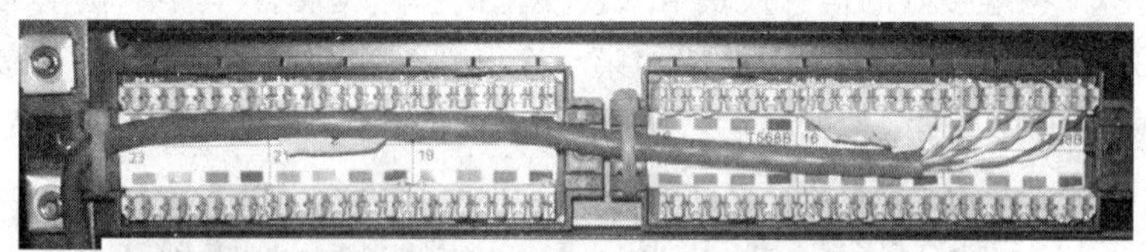

图 5-59 配线架的端接

(6) 布线测试

将机柜中的交换机加电开启,使用跳线进行布线连通性的测试,具体方法是将一条跳线的一端连接到信息插座的一个接口上,另一端连接到测线器上;将另一条跳线的一端连接到网络配线机架上的配线架接口上,另一端连接到测线器上,如图 5-60 所示。

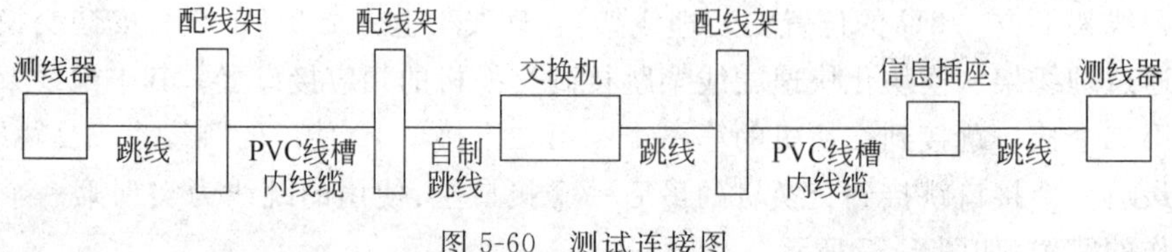

图 5-60 测试连接图

信息插座上的两个插孔都应该和设备间配线架连通。

【实训报告】

综合布线实训报告

班号: 组号: 学号: 姓名:

EIA/TIA-568B 线序	
考虑 PVC 线槽进行水平直角成型时,成型的位置应距离横向线槽下最后一个安装孔 1/2 个线槽宽度的原因	

续表

双绞线预留长度	信息插座一端		机柜中	
实训中配线架、理线架和交换机的安装顺序				
机柜顶部进线时配线架、理线架和交换机的安装顺序				
配线架端接线序				

第 6 章　虚拟局域网

6.1　交换机上的逻辑网络连接问题

逻辑网络之间使用路由器连接，网络内部使用交换机连接，这是基本的网络连接常识。但是在实际工程环境中，从第 5 章网络布线系统中可以看到，网络连接都是按照树形结构，设备间是建筑物内网络系统的根节点，网络从设备间连接到各个楼层配线间的交换机，再通过楼层配线连接到楼层内的各个房间信息点。

但是，在实际网络工程中，连接在同一个楼层交换机上的计算机往往要求属于不同的逻辑网络。例如某公司需要将公司的所有计算机连接成局域网，该公司场地环境如图 6-1 所示。公司占用了写字楼的两个楼层。两个楼层的部门及计算机数量如下。

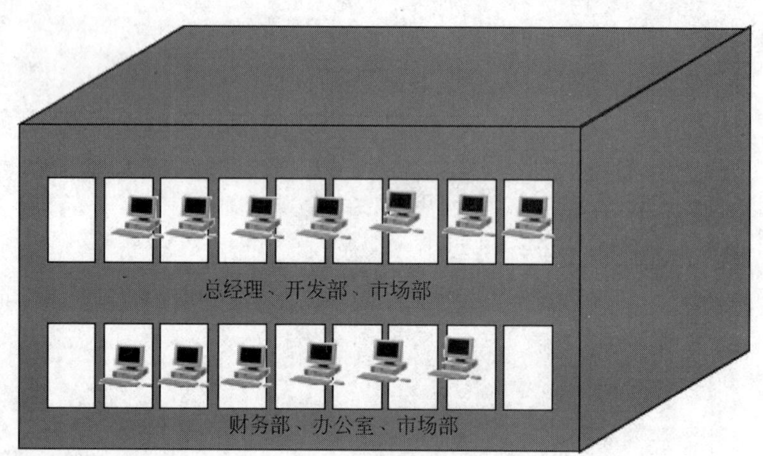

图 6-1　企业场地环境

一楼：财务部，计算机 6 台；办公室，计算机 8 台；市场部，计算机 8 台。

二楼：总经理，计算机 4 台；开发部，计算机 8 台；市场部，计算机 10 台。

根据用户网络划分需求，该公司网络连接拓扑结构可以简单地设计成如图 6-2 所示的网络连接结构。

按照图 6-2 设计，每个逻辑网络内的信息点就要跨楼层连接到一个交换机上，显然不符合网络布线的规范。如果按照干线、配线系统分楼层连接，也可以考虑按照各个楼层的部门分布与逻辑网络要求，在楼层配线间增加交换机设备，网络连接拓扑结构如图 6-3 所示。

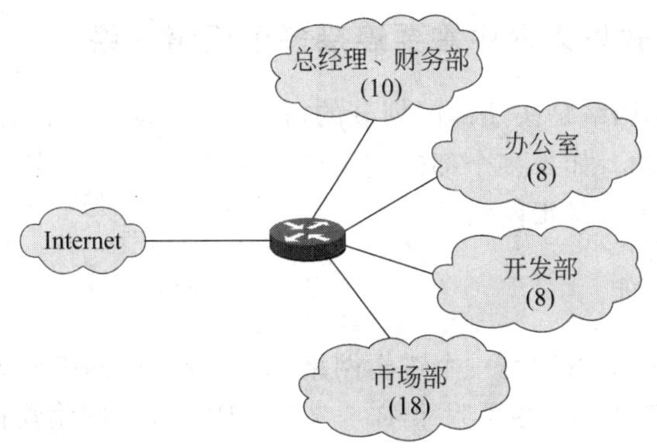

图 6-2　简单的网络连接设计

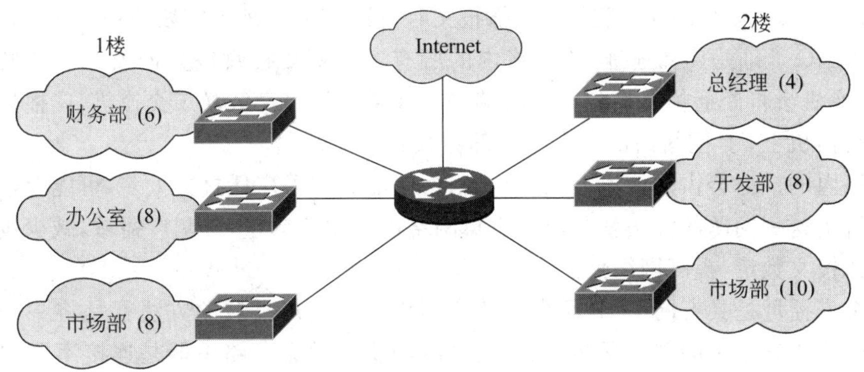

图 6-3　按楼层网络连接

在图 6-3 的设计中，最关键的问题是难以达到该项目用户需求，因为连接到不同路由器端口的设备不可能属于同一个逻辑网络。

如何解决该网络连接问题，靠传统的技术已经无法实现，需要使用一种新的网络连接技术，虚拟局域网技术。

6.2　虚拟局域网概述

6.2.1　交换机上划分逻辑网络的需求

交换机是根据 MAC 地址转发数据报的数据链路层（二层）设备，是多端口的网桥。从前面章节的内容中可以知道，交换机是网络内部连接设备，无论交换机连接了多少计算机，无论有多少个交换机级连在一起，只要没要跨越路由器，它们都是在一个逻辑网络中。

在使用交换机组成的交换式以太网中，存在着以下两个方面的问题。

1. 在一个交换式以太网中需要连接多个逻辑网络

在该网络中,逻辑网络是按照部门划分的,但是这些部门分散在不同的楼层,而网络连接是按照楼层连接的。如果多个部门连接到同一楼层的一个交换机上,显然在交换机上应该能够实现连接多个逻辑网络的功能。

2. 广播域的分割

使用交换机连接的局域网是一个逻辑网络(具有唯一的网络地址)。在网络层中有很多广播报文,例如 ARP 广播(参见附录 B.6 节)、RIP 广播,网络层的广播报文都是针对一个逻辑网络(组播除外)的。在一个逻辑网络内,网络层的广播报文会发送到网内的每个主机。一个广播报文能够传送到的主机范围称作一个广播域。

在以太网内,以太网帧封装一个广播报文时,目的 MAC 地址字段使用 ff:ff:ff:ff:ff:ff,即目的 MAC 地址是广播地址,该网络内的所有主机都要接收该数据帧。在交换式以太网中,交换机会将广播帧转发到所有的端口。如果交换机又级联了交换机,广播帧会转发到其他交换机上,IP 网络内的所有主机都会收到广播帧。

网络内的广播会占用信道带宽,影响网络性能。如果广播报文太多,可能会造成网络瘫痪。解决这一问题的方法就是减少逻辑网络内的主机数量,分割广播域,减少逻辑网络内的广播报文数量,提高网络性能。

一个广播域是具有同一 IP 网络地址的网络。分割广播域的方法就是将一个大的逻辑网络分割成若干小的逻辑网络,减少网络内的主机数量。路由器是连接不同网络的设备,使用路由器就可以将一个大的广播域分割成小的广播域,即将大的逻辑网络分割成多个小的逻辑网络。图 6-4 就是利用路由器分割广播域的例子。

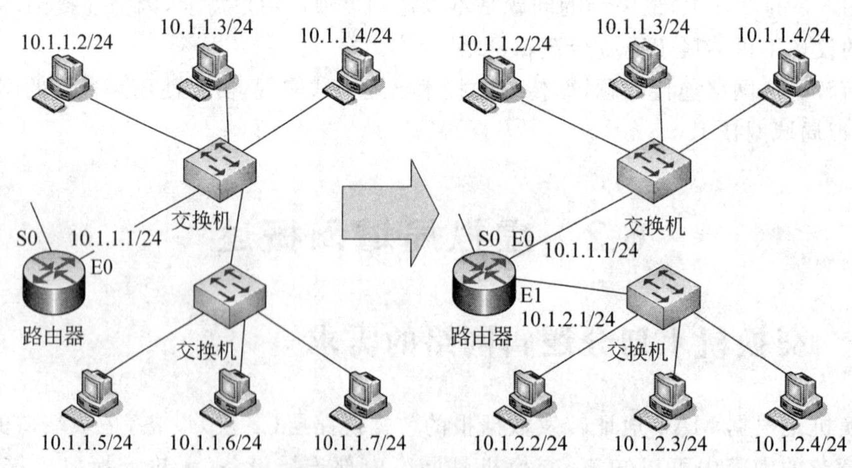

图 6-4 利用路由器分割广播域

在图 6-4 中,左边两个交换机上的计算机属于同一个逻辑网络,网络地址都是 10.1.1.0/24,所以是一个广播域;右边将两个交换机分别连接在路由器的 E0 口和 E1 口上,各自为一个逻辑网络,网络地址分别是 10.1.1.0/24 和 10.1.2.0/24,所以各自为一个广播域。

6.2.2　虚拟局域网技术

使用路由器分割广播域比较容易实现，但是这种方法可能需要增加很多网络设备。例如在图6-1所示网络中，一个楼层中有三个部门，它们分别属于三个逻辑网络，在一个楼层中只布置一台交换机是无法实现的。为了解决这样的问题，出现了在二层交换机上划分逻辑网络的虚拟局域网(Virtual LAN，VLAN)技术。

虚拟局域网是用“虚拟”技术在一个用交换机连接的物理局域网内划分出来的逻辑网络。由于交换机属于二层设备，使用交换机连接的局域网都属于一个逻辑网络。虚拟局域网就是使用软件“虚拟”的方法，通过对交换机端口的配置，将部分主机划分在一个逻辑网络中，这些主机可以连接在不同的交换机上。通过“虚拟”方式划分出来的局域网各自构成一个广播域，VLAN之间在没有路由支持时不能进行通信。

例如某公司有财务部和市场部两个部门，两个部门各自属于一个逻辑网络，所以两个部门各自连接在一台交换机上，财务部的网络地址是5.1.1.0/24，市场部的网络地址是5.1.2.0/24。两个网络各自连接到路由器上。该公司网络连接如图6-5所示。

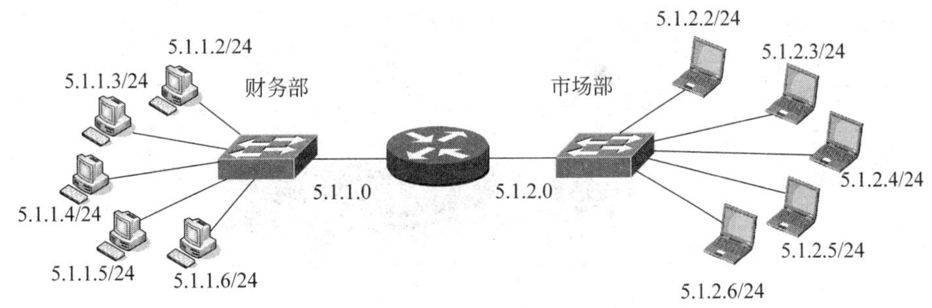

图6-5　某公司网络连接

假如该公司的办公场所占用两层楼房，在每一层都有财务部和市场部的办公室，如果在每一层设置了一台交换机，每台交换机上既连接了财务部的计算机，又连接了市场部的计算机，这时就可以使用VLAN实现将两个部门划分在两个不同的网络中，计算机连接和VLAN划分如图6-6所示。

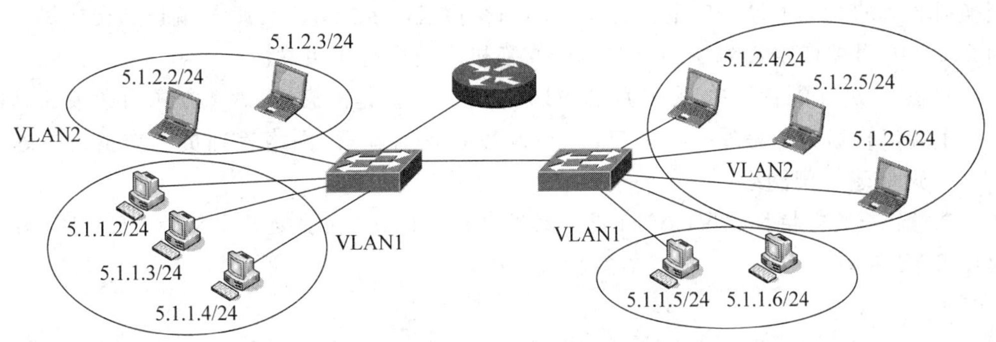

图6-6　计算机连接和VLAN划分

通过 VLAN 技术，连接在一台交换机上的计算机可以属于不同的逻辑网络，连接在不同交换机上的计算机可以属于同一个逻辑网络。所以有人把 VLAN 定义为一组不被物理网络分段或传统的 LAN 限制的逻辑上的设备或用户。

VLAN 和传统的局域网没有什么区别，一个 VLAN 属于一个逻辑网络，每个 VLAN 是一个广播域。对于一个 VLAN 的广播帧不会转发到不属于该 VLAN 的交换机端口上，VLAN 之间没有路由时也不能进行通信。

6.2.3 VLAN 的种类

1. 静态 VLAN

静态 VLAN 是使用交换机端口定义的 VLAN，即将交换机上的若干端口划分成一个 VLAN。静态 VLAN 是最简单也是最常用的 VLAN 划分方法。使用交换机端口划分 VLAN 时，一个交换机上可以划分多个 VLAN；一个 VLAN 也可以分布在多个交换机上。例如图 7-7 是一个交换机上划分了 3 个 VLAN 的例子；图 7-8 是 2 个 VLAN 分布在两个级联连接的交换机上的例子。

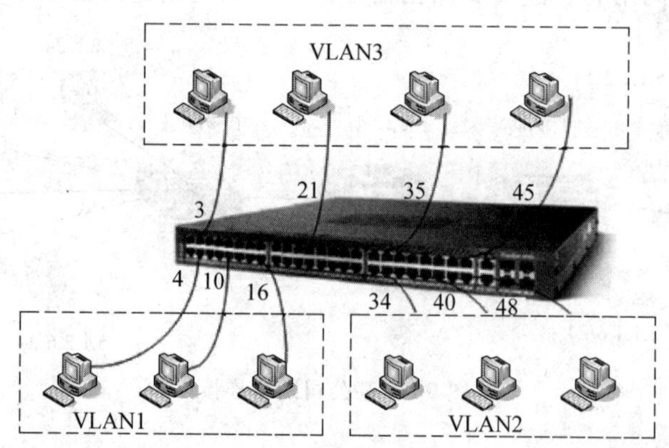

图 6-7　一个交换机上划分了 3 个 VLAN

在图 6-7 中，交换机上的 4、10、16 号端口定义为 VLAN1，34、40、48 号端口定义为 VLAN2，3、21、35、45 号端口定义为 VLAN3；在图 6-8 中，交换机 1 上的 14、38 号端口和交换机 2 上的 21、41 号端口定义为 VLAN2；交换机 1 上的 8、30、42 号端口和交换机 2 上的 8、28、46 号端口定义为 VLAN1，两个交换机之间进行了级联。

静态 VLAN 配置简单，是常用的 VLAN 方式。但是静态 VLAN 方式中如果计算机从一个端口转移到了另外一个端口，VLAN 需要重新配置，网络管理员工作量大。静态 VLAN 适应于小型网络。

注意：一般交换机上 VLAN 1 是系统默认的 VLAN，用户自己定义的 VLAN 一般不能使用 VLAN 1。

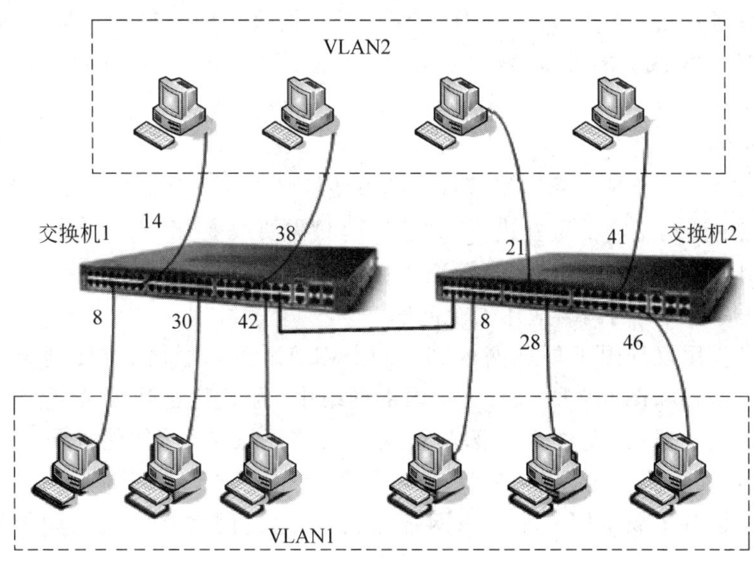

图 6-8　两个 VLAN 分布在两个级联连接的交换机上

2. 动态 VLAN

动态 VLAN 是根据计算机 MAC 地址或 IP 地址定义的 VLAN。在动态 VLAN 中，无论用户转移到什么位置，例如从公司的办公室到会议室，只要连接到公司的局域网交换机上，就能够和自己 VLAN 中的计算机进行通信。动态 VLAN 适合用户流动性较强的环境。

根据 IP 地址定义动态 VLAN 时，如果系统中使用动态地址分配协议 DHCP，就会造成动态 VLAN 定义错误，所以一般不使用这种定义方式。

使用 MAC 地址定义 VLAN 时需要 VLAN 管理策略服务器(VLAN Management Policy Server，VMPS)的支持，一些交换机可能不支持 VMPS。动态 VLAN 一般适应于大型网络。

VMPS 是一种基于源 MAC 地址，动态的、在交换机端口上划分 VLAN 的方法。当某个端口的主机移动到另一个端口后，VMPS 动态的为其指定 VLAN。划分动态 VLAN 时需要在 VMPS 中配置一个 VLAN-MAC 映射表，当计算机连接的端口被激活后，交换机便向 VMPS 服务器发出请求，查寻该 MAC 对应的 VLAN。如果在列表中找到 MAC 地址，交换机就将端口分配给列表中的 VLAN；如果列表中没有 MAC 地址，交换机就将端口分配给默认的 VLAN。如果交换机中没有定义默认 VLAN，则该端口上的计算机就不能工作。

6.2.4　VLAN 的特点

(1) 隔离广播

VLAN 的主要优点是隔离了物理网络中的广播。由于 VLAN 技术将连接在交换机上的物理网络划分成了多个 VLAN，IP 网络中的广播报文只能在某个 VLAN 中转发，不会影响其他 VLAN 成员的带宽，减少了网络内广播帧的影响范围，改善了网络性能，提高了服务质量。

(2) 方便网络管理

使用 VLAN 比 LAN 更具网络管理上的方便性。在一个公司内部使用 VLAN 时，人员或办公地点的变动不需要重新进行网络布线，只需要改变 VLAN 的定义，这样既节省网络管理费用开销，又方便网络用户管理。

(3) 解决局域网内的网络应用安全问题

如果网络应用仅局限于局域网内部，使用 VLAN 可以经济、方便地解决网络应用的安全问题。例如在图 6-9 所示的公司内部网络中，为了安全起见，只允许财务部人员访问财务系统服务器；只允许人事部门访问人力资源服务器，其他人员只允许访问办公系统服务器，那么将公司人员和相应服务器划分在不同 VLAN 中。由于连接在同一个交换机上的设备不属于同一个逻辑网络，就容易通过网络之间的访问控制达到上述安全管理目的。

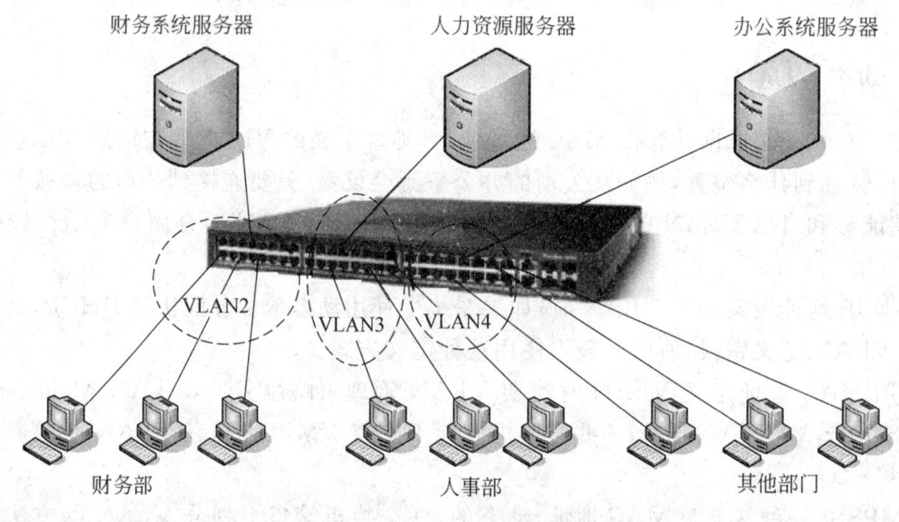

图 6-9　公司内部网络

6.3　Cisco 交换机配置

在支持 VLAN 的交换机上都可以配置 VLAN。以太网交换机的生产厂家很多，各自的配置命令也有一些不同，但是基本原理都是相同的。在交换机产品中，Cisco 公司的交换机最具代表性，不少厂家的交换机配置命令和 Cisco 交换机的配置命令基本相同。

6.3.1 Cisco 交换机概述

1. Cisco 交换机结构

Cisco 交换机基本结构和控制台连接方法与 Cisco 路由器基本相同。与路由器硬件不同的是，交换机有很大带宽的背板和较多的 RJ-45 以太网接口(也称端口)。例如在 Cisco Catalyst2950 交换机上有 24 个 10/100Mbps 的 RJ-45 以太网接口——FastEthernet 0/1-0/24；有 2 个 1000Mbps 的 RJ-45 以太网接口——GigabitEthnet0/1-0/2。

2. Cisco 交换机启动

使用控制台终端连接交换机，在 NVRAM 中没有配置文件时，加电后将出现类似："Would you like to enter the initial configuration dialog? [yes/no]:"的提示，一般回答 N 后将出现"Press RETURN to get started!"的提示。按 Enter 键，系统从 Flash 加载一个类似下面的配置(这是 Catalyst2950 的初始配置)：

```
version 12.1                                        ;版本 12.1
no service pad
service timestamps debug uptime
service timestamps log uptime
no service password-encryption                      ;没有密码
hostname Switch                                     ;主机名为 Switch
ip subnet-zero                                      ;允许 0 号子网
spanning-tree mode pvst                             ;生成树模式,即每个 VLAN 一个生成树
no spanning-tree optimize bpdu transmission         ;非优化的桥协议数据单元传输
spanning-tree extend system-id                      ;生成树使用扩展的系统标识
interface FastEthernet0/1                           ;100M 以太口
interface FastEthernet0/2
 …
interface FastEthernet0/24
interface GigabitEthernet0/1                        ;1000M 以太口
interface GigabitEthernet0/2
interface vlan 1
 no ip address
 no ip route-cache
 shutdown
ip http server
line con 0
line vty 5 15
end
```

在这个初始配置中，虽然只有交换机名称和 VLAN 1，但是即便不进行任何配置，交换机也可以工作。

VLAN1 是系统默认的 VLAN，所有端口都默认属于 VLAN 1。Catalyst2950 系统初始的 VLAN 配置如下：

```
VLAN Name                              Status    Ports
---- -------------------------------- --------- -------------------------------
1    default                          active    Fa0/1, Fa0/2, Fa0/3, Fa0/4
                                                Fa0/5, Fa0/6, Fa0/7, Fa0/8
                                                Fa0/9, Fa0/10, Fa0/11, Fa0/12
                                                Fa0/13, Fa0/14, Fa0/15, Fa0/16
                                                Fa0/17, Fa0/18, Fa0/19, Fa0/20
                                                Fa0/21, Fa0/22, Fa0/23, Fa0/24
                                                Gi0/1, Gi0/2
1002 fddi-default                     act/unsup
1003 token-ring-default               act/unsup
1004 fddinet-default                  act/unsup
1005 trnet-default                    act/unsup
```

在 Cisco 交换机中，VLAN 1 是系统默认的设置，既不能配置也不能删除，在初始状态所有的端口都属于 VLAN 1，所以各个端口之间都可以相互通信。当一个端口被定义到其他 VLAN 后，该端口就不再属于 VLAN 1，也就不能再和 VLAN 1 中的端口通信。当一个端口从其他 VLAN 中被删除后，该端口自动加入 VLAN 1；当一个 VLAN 定义被删除后，该 VLAN 下的所有端口都将变为非激活端口，因此在删除 VLAN 时应确保该 VLAN 下没有端口存在。VLAN 1002、VLAN 1003、VLAN 1004、VLAN 1005 是用于连接其他网络协议的 VLAN，这些 VLAN 虽然一般不被使用，但也不能从系统中删除。

3. Cisco 交换机的命令行界面

Cisco 公司的交换机产品和路由器产品的命令行界面(工作模式)、帮助功能都是一样的。配置命令大多也是相同的。Cisco 交换机的部分模式和模式之间的转换命令以及不同模式的命令提示符、各种模式下可以进行的主要操作如表 6-1 所示。

表 6-1　Cisco 交换机工作模式

模式名称	进入模式命令	模 式 提 示	可以进行的操作
用户模式	开机进入	Switch >	查看交换机器的状态
特权模式	Switch > Enable (口令)	Switch #	查看交换机的配置
全局配置模式	Switch # Config terminal	Switch (config) #	配置主机名、密码，创建 VLAN 等
接口配置模式	Switch (config) # Interface 接口	Switch (config-if) #	网络接口参数的配置
数据库配置模式	Switch# VLAN database	Switch(vlan) #	创建 VLAN
VLAN 配置模	Switch (config) # VLAN n	Switch(config-vlan) #	VLAN 配置
退回上一级	Switch (config-if) # exit	Switch (config) #	退出当前模式
结束配置	Switch (config-if) # Ctrl+Z	Switch #	返回特权模式

4. Cisco 交换机常用显示命令

```
Switch #show running-config                ;显示当前运行的配置文件
```

```
Switch #show startup-config/config       ;显示 NVRAM 中的配置文件
Switch #show interfaces 接口              ;显示接口状态
Switch #show mac-address-table           ;显示 mac 地址表
Switch #show vlan                        ;显示 VLAN 配置
```

6.3.2 单个交换机上的静态 VLAN 配置

单个交换机上的静态 VLAN 配置是最基本的 VLAN 配置技术，在许多小公司都是使用单个交换机连接公司内的所有计算机。

1. VLAN 配置步骤

在单个 Cisco 交换机上配置静态 VLAN 的步骤如下。

(1) 进入特权模式

```
Switch >Enable
```

如果配置文件中没有 Enable secret 密码设置，按 Enter 键后就可以进入特权模式；如果配置文件中有 Enable secret 密码设置，系统会提示输入密码。进入特权模式后显示：

```
Switch #
```

(2) 创建一个 VLAN

```
Switch #Config terminal                  ;进入配置模式
Switch(config)#vlan n                    ;创建一个 VLAN，进入 VLAN 配置模式
Switch(config-vlan)#
```

VLAN 编号 n 的取值可以是 2～1001，如果该 VLAN 已经存在了，就不再创建该 VLAN，而是进入 VLAN 配置模式。

(3) 配置 VLAN 名称

```
Switch(config-vlan)#name ××××
Switch(config-vlan)#
```

VLAN 名称主要用于 VLAN 管理，例如 VLAN 名称使用 accounting，看到 VLAN 名称就知道是哪个部门的 VLAN。VLAN 名称可以不配置。在不配置 VLAN 名称时，VLAN 名称自动使用 VLAN+4 位数字序号的默认名称。例如创建 VLAN 3 后，如果没有配置 VLAN 名称，该 VLAN 名称自动使用 VLAN 0003，VLAN 名称不能使用汉字。

(4) 退出 VLAN 配置模式

```
Switch(config-vlan)#exit
Switch(config)#
```

(5) 为 VLAN 指定接入端口

```
Switch(config)#interface 端口号                    ;指定端口
Switch(config-if)#switchport access vlan n         ;配置 VLAN 接入端口
```

```
Switch(config-if)#Ctrl+Z                      ;返回特权模式
Switch#
```

2. VLAN 配置举例

下面举例说明如何配置 2 个 VLAN——VLAN2 和 VLAN3，VLAN 名称使用系统默认名称。VLAN2 中包括 Fa0/1、Fa0/2、Fa0/3 端口；VLAN3 中包括 Fa0/4、Fa0/5 端口。配置过程如下。

```
Switch >Enable                                ;进入特权模式
Switch #Config terminal                       ;进入配置模式
;创建 VLAN
Switch(config)#vlan 2                         ;创建一个 VLAN 2
Switch(config-vlan)#exit
Switch(config)#vlan 3                         ;创建一个 VLAN 3。也可以在 Switch(config-
                                              vlan)#状态使用 Switch(config-vlan)#vlan
                                               3 创建 VLAN 3
Switch(config-vlan)#exit
;为 VLAN 2 指定接入端口
Switch(config)#interface fa0/1
Switch(config-if)#switchport access vlan 2         ;fa0/1 配置为 VLAN 2 接入端口
Switch(config-if)#exit
Switch(config)#interface fa0/2
Switch(config-if)#switchport access vlan 2         ;fa0/2 配置为 VLAN 2 接入端口
Switch(config-if)#exit
Switch(config)#interface fa0/3
Switch(config-if)#switchport access vlan 2         ;fa0/3 配置为 VLAN 2 接入端口
Switch(config-if)#exit
;为 VLAN 3 指定接入端口
Switch(config)#interface fa0/4
Switch(config-if)#switchport access vlan 3         ;fa0/4 配置为 VLAN 3 接入端口
Switch(config-if)#exit
Switch(config)#interface fa0/5
Switch(config-if)#switchport access vlan 3         ;fa0/5 配置为 VLAN 3 接入端口
Switch(config-if)#Ctrl+Z                           ;返回特权模式
```

配置完成后，显示 VLAN 配置如下。

```
Switch#show vlan

VLAN Name                             Status    Ports
---------------------------------------------------------
1    default                          active    Fa0/6, Fa0/7, Fa0/8, Fa0/9
                                                Fa0/10, Fa0/11, Fa0/12, Fa0/13
                                                Fa0/14, Fa0/15, Fa0/16, Fa0/17
                                                Fa0/18, Fa0/19, Fa0/20, Fa0/22
                                                Fa0/23, Fa0/24,Gi0/1, Gi0/2
2    VLAN 0002                        active    Fa0/1,Fa0/2, Fa0/3
3    VLAN 0003                        active    Fa0/4, Fa0/5
```

```
1002 fddi-default                      act/unsup
1003 token-ring-default                act/unsup
1004 fddinet-default                   act/unsup
1005 trnet-default                     act/unsup
```

从 VLAN 显示中可以看到系统中创建了 VLAN 2 和 VLAN 3，名称分别是 VLAN 0002 和 VLAN 0003。这两个 VLAN 的状态都是激活的。VLAN 2 中有 3 个接入端口 Fa0/1、Fa0/2、Fa0/3；VLAN 3 中有 2 个接入端口 Fa0/4、Fa0/5。加入其他 VLAN 的端口已经从 VLAN 1 中被删除。

3. 保存配置文件

与路由器一样，交换机配置完成后需要保存到 NVRAM 中作为启动配置文件 startup- config。如果不保存到 NVRAM 中，交换机关机后所做的配置将丢失。将配置保存到 NVRAM 中的命令是：

```
Switch#write memory
```

进行完上述举例的配置后，交换机配置文件的内容为：

```
Switch#show running-config
Building configuration...
version 12.1
no service pad
service timestamps debug uptime
service timestamps log uptime
no service password-encryption
hostname Switch
ip subnet-zero
spanning-tree mode pvst
no spanning-tree optimize bpdu transmission
spanning-tree extend system-id
!
interface FastEthernet0/1
 switchport access vlan 2
interface FastEthernet0/2
 switchport access vlan 2
interface FastEthernet0/3
 switchport access vlan 2
interface FastEthernet0/4
 switchport access vlan 3
interface FastEthernet0/5
 switchport access vlan 3
interface FastEthernet0/6
interface FastEthernet0/7
…
interface FastEthernet0/24
!
interface GigabitEthernet0/1
```

```
!
interface GigabitEthernet0/2
!
interface vlan 1
 no ip address
 no ip route-cache
 shutdown
ip http server
!
line con 0
line vty 5 15
!
end

Switch#
```

6.3.3 VLAN 相关配置命令

1. 使用数据库配置模式创建 VLAN

使用数据库配置模式创建 VLAN 比使用全局配置模式更简洁，但不能配置 VLAN 的名称。使用数据库配置模式创建 VLAN 的命令为

```
Switch >Enable                        ;进入特权模式
Switch#vlan database                  ;VLAN 数据库配置
Switch(vlan)#vlan n                   ;创建一个 VLAN
```

例如，使用数据库配置模式创建 VLAN 2、VLAN 3、VLAN 4 的过程为

```
Switch >Enable
Switch#vlan database
Switch(vlan)#vlan 2                   ;创建 VLAN 2
Switch(vlan)#vlan 3                   ;创建 VLAN 3
Switch(vlan)#vlan 4                   ;创建 VLAN 4
Switch(vlan)#
```

在数据库配置模式下可以删除 VLAN 配置，命令为

```
Switch(vlan)#no vlan 2                ;删除 VLAN 2
Switch(vlan)#no vlan 3,4              ;删除 VLAN 3、VLAN 4
```

2. 删除 VLAN 命令

在全局配置模式下也可以删除 VLAN 配置，命令为

```
Switch(config)#no vlan 2              ;删除 VLAN 2
Switch(config)#no vlan 3,4            ;删除 VLAN 3、VLAN 4
Switch(config)#no vlan 2-4            ;删除 VLAN 2、VLAN 3、VLAN 4
```

注意：no vlan 2-4 "-"号前后不带空格。

3. 为 VLAN 一次指定多个接入端口

```
Switch(config)#interface range fastEthernet 0/n -m      ;指定端口范围
Switch(config-if-range)#switchport access VLAN n        ;配置 VLAN 接入端口
Switch(config-if-range)#exit
```

例如，将 fa0/1、fa0/2、fa0/3、fa0/4、fa0/5 指定为 VLAN 2 的接入端口配置如下：

```
Switch #Config terminal
Switch(config)#interface range fastEthernet 0/1 -5      ;注意"-"号前后带空格
Switch(config-if-range)#switchport access VLAN 2
Switch(config-if-range)#Ctrl+Z
Switch #
```

4. 从 VLAN 中删除接入端口

（1）从 VLAN 中删除一个接入端口的命令为

```
Switch(config)#interface fa0/n                          ;指定端口
Switch(config-if)#no switchport access VLAN n           ;从 VLAN 中删除接入端口
```

例如，从 VLAN 2 中删除 fa0/3 接入端口的命令为

```
Switch(config)#interface fa0/3
Switch(config-if)#no switchport access VLAN 2
Switch(config-if)#Ctrl+Z
Switch #
```

（2）从 VLAN 中删除多个接入端口的命令为

```
Switch(config)#interface range fastEthernet 0/n -m      ;指定端口范围
Switch(config-if-range)#no switchport access VLAN n     ;从 VLAN 中删除接入端口
```

例如，将 fa0/1、fa0/2、fa0/3、fa0/4、fa0/5 从 VLAN 2 中删除的配置如下：

```
Switch(config)#interface range fastEthernet 0/1 - 5     ;注意"-"号前后带空格
Switch(config-if-range)#no switchport access VLAN 2
Switch(config-if-range)#Ctrl+Z
Switch #
```

6.4 H3C 交换机配置

1. H3C 交换机结构

H3C 交换机和路由器基本命令是相同的，帮助功能也是一样的。所不同的主要是 VLAN 配置。

2. VLAN 命令视图

H3C 交换机的 VLAN 命令视图如表 6-2 所示。

表 6-2　H3C 交换机特有命令视图

视图名称	进入视图命令	视图提示	可以进行的操作
VLAN 视图	[H3C]VLAN *n*	[H3C-VLAN *n*]	VLAN 配置
VLAN 接口视图	[H3C] Interface VLAN *n*	[H3C-VLAN-interface *n*]	VLAN 接口配置

3. VLAN 配置

(1) 添加 VLAN 命令

```
[H3C]vlan vlan ID1 [to ID2]                  ;添加 VLAN 命令,进入 VLAN 视图
```

例如:

```
[H3C]vlan 8                                  ;添加 VLAN 8
[H3C] vlan 3 to 6                            ;添加 VLAN 3、VLAN 4、VLAN 5、VLAN 6
```

(2) 为 vlan 指定接入端口命令

```
port Ethernet numer [to Ethernet numer ]     ;端口默认链路类型为 access。
```

例如,将 Ethernet 1/0/12 端口指定为 VLAN 8 的接入端口:

```
[H3C]vlan 8                                  ;进入 VLAN 视图
[H3C-vlan8]port Ethernet 1/0/12              ;为 VLAN 8 指定接入端口 Ethernet 1/0/12
[H3C-vlan8]port Ethernet 1/0/2 to Ethernet 1/0/4
    ;端口 Ethernet 1/0/2-Ethernet 1/0/4 指定为 VLAN 8 接入端口
```

(3) 为 vlan 命名

```
[H3C-vlan8]name 名称                         ;VLAN 默认名称为 VLAN VLAN ID,例如 VLAN 0008
```

4. 显示 vlan 命令:

```
[H3C]display vlan vlanID                     ;显示一个 VLAN,例如 display VLAN 2
[H3C]display vlan all                        ;显示所有 VLAN
```

5. 删除 vlan

```
[H3C]undo vlan vlanID [to ID2]
```

例如:

```
[H3C]undo vlan 8
```

6.5　交换机接口类型及配置

在一个交换机上可以配置多个 VLAN，一个 VLAN 也可以配置在多台交换机上。在多台交换机相互连接的场合，只要没有跨越路由器，所有交换机上同名同 ID 的 VLAN 都属于同一个 VLAN。

当交换机上配置了 VLAN 之后，同一个 VLAN 内部可以通信，不同 VLAN 之间在没有路由时是不能通信的。如图 6-10 所示，当跨交换机配置了 VLAN 后，连接两个交换机之间的接口和其他接口配置类型必须不同。

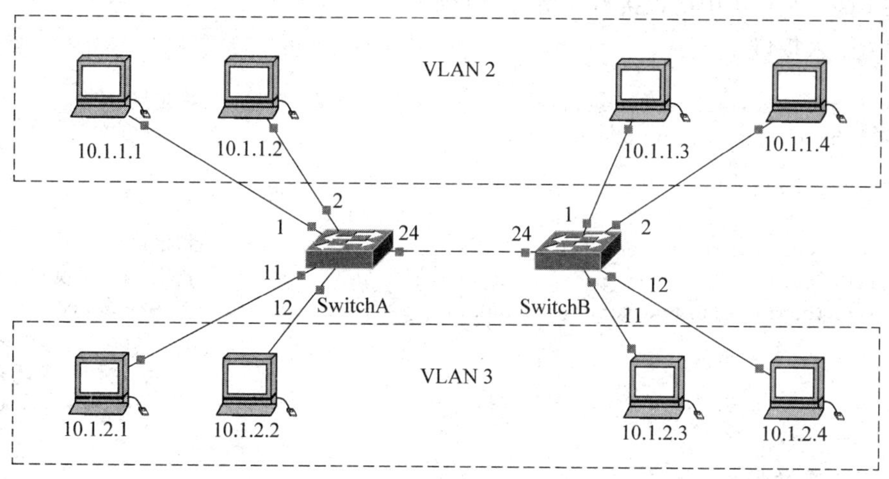

图 6-10　跨交换机 VLAN

6.5.1　交换机的接口类型

交换机上的接口可以配置成两种类型。

(1) 接入接口(Access)

接入接口类型表示为 Access。在 Access 接口中，只能传输以太网帧。一个 Access 接口只能属于一个 VLAN，Access 接口只能连接主机或 HUB 设备。

(2) 中继接口(Trunk)

中继接口一般也称作干道接口，接口类型表示为 Trunk。Trunk 接口用于传输多个 VLAN 的报文。从图 6-10 中可以看到，VLAN 2 和 VLAN 3 内部通信都需要经过一条线路，在这条线路上传输的数据帧怎样区别是 VLAN 2 的还是 VLAN 3 的呢？

为了解决这个问题，在干道线路上传输的数据帧应该添加一个标记，用于标识属于哪个 VLAN。在以太网中，添加 VLAN 标记的方案如下。

① 交换机间链路(Inter-Switch Link，ISL)，是 Cisco 交换机的专用协议。

② 802.1Q(dot1q)，IEEE 标准，用于在以太网帧中插入 VLAN 成员信息。

常用的添加帧 VLAN 标记的方法是 802.1Q。数据帧在进入 Trunk 接口时,交换机会给该数据帧添加 VLAN 标记;添加了 VLAN 标记的帧到达目的地后会根据 VLAN 标记区分转发到哪个 VLAN。带 VLAN 标记的帧在离开 Trunk 接口时,交换机会去除数据帧中的 VLAN 标记,还原成以太网帧,再转发到 Access 接口。所以在 Access 接口中并不知道帧 VLAN 标记的存在。

6.5.2 Cisco 交换机接口类型配置

1. 配置命令

在 Cisco 交换机中配置接口类型的命令如下。

(1) 接入接口

```
Switch(config)#interface 接口号                              ;指定接口
Switch(config-if)#switchport access vlan n                  ;access 类型
```

(2) 中继接口

```
Switch(config)#interface fa0/n                              ;指定接口
Switch(config-if)#switchport mode trunk                     ;指定 Trunk 模式
Switch(config-if)#switchport trunk encapsulation dot1q  ;封装格式 802.1q(802.1q
                                                          是 Cisco 二层交换机
                                                          trunk 端口默认封装格
                                                          式,可以省略该行配置)
```

2. 配置举例

对于图 6-10,按照标记的连接端口,在 Cisco 交换机上的配置如下。

(1) 交换机 SwitchA 的配置

```
SwitchA(config)#vlan 2                                  ;创建 VLAN 2
SwitchA(config-vlan)#vlan 3                             ;创建 VLAN 3,可以这样使用命令
SwitchA(config-vlan)#exit
SwitchA(config)#interface range fastEthernet 0/1 -2
SwitchA(config-if-range)#switchport access vlan 2
SwitchA(config-if-range)#exit
SwitchA(config)#interface range fastEthernet 0/11 -12
SwitchA(config-if-range)#switchport access vlan 3
SwitchA(config-if-range)#exit
SwitchA(config)#interface fastEthernet 0/24
SwitchA(config-if)#switchport mode trunk
SwitchA(config-if)#exit
SwitchA(config)#
SwitchA#sh vlan

VLAN Name                             Status    Ports
---------------------------------------------------------------
```

```
1    default                          active    Fa0/3, Fa0/4, Fa0/5, Fa0/6
                                                Fa0/7, Fa0/8, Fa0/9, Fa0/10
                                                Fa0/13, Fa0/14, Fa0/15, Fa0/16
                                                Fa0/17, Fa0/18, Fa0/19, Fa0/20
                                                Fa0/21, Fa0/22, Fa0/23, Fa0/24
                                                Gig1/1, Gig1/2
2    VLAN 0002                        active    Fa0/1, Fa0/2
3    VLAN 0003                        active    Fa0/11, Fa0/12
```

(2) 交换机 SwitchB 的配置

```
SwitchB(config)#vlan 2
SwitchB(config-vlan)#vlan 3
SwitchB(config-vlan)#exit
SwitchB(config)#interface range fastEthernet 0/1 -2
SwitchB(config-if-range)#switchport access vlan 2
SwitchB(config-if-range)#exit
SwitchB(config)#interface range fastEthernet 0/11 -12
SwitchB(config-if-range)#switchport access vlan 3
SwitchB(config-if-range)#exit
;以下的 Trunk 端口配置可以省略,在 Cisco 交换机上一端配置了 Trunk 之后,另一端自动协商
为 Trunk
SwitchB(config)#interface fastEthernet 0/24
SwitchB(config-if)#switchport mode trunk
SwitchB(config-if)#exit
SwitchB(config)#
```

6.5.3　H3C 交换机接口类型配置

1. 配置命令

在 H3C 交换机中配置接口类型的命令如下。

(1) 接入接口

```
[H3C] interface Ethernet numer                      ;指定接口
[H3C-ethernet numer] port link-type access          ; access 类型
```

(2) 中继接口

```
[H3C] interface Ethernet numer                      ;进入端口配置视图
[H3C-ethernet numer]port link-type trunk            ;指定端口链路类型为 trunk
[H3C-ethernet numer]port trunk permit VLAN all      ;指定该端口允许通过的 VLAN,
                                                     all 表示所有端口
```

2. 配置举例

对于图 6-10,按照标记的连接端口,在 H3C 交换机上的配置如下。

(1) 交换机 SwitchA 的配置

```
[SwitchA]vlan 2
[SwitchA-vlan2]port Ethernet 1/0/1 to Ethernet 1/0/2
[SwitchA-vlan2] vlan 3
[SwitchA-vlan3]port Ethernet 1/0/11 to Ethernet 1/0/12
[SwitchA-vlan3]quit
[SwitchA] interface Ethernet 1/0/24
[SwitchA-ethernet 1/0/24] port link-type trunk
[SwitchA-ethernet 1/0/24] port trunk permit vlan all
[SwitchA-ethernet 1/0/24]quit
[SwitchA]
```

(2) 交换机 SwitchB 的配置

```
[SwitchB]vlan 2
[SwitchB-vlan2]port Ethernet 1/0/1 to Ethernet 1/0/2
[SwitchB-vlan2] vlan 3
[SwitchB-vlan3]port Ethernet 1/0/11 to Ethernet 1/0/12
[SwitchB-vlan3]quit
;H3C 交换机不能协商 Trunk 端口,必须分别配置
[SwitchB] interface Ethernet 1/0/24
[SwitchB-ethernet 1/0/24] port link-type trunk
[SwitchB-ethernet 1/0/24] port trunk permit vlan all
[SwitchB-ethernet 1/0/24]quit
[SwitchB]
```

6.6 VLAN 间路由

在大多数情况下,划分 VLAN 的主要目的是隔离广播,改善网络性能和逻辑网络之间的访问控制。为了使不同 VLAN 内的用户能够相互通信,必须提供 VLAN 间路由。提供 VLAN 间路由需要使用第 3 层设备,所以需要把交换机连接到路由器或者连接到具有路由功能的第三层交换机。本章介绍由路由器为 VLAN 提供路由的方法——单臂路由。

6.6.1 交换机与路由器的连接方式

如果交换机上定义了两个 VLAN,为了实现 VLAN 间路由,交换机和路由器之间最直接的连接是使用交换机的两个接口各自连接到路由的局域网接口,连接方式如图 6-11 所示。

在图 6-11 的连接中,只要将路由器 E0 接口连接的交换机端口指定到 VLAN 2,将路由器 E1 接口连接的交换机端口指定到 VLAN 3,在完成了路由器上 E0 口和 E1 口的 IP 地址配置之后,即路由器 E0 口直连到了 10.1.1.0/24 网络,E1 口直连到了 10.1.2.0/24

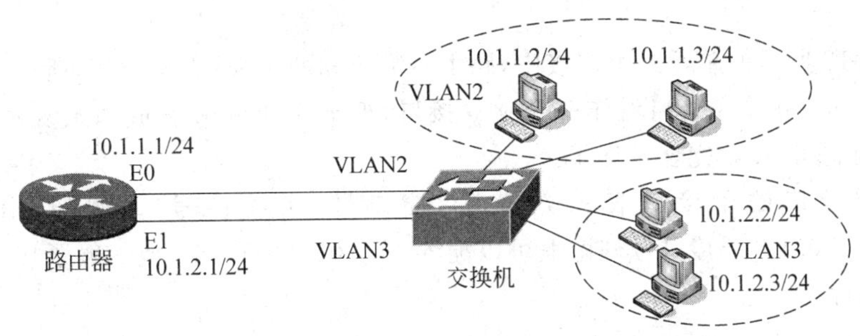

图 6-11　交换机和路由器之间使用两个接口连接

网络，路由器的路由表内可以自动生成两个直连路由。

VLAN 2 内主机网络连接的 TCP/IP 属性设置中，默认网关应该是 10.1.1.1；VLAN 3 内主机网络连接的 TCP/IP 属性设置中，默认网关应该是 10.1.2.1。当 VLAN 2 内主机与 VLAN 3 内主机通信时，IP 分组被送到默认网关——路由器，在路由器上已经存在到达 VLAN 3 的路由，所以两个 VLAN 之间就可以通信。

6.6.2　单臂路由

图 6-11 的连接方式虽然简单，但是并不实用。因为一般路由器上的局域网接口较少，而且接口费用较高。如果在交换机上只需要为两个 VLAN 提供路由，使用图 6-11 的方式还能完成，如果需要为交换机上的 10 个 VLAN 提供路由怎么办呢？

实际使用的路由器为 VLAN 提供路由的连接方式如图 6-12 所示。由于无论为多少个 VLAN 之间提供路由，都是在路由器与交换机之间使用一条干道（Trunk）连接，所以称作单臂路由（router-a-stick，拐杖路由）。单臂路由可以解决多个 VLAN 对路由器的端口需求，节省路由器和交换机的物理端口。

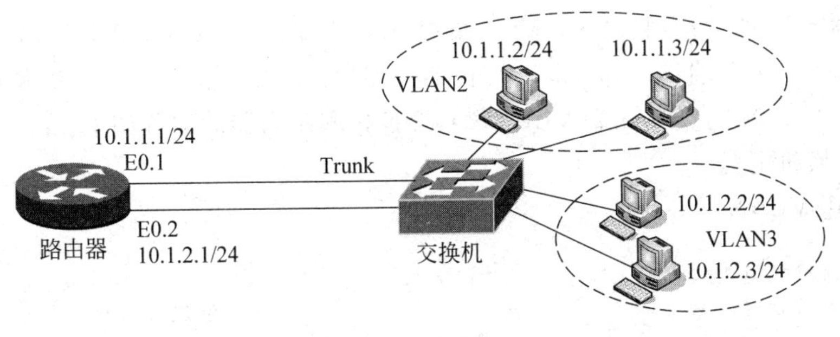

图 6-12　单臂路由

6.6.3　路由器接口的子接口

路由器的接口数量虽然较少，但路由器的接口通过链路复用（参见附录 A.5）方式可以实现和多个通信对象的连接。路由器的链路复用方式一般为统计时分复用方式

(STDM)。

在图 6-12 所示的单臂路由连接中,路由器需要和两个 VLAN 通信,所以需要使用两个子接口。如果每个子接口看作一个独立接口,把干道 Trunk 看成两条复用的线路,那么图 6-12 和图 6-11 就完全一样了。

路由器接口的子接口表示方法是"接口号.子接口号"。例如 ethernet0.1、fastethernet0/0.1。子接口号理论上可以配置 4094(1~4094)个,但一般子接口太多时会影响网络的性能。

1. Cisco 路由器的子接口配置

Cisco 路由器配置子接口的命令和配置普通接口相同,例如为一个子接口配置 IP 地址的命令为

```
Router#Config terminal
Router(config)#interface fa0/0.1
Router(config-subif)#ip add 10.1.1.1 255.255.255.0
```

2. H3C 路由器的子接口配置

H3C 路由器配置子接口的命令和配置普通接口也相同,例如:

```
[H3C] Interface ethernet 0/0.1
[H3C-ethernet 0/01.1] ip address 10.1.1.1 24
```

6.6.4 单臂路由配置

1. Cisco 路由器上的单臂路由配置

按照图 6-12 的连接,假设 VLAN 2 的接入端口为 fa0/1、fa0/2;VLAN 3 的接入端口为 fa0/3、fa0/4;中继端口为 fa0/24。路由器上连接的以太网接口为 fa0/0,使用的子接口为 fa0/0.1(VLAN 2)、fa0/0.2(VLAN 3),交换机和路由器的配置如下。

(1) 交换机配置

① 创建 VLAN

```
Switch#vlan database
Switch(vlan)#vlan 2                                  ;创建 VLAN 2
Switch(vlan)#vlan 3                                  ;创建 VLAN 3
Switch(vlan)#exit
Switch#
```

② 为 VLAN 指定接入端口

```
Switch #Config terminal
Switch(config)#interface range fastEthernet 0/1 - 2
Switch(config-if-range)#switchport access vlan 2
```

```
Switch(config-if-range)#exit
Switch(config)#interface range fastEthernet 0/3 - 4
Switch(config-if-range)#switchport access vlan 3
Switch(config-if-range)#exit
Switch(config)#
```

③ 配置 Trunk 接口

```
Switch(config)#interface fa0/24
Switch(config-if)#switchport mode trunk
Switch(config-if)#end                   ;Cisco 二层交换机上 Trunk 端口默认封装为 802.1Q
Switch#
```

（2）路由器配置

配置路由器时，需要为子接口配置封装格式。因为交换机 Trunk 封装使用 802.1Q，所以在路由器的子接口也需要指定封装格式为 802.1Q，而且需要声明该子接口属于哪个 VLAN。子接口封装格式配置命令为

```
Router(config-subif)#encapsulation dot1Q VLAN 号
```

注意：配置路由器子接口时，配置命令顺序如下。

指定子接口
封装格式
IP 地址

路由器上的配置过程如下。

① 启动 fastethernet0/0 接口

```
Router#configure terminal
Router(config)#interface fastEthernet 0/0
Router(config-if)#no shutdown
Router(config-if)#exit
Router(config)#
```

② 配置子接口

```
Router(config)#interface fa0/0.1                        ;指定子接口
Router(config-subif)#encapsulation dot1Q 2              ;该子接口对应 VLAN 2
Router(config-subif)#ip address 10.1.1.1 255.255.255.0    ;配置 vlan 网关地址
Router(config-subif)#exit
Router(config)#interface fa0/0.2
Router(config-subif)#encapsulation dot1Q 3              ;该子接口对应 VLAN 3
Router(config-subif)#ip address 10.1.2.1 255.255.255.0
Router(config-subif)#ctrl+z
Router#
```

③ 显示路由器配置文件

```
Router#show running-config
Building configuration...
```

```
!
version 12.2
service timestamps debug datetime msec
service timestamps log datetime msec
no service password-encryption
!
hostname Router
!
ip subnet-zero
!
interface FastEthernet0/0
 no ip address
 duplex auto
 speed auto
!
interface FastEthernet0/0.1
 encapsulation dot1Q 2
 ip address 10.1.1.1 255.255.255.0
!
interface FastEthernet0/0.2
 encapsulation dot1Q 3
 ip address 10.1.2.1 255.255.255.0
!
interface Serial0/0
 no ip address
 shutdown
!
interface FastEthernet0/1
 no ip address
 shutdown
 duplex auto
 speed auto
!
interface Serial0/1
 no ip address
 shutdown
!
ip classless
no ip http server
!
line con 0
line aux 0
line vty 0 4
!
end

Router#
```

④ 查看路由表：使用 show ip route 命令查看路由器中的路由表，有如下路由显示：

```
C     10.1.1.0/24 is directly connected, FastEthernet0/0.1
C     10.1.2.0/24 is directly connected, FastEthernet0/0.2
```

2. H3C 路由器上的单臂路由配置

按照图 6-12 的连接，假设 VLAN 2 的接入端口为 Ethernet1/0/1、Ethernet1/0/2；VLAN 3 的接入端口为 Ethernet1/0/3、Ethernet1/0/4；中继端口为 Ethernet1/0/24。路由器上连接的以太网接口为 Ethernet0/0，使用的子接口为 Ethernet0/0.1(Vlan 2)、Ethernet0/0.2(VLAN 3)，交换机和路由器的配置如下。

(1) 交换机配置

```
[H3C]vlan 2
[H3C-vlan2] port Ethernet 1/0/1 to Ethernet 1/0/2
[H3C-vlan2]vlan 3
[H3C-vlan3]port Ethernet 1/0/3 to Ethernet 1/0/4
[H3C -vlan3]quit
[H3C] interface Ethernet 1/0/24
[H3C-ethernet 1/0/24] port link-type trunk
[H3C-ethernet 1/0/24] port trunk permit vlan all
[H3C-ethernet 1/0/24]quit
[H3C]
```

(2) 路由器配置

```
[H3C]int e0/0.1                                   ;指定子接口
[H3C-Ethernet0/0.1]ip address 10.1.1.1 24         ;配置 VLAN 网关地址
[H3C-Ethernet0/0.1]vlan-type dot1q vid 2          ;指定封装类型 802.1Q,建立接口
                                                    和 VLAN 2 的连接

[H3C]int e0/0.2
[H3C-Ethernet0/0.2]ip address 10.1.2.1 24
[H3C-Ethernet0/0.2]vlan-type dot1q vid 3
```

(3) 显示路由器配置文件

```
[H3C]disp routing-table
Routing Tables: Public
        Destinations : 6        Routes : 6
Destination/Mask    Proto Pre   Cost        NextHop        Interface
127.0.0.0/8         Direct 0    0           127.0.0.1      InLoop0
127.0.0.1/32        Direct 0    0           127.0.0.1      InLoop0
10.1.1.0/24         Direct 0    0           10.1.1.1       Eth0/0.2
10.1.1.1/32         Direct 0    0           127.0.0.1      InLoop0
10.1.2.0/24         Direct 0    0           10.1.2.1       Eth0/0.1
10.1.2.1/32         Direct 0    0           127.0.0.1      InLoop0
```

6.7 多交换机 VLAN

VLAN 可以在多个交换机上配置，只要 VLAN 号和 VLAN 名称一致就是一个 VLAN。在多个交换机上配置 VLAN 和单个交换机上没有多大区别，只是交换机之间的连接需要配置 Trunk。但是由于网络中存在连接在一起的多个交换机，就产生了其他的技术问题需要解决。

6.7.1 VLAN 管理协议

在多个交换机上配置 VLAN 时，最容易发生的问题就是各台交换机上创建的 VLAN 编号(VLAN ID)和 VLAN 名称不一致。网络管理员在管理多个交换机时，在多台交换机上创建 VLAN 也比较麻烦。

1. Cisco 的 VTP

Cisco 设备中使用 VLAN 中继协议(VLAN Trunk Protocol，VTP)实现在一台交换机上创建了 VLAN 之后，其他和该交换机使用 Trunk 连接的交换机上都能够共享 VLAN 信息，使得网络管理员可以在一台交换机上管理 VLAN。Cisco 交换机的 VTP 配置如下。

(1) VTP 域名

要使用 VTP，不仅需要各个交换机使用中继(Trunk)连接，而且必须为每个交换机指定一个域名(VTP 域名区分大小写)。只有 VTP 域名相同的交换机才能共享 VLAN 信息。配置 VTP 域名的命令为：

```
Switch(config)#vtp domain 域名
```

(2) VTP 模式

VTP 有三种工作模式，每个交换机可以工作在任意一种模式下，VTP 的三种工作模式如下。

① VTP 服务器模式(Server)。工作在 VTP 服务器模式的交换机可以创建、修改和删除 VLAN，还可以确定其他的 VTP 参数。工作在 VTP 服务器模式的交换机会把自己的 VLAN 配置通告给 VTP 域中的所有交换机。

为了集中管理 VLAN，一般在一个 VTP 域中只配置一台交换机为 VTP 服务器模式。

② VTP 客户模式(Client)。工作在 VTP 客户模式的交换机不能创建、修改和删除 VLAN，只能从 VTP 服务通告中获取 VLAN 信息。

③ VTP 透明模式(Transparent)。工作在 VTP 透明模式的交换机不通告自己的 VLAN 信息，也不根据 VTP 通告服务获取 VLAN 信息。在 VTP 透明模式的交换机上

配置 VLAN 只对该交换机有效。

VTP 模式配置命令为

```
Switch(config)#vtp mode server|client|transparent
```

(3) VTP 版本模式

目前在 Cisco 交换机中有两个 VTP 版本模式，VTP 版本 1 模式和 VTP 版本 2 模式，两者在同一 VTP 域中不能共存。VTP 版本 2 模式和 VTP 版本 1 模式的差别是增加了对令牌环 VLAN 的支持。VTP 版本模式配置命令为

```
Switch(config)#vtp version 1|2
```

(4) 查看 VTP 状态

使用 show VTP status 命令可以查看 VTP 的版本模式、工作模式和 VTP 域名等信息。例如：

```
Switch#show vtp status

VTP Version                          : 2
Configuration Revision               : 0
Maximum VLANs supported locally      : 250
Number of existing VLANs             : 5
VTP Operating Mode                   : Server
VTP Domain Name                      : Cisco
VTP Pruning Mode                     : Enabled
VTP V2 Mode                          : Disabled
VTP Traps Generation                 : Disabled
MD5 digest                           : 0×57 0×30 0×6D 0×7A 0×76 0×12 0×7B 0×40
Configuration last modified by 0.0.0.0 at 3-1-93 00:11:45
```

注意：VTP 状态显示中的“VTP Version ：2”与 VTP 版本模式无关，“VTP V2 Mode ：Disabled”表示目前配置为 VTP 版本 1 模式，VTP 版本 2 模式是禁止的。

(5) 设置 VTP 配置修订号

VTP 状态显示中的 Configuration Revision 称作 VTP 配置修订号。每次修改 VLAN 配置、改变 VTP 版本模式后，VTP 配置修订号自动加 1。在交换机接收 VTP 协议广播报文后，先比较广播报文的 VTP 配置修订号和交换机中保存的 VTP 配置修订号，如果 VTP 广播报文的 VTP 配置修订号比交换机中保存的 VTP 配置修订号大，则使用 VTP 广播报文的信息修改 VLAN 数据库，否则丢弃 VTP 广播报文。

为了使其他交换机共享某台交换机上的 VLAN 配置，这台交换机必须有一个较大的 VTP 配置修订号。修改 VTP 配置修订号不能使用配置命令完成，可以将其他交换机上的 VTP 配置修订号清 0。只要修改交换机的 VTP 域名，该交换机上的 VTP 配置修订号就会归 0。但是为了共享 VLAN 信息，必须还要将交换机的 VTP 域名和其他交换机的 VTP 域名修改为一致。

2. GVRP 协议

VTP 是 Cisco 注册的专利技术，其他交换机不能使用。H3C 交换机使用 GVRP

(GARP VLAN Registration Protocol,GARP VLAN 注册协议)维护交换机中的 VLAN 动态注册信息,并传播该信息到其他的交换机中。

GVRP 基本配置包括 3 个步骤,但需要在每台交换机都进行配置。

(1) 开启交换机的 GVRP

```
[H3C] gvrp
```

(2) 配置 Trunk 端口,并允许所有 VLAN 通过

```
[H3C]interface Ethernet numer
[H3C-Ethernet1/0/n]port link-type trunk
[H3C-Ethernet1/0/n]port trunk permit vlan all
```

(3) 在 Trunk 端口上开启 GVRP

```
[H3C-Ethernet1/0/n] gvrp
```

例如,H3C 交换机 Switch A 通过 Ethernet1/0/1 口和 Switch B 的 Ethernet1/0/24 口以中继端口连接,两个交换机上的 GVRP 配置如下。

(1) Switch A 的配置

```
[H3C] gvrp
[H3C] interface Ethernet 1/0/1
[H3C-Ethernet1/0/1] port link-type trunk
[H3C-Ethernet1/0/1] port trunk permit vlan all
[H3C-Ethernet1/0/1] gvrp
```

(2) Switch B 的配置

```
[H3C] gvrp
[H3C] interface Ethernet 1/0/24
[H3C-Ethernet1/0/24] port link-type trunk
[H3C-Ethernet1/0/24] port trunk permit vlan all
[H3C-Ethernet1/0/24] gvrp
```

GVRP 的状态显示命令为 display gvrp status,可以在任何命令视图下显示。

6.7.2 备份线路与生成树协议

1. 备份路由与广播风暴

当网络中存在多个交换机时,网络规模一般比较大。为了确保不会因为某台交换机故障或关闭而影响网络通信,往往网络中会增加备份路由。例如一台交换机同时连接到两台上游交换机上,如果其中一台故障或线路故障,还可以通过另一台交换机通信。

采用备份路由增加了网络的可靠性,但在第 2 层中的环路会造成“广播风暴”,致使网络不能工作。

图 6-13 是一个存在环路的网络连接，主机 A 和主机 B 之间通过两个交换机形成备份路由，即便是其中一个交换机发生故障也不会影响这两个主机之间的通信。但是由于交换机工作在数据链路层，对于网络中的广播报文要向除来源方向的其他端口广播。在图 6-13 中，如果主机 A 向网段 A 发送了一个广播报文，两个交换机的 1 号端口都会收到，都要向 2 号端口转发，两个交换机都把广播报文转发到了网段 B。当两个交换机都向网段 2 转发广播报文时，两个交换机的 2 号口又收到了另一个交换机转发来的广播报文，需要向 1 号端口广播，这样在网络中的广播报文越来越多，形成了所谓的“广播风暴”。

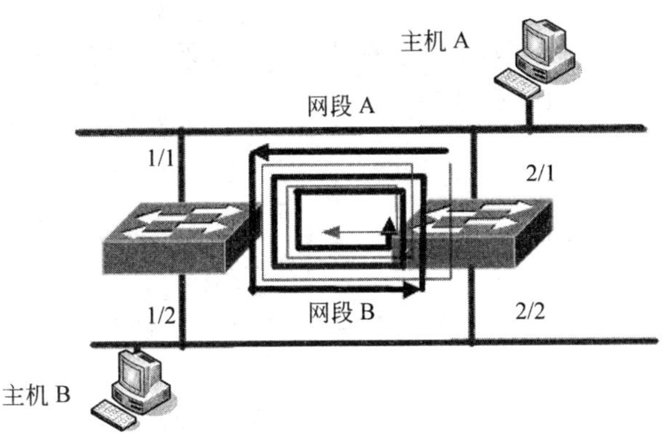

图 6-13　备份路由中的广播风暴

网络中形成“广播风暴”的条件有两个：

(1) 网络中存在环路；

(2) 网络环路上的连接设备是 2 层设备(网桥或交换机)。

解决“广播风暴”最简单的方法就是断开网络中的环路或使用路由器替换交换机，因为路由器根据路由表转发报文，不会形成广播环路。但这两种方法不能有效地解决实际中的问题。断开网络中的环路就不能解决备份路由问题；使用路由器替换交换机虽然有效地隔离了广播，但交换式局域网是 2 层网络连接，追求的是高交换率，不希望使用 3 层路由器设备，以免造成网络瓶颈。

在交换式局域网中，解决“广播风暴”问题普遍使用生成树协议 STP。STP 协议是使用一种特殊算法来发现网络中的物理环路并产生一个逻辑上的无环拓扑。使用生成树协议可以解决 2 层网络连接中的备份路由和“广播风暴”问题。

生成树协议 STP(Spanning Tree Protocol)最基本的原理就是在设备启动时所有端口暂时不能工作，以免形成环路。然后接收来自其他网络设备的 STP 协议数据广播报文，了解网络的物理拓扑结构和网络链路的信息。如果发现存在物理环路，则按照链路信息选取性能最好的链路进行网络连接，而另一条链路则将其置为备用链路。在正常情况下，备用链路只监听网络信息，不能转发报文。备用链路一旦发现转发链路不能正常工作时，立即代替转发链路工作。

2. Cisco 交换机的 STP 协议

STP 的算法和配置都很复杂，在 Cisco 交换机中 STP 协议默认是启动的，一般不需

要配置。在 Cisco 交换机中 STP 协议可以配置生成树模式，配置命令为

```
Switch(config)#spanning-tree mode  mst|pvst| rapid-pvst
```

- Mst：全局模式，全局一个生成树。
- Pvst：每个 VLAN 一个生成树(Cisco 默认)。
- rapid：pvst—快速生成树。

3. H3C 交换机的 STP 协议

H3C 交换机中，生成树协议默认是关闭的。如果网络中有环路存在，需要手工开启生成树协议。开启生成树协议命令为

```
[H3C]stp enable
```

4. 交换机的启动过程

Cisco 交换机的 STP 默认是在启动状态，启动时需要执行 STP 协议，开启 STP 的交换机启动过程如下。

(1) 交换机启动时，所有交换机接口处于“阻塞”状态(20s，指示灯为橘红色)，防止产生环路。

(2) 进入“监听”状态(15s)，接收其他交换机的协议数据，了解网络中的链路结构和链路开销，发现物理环路。

(3) 进入 MAC“学习”状态(15s)，开始建立 MAC 地址映射表，根据生成树算法，确定转发端口和阻塞端口。如果本交换机上存在环路连接，环路上的一个端口被置为阻塞状态，该端口不能接收和发送数据，达到断开环路的目的。但如果转发端口出现故障时，该端口由阻塞状态转变为转发状态。

(4) 转发端口进入“转发”状态(指示灯变绿)

执行一般的 STP 协议的端口启动时间需要 50s。如果希望缩短端口启动时间，可以设置生成树模式为快速生成树模式。

6.7.3 多交换机 VLAN 配置

1. 跨交换机划分 VLAN

跨交换机上划分 VLAN 和单个交换机上划分 VLAN 没有什么区别，只需要使用中继线路连接各个交换机。但是在跨交换机配置 VLAN 时，最好按照以下步骤。

(1) 配置 Trunk 连接。因为 VTP(GVRP)只能在 Trunk 线路上传递协议报文，为了使用 VTP(GVRP)协议，各台交换机之间首先要完成 Trunk 连接。

(2) 配置 VTP(GVRP)协议。为了共享 VLAN 信息和方便多交换机上的 VLAN 管理，使用 VTP(GVRP)协议是必要的。在配置 VLAN 之前，需要完成 VTP(GVRP)协议配置。

① 对于 VTP 需要使用 show vtp status 命令检查各个交换机的 VTP 域名是否一致，VTP 版本是否一致。如果存在不一致情况必须进行必要的配置。配置交换机的 VTP 工作模式。各台交换机默认都是 VTP 服务器模式。可以保留默认的模式；也可以保留一台为服务器模式，其他配置为 VTP 客户模式。

② 对于 GVRP 需要在每台交换机上开启 GVRP 和 Trunk 端口配置及开启 GVRP。

(3) 在一台交换机上创建 VLAN。最好在一台交换机上创建 VLAN，避免 VLAN 名称的混乱。

(4) 为各个 VLAN 分配接入端口。

2. 多交换机配置 VLAN 及 VLAN 管理协议举例

图 6-14 是一个在两台交换机上划分了 3 个 VLAN 的例子。在图 6-14 中，VLAN 2 包含交换机 A 上的 1 号、2 号端口和交换机 B 上的 7 号、8 号端口；VLAN 3 包含交换机 A 上的 7 号、8 号端口和交换机 B 上的 19 号、20 号端口；VLAN 4 包含交换机 A 上的 19 号和交换机 B 上的 3 号、4 号端口；交换机 A 上的 24 号端口和交换机 B 上的 1 号为 Trunk 端口。

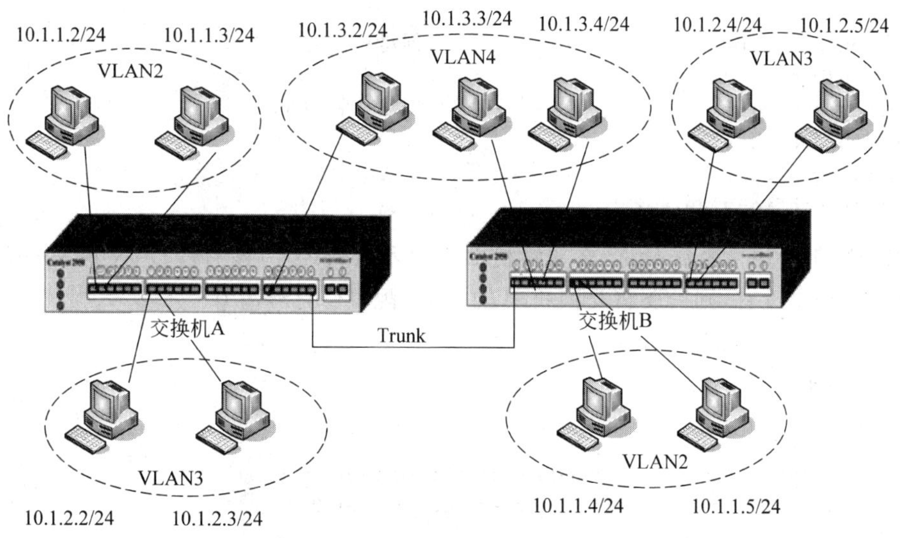

图 6-14　跨交换机配置 VLAN 实例

该举例在 Cisco 交换机上的配置过程如下。

(1) 配置 Trunk

① 交换机 A 上的配置

```
Switch #Config terminal
Switch(config)#interface fa0/24
Switch(config-if)#switchport mode trunk
Switch(config-if)#exit
```

② 交换机 B 上的配置

```
Switch #Config terminal
Switch(config)#interface fa0/1
Switch(config-if)#switchport mode trunk
Switch(config-if)#exit
```

(2) 配置 VTP 协议

① 交换机 A 上的配置

```
Switch(config)#vtp domain Cisco          ;VTP 域名
Switch(config)#vtp mode server           ;默认为 Server 模式,该配置可以省略
Switch(config)#vtp version 1             ;VTP 版本
```

② 交换机 B 上的配置

```
Switch(config)#vtp domain Cisco          ;必须和交换机 A 上的域名一致
Switch(config)#vtp mode client           ;也可以保留 Server 模式,该配置可以省略
Switch(config)#vtp version 1             ;必须和交换机 A 上的 VTP 版本一致
```

(3) 创建 VLAN——在交换机 A 上创建

```
Switch(config)#Vlan 2                    ;创建一个 VLAN 2
Switch(config-vlan)#exit
Switch(config)#Vlan 3                    ;创建一个 VLAN 3
Switch(config-vlan)#exit
Switch(config)#Vlan 4                    ;创建一个 VLAN 4
Switch(config-vlan)#exit
```

VLAN 都使用了默认名称,在交换机 B 上显示 VLAN 应该有 VLAN 2、VLAN 3 和 VLAN 4。如果没有,则需要将交换机 B 的 VTP 配置修订号清 0。

(4) 为 VLAN 指定接入端口

① 交换机 A 上的配置

```
Switch #Config terminal
Switch(config)#interface range fastEthernet 0/1 - 2
Switch(config-if-range)#switchport access vlan 2
Switch(config-if-range)#exit
Switch(config)#interface range fastEthernet 0/7 - 8
Switch(config-if-range)#switchport access vlan 3
Switch(config-if-range)#exit
Switch(config)#interface fa0/19
Switch(config-if)#switchport access vlan 4
```

② 交换机 B 上的配置

```
Switch #Config terminal
Switch(config)#interface range fastEthernet 0/3 - 4
Switch(config-if-range)#switchport access vlan 4
Switch(config-if-range)#exit
Switch(config)#interface range fastEthernet 0/7 - 8
```

```
Switch(config-if-range)#switchport access vlan 2
Switch(config-if-range)#exit
Switch(config)#interface range fastEthernet 0/19 - 20
Switch(config-if-range)#switchport access vlan 3
Switch(config-if-range)#end
Switch#
```

在完成以上配置后，相同 VLAN 内的计算机应该能够通信，而不同 VLAN 内的计算机之间不能通信。

该实例在 H3C 交换机上的配置过程如下。

(1) 配置 GVRP 协议

① 交换机 A 上的配置

```
[SwitchA] gvrp
```

② 交换机 B 上的配置

```
[SwitchB]gvrp
```

(2) 配置 Trunk

① 交换机 A 上的配置

```
[SwitchA] interface Ethernet 1/0/24
[SwitchA-ethernet 1/0/24] port link-type trunk
[SwitchA-ethernet 1/0/24] port trunk permit vlan all
[SwitchA-ethernet 1/0/24] gvrp
[SwitchA-ethernet 1/0/24]quit
```

② 交换机 B 上的配置

```
[SwitchB] interface Ethernet 1/0/1
[SwitchB-ethernet 1/0/1] port link-type trunk
[SwitchB-ethernet 1/0/1] port trunk permit vlan all
[SwitchB-ethernet 1/0/1] gvrp
[SwitchB-ethernet 1/0/1]quit
```

(3) 创建 VLAN——在交换机 A 上创建

```
[SwitchA]Vlan 2 to 4                        ;创建一个 VLAN 2、VLAN 3、VLAN 4
```

VLAN 都使用了默认名称，在交换机 B 上显示 VLAN 应该有 VLAN 2、VLAN 3 和 VLAN 4。

(4) 为 VLAN 指定接入端口

① 交换机 A 上的配置

```
[SwitchA]vlan 2
[SwitchA-vlan 2] port Ethernet 1/0/1 to Ethernet 1/0/2
[SwitchA-vlan 2]quit
[SwitchA] vlan 3
[SwitchA-vlan 3] port Ethernet 1/0/7 to Ethernet 1/0/8
```

```
[SwitchA-vlan 3]quit
[SwitchA] vlan 4
[SwitchA-vlan 4] port Ethernet 1/0/19
```

② 交换机 B 上的配置

```
[SwitchB]vlan 2
[SwitchB-vlan 2] port Ethernet 1/0/7 to Ethernet 1/0/8
[SwitchB-vlan 2]quit
[SwitchB] vlan 3
[SwitchB-vlan 3] port Ethernet 1/0/19 to Ethernet 1/0/20
[SwitchB-vlan 3]quit
[SwitchB] vlan 4
[SwitchB-vlan 4] port Ethernet 1/0/3 to Ethernet 1/0/4
```

在完成以上配置后，相同 VLAN 内的计算机应该能够通信，而不同 VLAN 内的计算机之间不能通信。

3. 跨交换机 VLAN 间路由

跨交换机 VLAN 间路由和单个交换机上 VLAN 间路由没有任何区别，可以使用路由器实现，也可以使用 3 层交换机实现。下面是使用路由器实现的跨交换机 VLAN 间路由的例子，该例子是在上面"多交换机配置 VLAN 及 VLAN 管理协议实例"的基础上实现的，该实例中只配置与 VLAN 间路由有关的部分。

图 6-15 是使用路由器实现的跨交换机 VLAN 间路由的连接图，是在图 6-14 的基础上增加了一台路由器连接，交换机 B 的 6 号端口以 Trunk 模式连接到路由器 E0 口。需要配置的内容包括交换机 B 与路由器之间的 Trunk 连接、路由器中的"单臂路由"配置。

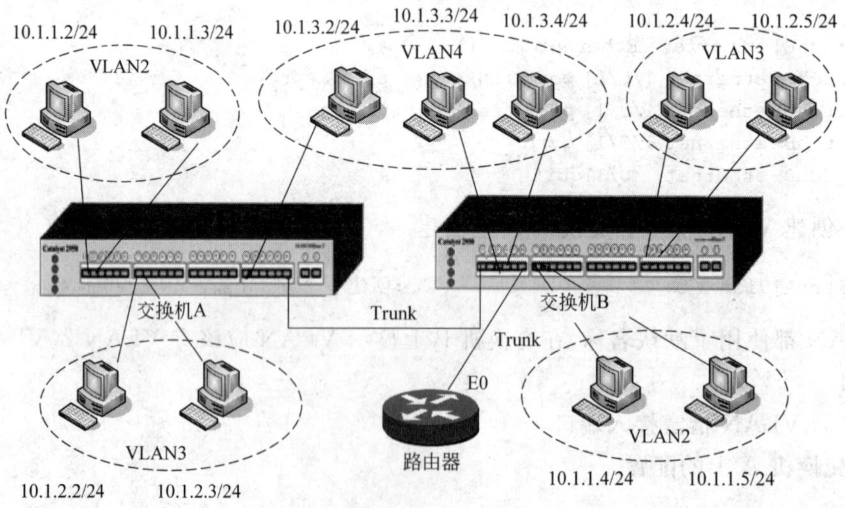

图 6-15　跨交换机 VLAN 间路由实例

下面以 Cisco 设备为例给出 VLAN 间路由部分的配置部分，使用 H3C 设备的"单臂路由"配置可参考 6.6.4 小节。

(1) 配置交换机 B 的 Trunk 端口

```
Switch #Config terminal
Switch(config)#interface fa0/6
Switch(config-if)#switchport mode trunk
Switch(config-if)#exit
```

(2) 路由器配置

① 启动 fastethernet0/0 接口

```
Router#configure terminal
Router(config)#interface fastEthernet 0/0
Router(config-if)#no shutdown
Router(config-if)#exit
Router(config)#
```

② 配置子接口

```
Router(config)#interface fa0/0.1
Router(config-subif)#encapsulation dot1Q 2        ;该子接口对应 VLAN 2
Router(config-subif)#ip address 10.1.1.1 255.255.255.0
Router(config-subif)#exit
Router(config)#interface fa0/0.2
Router(config-subif)#encapsulation dot1Q 3        ;该子接口对应 VLAN 3
Router(config-subif)#ip address 10.1.2.1 255.255.255.0
Router(config-subif)#exit
Router(config)#interface fa0/0.3
Router(config-subif)#encapsulation dot1Q 4        ;该子接口对应 VLAN 4
Router(config-subif)#ip address 10.1.3.1 255.255.255.0
Router(config-subif)#ctrl-z
Router#
```

各个 VLAN 中的 PC 配置网络连接 TCP/IP 属性的默认网关时，需要使用路由器中各自接口的 IP 地址。在路由器的路由表中应该能够看到 3 条直连路由：

```
Router#show ip route

C     10.1.1.0/24 is directly connected, FastEthernet0/0.1
C     10.1.2.0/24 is directly connected, FastEthernet0/0.2
C     10.1.3.0/24 is directly connected, FastEthernet0/0.3
```

6.8 小　结

本章主要介绍使用 VLAN 技术解决网络工程中的网络划分问题。介绍了虚拟局域网的概念和交换机上的 VLAN 配置、Access 接口、Trunk 端口配置；路由器子接口配置、单臂路由配置；VLAN 管理协议与生成树协议；多交换机 VLAN 的配置与管理。

6.9 习　　题

1. 什么是广播域？广播域与逻辑网络有什么关系？

2. 分割广播域的方法有哪些？

3. 什么是 VLAN？

4. Access 接口和 Trunk 接口有什么不同？

5. 为什么要使用单臂路由？

6. 某公司网络连接、VLAN 配置及各部门信息点数如图 6-16 所示。

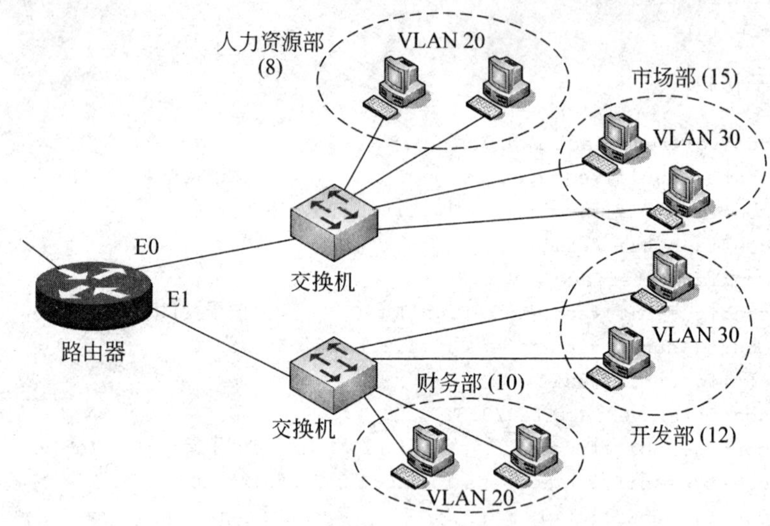

图 6-16　网络连接、VLAN 配置及各部门信息点数

(1) 如果可以使用的 IP 地址为 200.100.100.0/24，请完成该公司的 IP 地址规划(尽量节约 IP 地址)。

(2) 如果人力资源部和财务部为一个逻辑网络，市场部和开发部为一个逻辑网络，需要做哪些改动？

7. 为什么要使用 VLAN 管理协议？

8. 在使用 Cisco 的 VTP 管理 VLAN 时，发现某个 Client 模式的交换机上的 VTP 配置修订号比 Server 模式交换机的 VTP 配置修订号大，致使该交换机上的 VLAN 信息与 Server 交换机不一致，如何解决这个问题？

9. 如果在局域网内交换机之间出现了环路，使用 Cisco 交换机和使用 H3C 交换机有什么区别？

6.10　实训　小型虚拟局域网的组建

【实训学时】 4 学时。

【实训组学生人数】 5 人。

【实训目的】 练习交换机配置、VLAN 配置和单臂路由配置。

【实训环境】 虚拟局域网实训环境如图 6-17 所示。

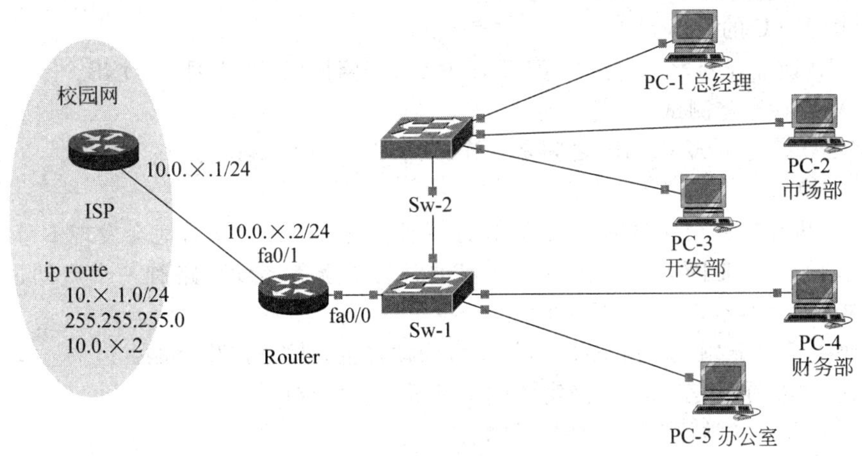

图 6-17　虚拟局域网实训环境

每个分组使用 5 台安装有 TCP/IP 通信协议的 Windows XP 系统 PC 分别模拟各个部门的信息终端，使用两台交换机模拟两个楼层的交换机，使用 1 台路由器模拟企业内部网络路由器。路由器的以太网接口 fa0/1 连接到外网，出口地址为 10.0.×.2(其中“×”为实训分组编号)，子网掩码使用 255.255.255.0，上连地址使用 10.0.×.1，DNS 配置根据实训室提供的 DNS 地址配置。

在上游路由器上配置了到达模拟企业网络的路由：

Ip route 10.×.1.0 255.255.255.0 10.0.×.2　(“×”是实训分组编号)

【实训要求】

按照虚拟局域网网络的用户需求，PC-1 模拟 2 楼总经理部门 4 台计算机；PC-2 模拟 2 楼市场部 8 台计算机；PC-3 模拟 2 楼开发部 8 台计算机；PC-4 模拟 1 楼财务部 6 台计算机；PC-5 模拟 1 楼办公室 8 台计算机。总经理和财务部为一个逻辑网络；办公室、开发部、市场部分别为一个逻辑网络。

【实训任务】

(1) VLAN 规划与交换机端口分配。

(2) IP 地址规划与路由规划。

(3) 网络设备与信息终端配置。

【实训指导】

(1) 按照虚拟局域网网络用户需求,根据模拟实训环境完成 VLAN 规划与交换机端口分配。

(2) 完成网络 IP 地址分配,完成模拟路由器上的路由规划。

(3) 根据 VLAN 规划、交换机端口分配完成交换机上的 VLAN 创建、接入端口配置和 Trunk 端口配置。

(4) 路由器配置

① 按照 IP 地址规划配置各台路由器的端口。

② 配置单臂路由和默认路由。

(5) 配置 PC 的 TCP/IP 属性

按照 IP 地址规划,给各台 PC 配置 IP 地址、子网掩码、默认网关、DNS。

(6) 配置检查与测试

在各台 PC 上测试 VLAN 之间是否连通,能否访问 Internet。

(7) 交换机端口状态

将计算机连接到交换机端口上后,在计算机上进行连接测试有时会发现不通,等过了一会儿又通了。这是因为交换机端口在启动时为了避免形成环路有一个启动过程。以 Cisco 交换机为例,端口启动过程如下:

① 使接口处于"阻塞"状态(20s,指示灯为橘红色),防止产生环路。

② 进入"监听"状态(15s),确定该端口是否为转发端口。

③ 进入 MAC"学习"状态(15s),开始建立 MAC 地址映射表。

④ 转发端口进入"转发"状态(指示灯变绿)。

端口启动时间需要 50s,所以经过一段时间后,网络就通了。

【实训报告】

虚拟局域网项目模拟实训报告

班号: 组号: 学号: 姓名:

	部门	VLAN ID	站点数量	设备名称	占用端口
VLAN 规划	总经理				
	财务部				
	办公室				
	开发部				
	市场部				
IP 地址规划	部门	VLAN ID	网络地址	网关地址	PC 地址
	总经理				
	财务部				
	办公室				
	开发部				
	市场部				

续表

交换机 SW-1 配置	配置项目：				
	VLAN ID	VLAN	VLAN	VLAN	VLAN
	占用端口				
	Trunk 端口				
交换机 SW-2 配置	配置项目：				
	VLAN ID	VLAN	VLAN	VLAN	VLAN
	占用端口				
	Trunk 端口				
路由器配置	子接口				
	子接口				
	子接口				
	子接口				
	路由配置				
网络测试	内部网络测试				
	外部网络测试				

第 7 章　第三层交换

在局域网组织中，汇聚层和核心层常使用三层交换机。三层交换机不但具有二层交换机的快速转发功能，而且具有简单路由功能，能够为 VLAN 之间通信提供路由，所以在局域网组网中被广泛使用。三层交换机的大多功能是用专用集成电路（Application Specific Integrated Circuit，ASIC）技术实现的，所以数据包转发速度远远大于路由器。三层交换机主要针对局域网，所以没有广域网串行接口，连接广域网一般要使用路由器。

7.1　第三层交换与三层交换机

7.1.1　第三层交换

"第三层"意思是 OSI 参考模型的网络层，或者 TCP/IP 参考模型的互联网络层。网络层互联一般使用路由器设备。路由器用于连接不同的网络和提供网络间的路由。但路由器在处理分组数据时花费的时间比较长。路由器的包转发速率大约是同档次交换机的 1/10，所以路由器也是网络中的瓶颈。

一般交换机工作在数据链路层，称作二层交换机。虽然交换机包转发率高，但对于不同网络的报文交换机不能进行转发，必须依靠路由器进行路由。

路由器之所以成为网络中的瓶颈，主要是路由器对数据报文的处理过程比较复杂。图 7-1 是以太网帧经过路由器的一个简化处理过程。

图 7-1 是一个非常简单的网络连接。当 PC1 给 PC2 发送一个数据报文时，数据报文经过路由器的简化处理过程如下。

(1) 数据链路层根据目的 MAC 地址接收数据帧。正确接收后去除以太网帧的帧头部（目的 MAC、源 MAC 等）和帧校验字段 FCS1，将 IP 分组交给网络层。

(2) 网络层根据目的 IP 地址到路由表中查找路由，如果查找到了到达目的地址的路由，根据下一跳的 IP 地址从 ARP 地址映射表中找到下一跳的 MAC 地址，将下一跳的 MAC 地址和 IP 分组交给数据链路层。

(3) 数据链路层根据网络层提供的接口参数重新封装以太网帧，由于以太网帧中的目的 MAC 和源 MAC 发生了变化，所以需要重新计算帧校验，生成 FCS2。而帧校验信息是由端口硬件生成的。

从图 7-1 中可以看到，以太网帧经过路由器之后，发生变化的部分有三个字段。

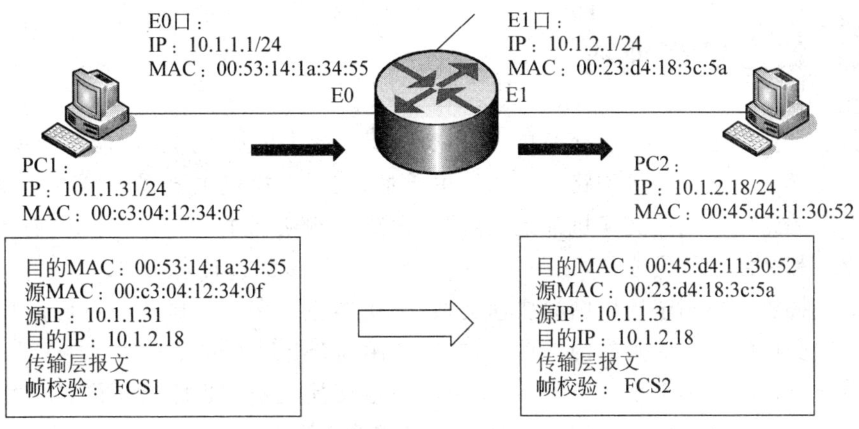

图 7-1 以太网帧经过路由器

(1) 目的 MAC：由 E0 口的 MAC00:53:14:1a:34:55 变成了 PC2 的 MAC00:45:d4:11:30:52。

(2) 源 MAC：由 PC1 的 MAC00:c3:04:12:34:0f 变成了 E1 口的 MAC00:23:d4:18:3c:5a。

(3) 帧校验码由 fcs1 变成了 fcs2。

从以上可以总结出以太网帧经过路由器主要的处理有两点。

(1) 为 IP 分组寻找路由。

(2) 改写以太网帧的封装信息。

所以就产生了第 3 层交换的思想。第 3 层交换的主要原理是，使用一个路由转发信息表存储以太网帧改写信息，路由转发信息表简化格式如图 7-2 所示。

源IP	目的IP	源MAC	下一跳MAC	计时器
10.1.1.31	10.1.2.18	00:23:d4:18:3c:5a	c3:04:12:34:0f	125

图 7-2 路由转发信息表简化格式

当一个以太网帧到达三层交换机后，首先根据 IP 地址从路由转发信息表中查找有没有对应的表项，如果存在，直接改写帧封装信息，然后从源 MAC 端口转发出去；如果没有，根据目的 IP 地址到路由表中查找路由，并将查找结果填写到路由转发信息表中。这就是所谓的"一次路由，随后转发"，也称作"门票路由"。

两个主机之间的通信不可能只有一个 IP 分组，两个主机之间的通信组成一个分组流，当第一个分组到达时，三层交换机为其进行路由，记录转发关系；随后的分组到达时，就不再进行路由，而直接改写帧封装信息后转发，从而节省了处理时间。

在一个转发关系建立之后，同时启动一个计时器，每次分组到达时重新启动计时器计时。当计时器溢出时，说明该分组流已经不活动，该表项将被删除。

7.1.2 第三层交换机

第三层交换机也称作三层交换机，是在交换机功能上增加了路由功能的交换机。

三层交换机不是交换机和路由器的简单叠加，三层交换机主要用于局域网的快速交换和网络间的路由。三层交换机都是按照“一次路由，随后交换”原理工作的，而且以太网帧封装改写都是由硬件完成的，比一般路由器具有高得多的包转发速率。

三层交换机主要用于局域网的快速交换，路由器主要用于广域网和局域网连接。路由器比三层交换机具有更多的网络功能，二者应用场合有所不同。

三层交换机也有不少生产厂家，各厂家的三层交换机功能也略有不同。一般都支持IEEE 802.1x用户身份认证、MAC地址绑定等安全管理功能；支持VLAN、链路聚合，支持静态路由和RIPv1/v2、OSPF、IS-IS、BGP等路由选择协议。

1. Cisco三层交换机

Cisco公司的Catalyst3560是一款低档的三层交换机。Catalyst3560交换机在不做任何配置时可以作为二层交换机使用。Catalyst3560交换机和二层交换机的配置命令基本相同，只是增加了路由功能。

Catalyst3560交换机除了具有3层路由功能外，它的所有端口都可以配置成以太网端口，即可以作为多端口路由器使用。例如图7-3是Catalyst3560交换机作为多端口路由器的例子。

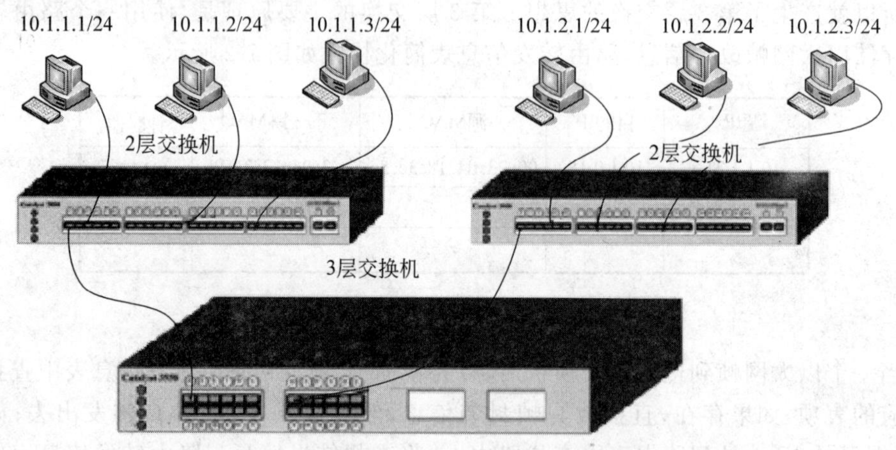

图7-3 第三层交换机用作多端口路由器

在图7-3中，两台二层交换机各自连接了一个网络10.1.1.0和10.1.2.0。两台交换机分别使用一根交叉网线连接到三层交换机的1号端口和13号端口。在这个连接中，二层交换机不需要做任何配置，在三层交换机上需要进行的配置如下。

(1) 指定端口

```
Switch(config)#interface fa0/1
```

(2) 禁止端口交换功能

三层交换机默认为交换端口，必须禁止端口的交换功能(配置为路由端口)之后才能配置 IP 地址。配置命令为

```
Switch(config-if)#no switchport
```

(3) 为端口指定 IP 地址

```
Switch(config-if)#ip address 10.1.1.254 255.255.255.0      ;使用局域网的网关地址
```

(4) 启动端口

```
Switch(config-if)#no shutdown
Switch(config-if)#exit
Switch(config)#
```

三层交换机 13 号端口配置如下：

```
Switch(config)#interface fa0/13
Switch(config-if)#no switchport
Switch(config-if)#ip address 10.1.2.254 255.255.255.0
Switch(config-if)#no shutdown
Switch(config-if)#exit
Switch(config)#
```

(5) 启动路由功能

Cisco Catalyst3560 交换机一些低版本的系统中，路由功能是关闭的，需要启动它的路由功能才能完成路由操作。在完成上述配置后使用 Switch(config)#ip routing 命令，如果显示的路由表中没有直连路由，则需要启动三层交换机的路由功能(在下面的叙述中，一般都是按照 Cisco 三层交换机路由功能默认是关闭的处理)。

启动 Catalyst3560 交换机的路由功能的命令是：

```
Switch(config)#ip routing
Switch(config)#exit
Switch #
```

在进行了上述配置后，显示 Catalyst3560 交换机上路由表可以看到：

```
Switch#sh ip route

C    10.1.1.0/24 is directly connected, FastEthernet0/1
C    10.1.2.0/24 is directly connected, FastEthernet0/13
```

只要二层交换机上连接的 PC 能够正确地配置网络连接 TCP/IP 属性中的默认网关地址，两台交换机上的 PC 之间就能够通信。

2. H3C 三层交换机

H3C S3600 系列以上的交换机都是三层交换机，与 Cisco 交换机的功能基本相同。H3C 三层交换机和 Cisco 三层交换机的主要差别如下。

(1) H3C 三层交换机的路由功能总是开放的。

(2) 端口类型设置。在 H3C 三层交换机指定某端口为路由端口时的命令为

```
[H3C] interface Ethernet 端口号
[H3C-Ethernet1/0/n] port link-mode route
[H3C-Ethernet1/0/n]ip address ip 地址 掩码长度
```

(3) Trunk 端口配置。在 Cisco 交换机干道线路上,一端配置了 Trunk 模式后,另一端会自动协商为 Trunk 模式,但是在 H3C 交换机中不会自动协商,两端必须都要配置 Trunk 模式。

7.2 在三层交换机上实现 VLAN 间路由

7.2.1 三层交换机上的 VLAN 间路由

1. 三层交换机上的 VLAN 间路由

三层交换机虽然可以作为多端口路由器使用,但实现 VLAN 间路由还有一些差别。三层交换机的端口默认是交换端口。和二层交换机一样,可以将三层交换机的端口划分成多个 VLAN,例如,图 7-4 就是在三层交换机上将 1、3 号端口定义为 VLAN 2;13、15 号端口定义为 VLAN 3 的例子。

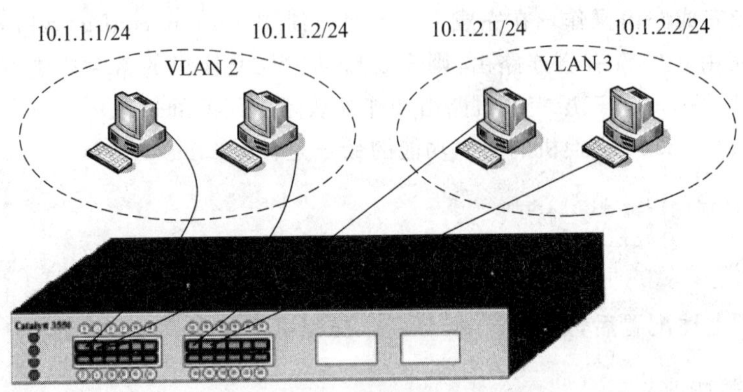

图 7-4　在三层交换机上划分 VLAN

在三层交换机上定义 VLAN 和二层交换机上相同,下面以 Sisco 交换机为例说明。

(1) 创建 VLAN

```
Switch(config)#Vlan 2
Switch(config-vlan)#exit
Switch(config)#Vlan 3
Switch(config-vlan)#exit
```

（2）为 VLAN 2 指定接入端口

```
Switch(config)#interface fa0/1
Switch(config-if)#switchport access vlan 2
Switch(config-if)#exit
Switch(config)#interface fa0/3
Switch(config-if)#switchport access vlan 2
Switch(config-if)#exit
```

（3）为 VLAN 3 指定接入端口

```
Switch(config)#interface fa0/13
Switch(config-if)#switchport access vlan 3
Switch(config-if)#exit
Switch(config)#interface fa0/15
Switch(config-if)#switchport access vlan 3
Switch(config-if)#exit
Switch(config)#
```

（4）配置 VLAN 间路由

在进行完上述配置后，每个 VLAN 内部可以通信，但两个 VLAN 之间不能通信。两个 VLAN 之间的通信需要路由的支持。

在三层交换机上配置 VLAN 间路由需要使用 VLAN 虚接口（虚端口）。VLAN 虚接口是三层交换机内部的管理接口，它对应一个 VLAN，是一个可以配置 IP 地址的局域网端口。VLAN 虚接口的 IP 地址就是 VLAN 网络的网关地址，从交换机的任意物理接口都可以到达 VLAN 虚接口。

在三层交换机上配置 VLAN 间路由只需要为每个 VLAN 配置一个虚接口，为 VLAN 虚接口配置 IP 地址后，就相当于每个 VLAN 通过一个物理接口连接到了路由器，三层交换机中则可以生成直连网络路由，VLAN 之间就可以通信了。VLAN 虚接口配置如下。

```
Switch(config)#interface vlan 2
Switch(config-if)#ip address 10.1.1.254 255.255.255.0
Switch(config-if)#no shutdown
Switch(config-if)#exit
Switch(config)#
Switch(config)#interface vlan 3
Switch(config-if)#ip address 10.1.2.254 255.255.255.0
Switch(config-if)#no shutdown
Switch(config-if)#exit
Switch(config)#
```

（5）启动路由功能

```
Switch(config)#ip routing
Switch(config)#exit
Switch #
```

(6) 显示路由

```
Switch#sh ip route
C      10.1.1.0/24 is directly connected, Vlan2
C      10.1.2.0/24 is directly connected, Vlan3
```

当 VLAN 中的 PC 默认网关配置正确时,两个 VLAN 之间就可以通信了。按照上述配置,VLAN 2 中的 PC 默认网关地址应该配置 10.1.1.254;VLAN 3 中的 PC 默认网关地址应该配置 10.1.2.254。

当 VLAN 中的主机和 VLAN 3 中的主机通信时,数据报文应该送到默认网关,即 10.1.1.254。由于 10.1.1.0 和 10.1.2.0 都是三层交换机的直连路由,即两个 VLAN 之间存在路由,报文被转发到 VLAN3。

2. 三层交换机为二层交换机实现 VLAN 间路由

三层交换机为二层交换机实现 VLAN 间路由,可以采用的方法有两种。一种方法是二层交换机上的每个 VLAN 使用一个端口连接到三层交换机,三层交换机把连接端口配置成路由端口,即三层交换机做路由器使用。图 7-5 就是每个 VLAN 使用一个端口连接到三层交换机的方法。

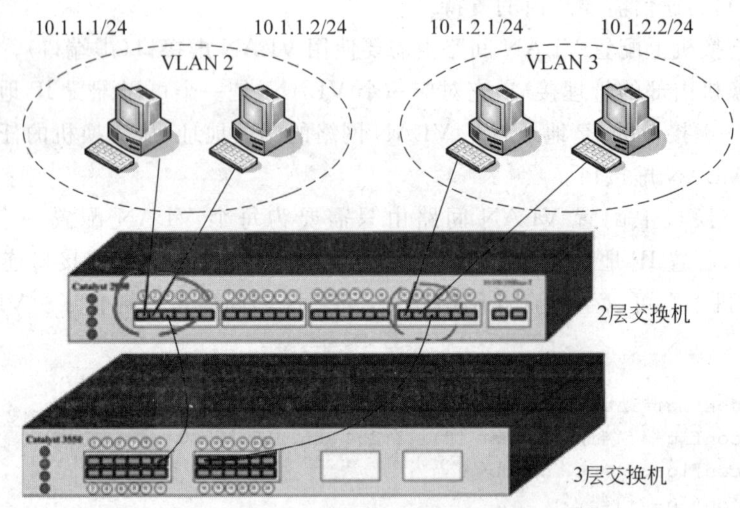

图 7-5　每个 VLAN 使用一个端口连接到三层交换机

在图 7-5 中,二层交换机上的 1、2、3 号端口划分为 VLAN 2,其中 3 号端口和三层交换机的 11 号端口连接;二层交换机上的 19、20、21 号端口划分为 VLAN 3,其中 21 号端口和三层交换机的 13 号端口连接。

在这样的连接中,相当于是两个局域网连接到了三层交换机,三层交换机的配置与图 7-4 中是相同的,只要禁止三层交换机 11、13 号端口的交换功能,以及分配 IP 地址及启动路由功能就可以了。或者在三层交换机上也创建 VLAN 2 和 VLAN 3,把 11 号端口指定给 VLAN 2,把 13 号端口指定给 VLAN 3,然后为 VLAN 2 和 VLAN 3 虚端口分配 IP 地址,启动路由功能也是可以的。

但在实际工程中，一般不使用图 7-5 的方法，因为这种方法浪费交换机接口和线路。一般使用的方法如图 7-6 所示。这种方法是使用一条 Trunk 线路连接，在三层交换机上通过 VLAN 虚端口实现 VLAN 间路由。

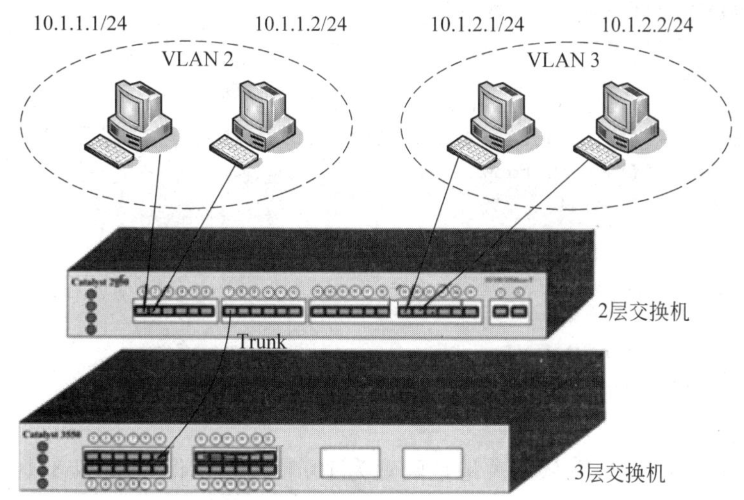

图 7-6 三层交换机为二层交换机上的 VLAN 实现路由

图 7-6 很像路由器的"单臂路由"，但配置上稍有不同。在图 7-6 中，二层交换机的 1、2 号端口划分为 VLAN 2，19、20 号端口划分为 VLAN 3，二层交换机的 7 号端口连接到三层交换机的 11 号端口作为"中继"干线。在二层交换机上 VLAN 及 VLAN 间路由配置如下(以 Cisco 交换机为例)：

(1) 在二层交换机上创建 VLAN 2、VLAN 3(配置命令略)。

(2) 将 1、2 号端口指定为 VLAN 2 的接入端口(配置命令略)。

(3) 将 19、20 号端口指定为 VLAN 3 的接入端口(配置命令略)。

(4) Trunk 端口配置：

```
Switch(config)#interface fa0/7                    ;指定端口
Switch(config-if)#switchport mode trunk           ;指定 Trunk 模式,默认封装 802.1q
Switch(config-if)#exit
```

由于 Cisco 交换机相互连接时，如果一端端口配置了 Trunk 模式，另一端可以自动协商为 Trunk 模式，使用默认的 802.1Q 封装格式，所以，配置 Trunk 时可以只配置一端的端口。

(5) 在三层交换机上创建 VLAN 2、VLAN 3。

```
Switch(config)#vlan 2
Switch(config-vlan)#exit
Switch(config)#vlan 3
Switch(config-vlan)#exit
```

注意：如果二层交换机的 VLAN 使用了非默认的 VLAN 名称，三层交换机中的 VLAN 名称需要和二层交换机的 VLAN 名称一致。

(6) 配置 VLAN 虚端口地址。

```
Switch(config)#interface vlan 2
Switch(config-if)#ip address 10.1.1.254 255.255.255.0
Switch(config-if)#no shutdown
Switch(config-if)#exit
Switch(config)#
Switch(config)#interface vlan 3
Switch(config-if)#ip address 10.1.2.254 255.255.255.0
Switch(config-if)#no shutdown
Switch(config-if)#exit
Switch(config)#
```

(7) 启动路由功能。

```
Switch(config)#ip routing
Switch(config)#exit
Switch #
```

将 VLAN 2 中的 PC 默认网关地址配置为 10.1.1.254,将 VLAN 3 中的 PC 默认网关地址配置为 10.1.2.254,两个 VLAN 之间就可以通信了。

7.2.2 Cisco 三层交换机实现 VLAN 间路由举例

在图 7-7 所示的网络连接中,连接到三个二层交换机 SW1、SW2、SW3 上的 6 个 PC 分别属于 3 个 VLAN,即 VLAN 10、VLAN 20 和 VLAN 30。设备连接、交换机端口号以及 IP 地址如图所示,各个网络网关使用网络内最后一个可用 IP 地址。SW0 为三层交换机。

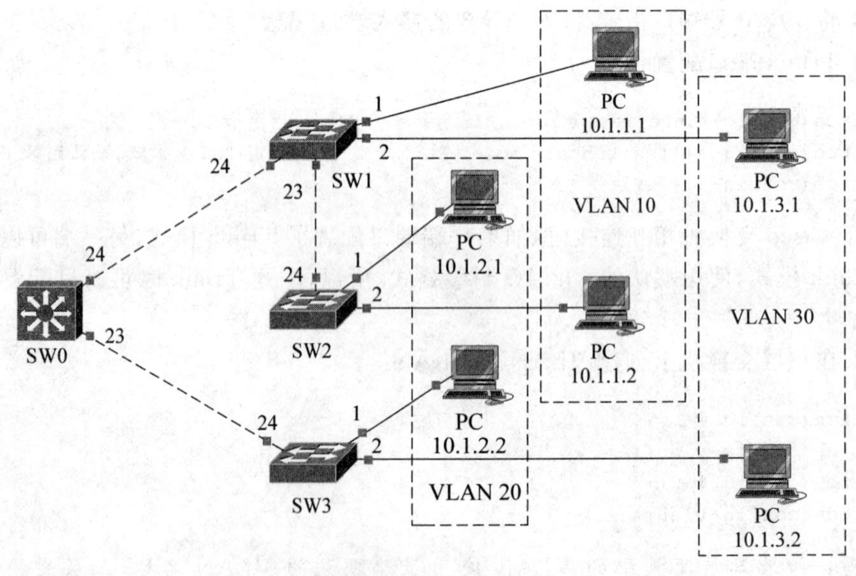

图 7-7 网络连接

1. 二层交换机配置

(1) SW1 交换机配置

```
Sw1#configure terminal
Sw1(config)#vlan 10
Sw1(config-vlan)#exit
Sw1(config)#vlan 30
Sw1(config-vlan)#exit
Sw1(config)#interface fastEthernet 0/1
Sw1(config-if)#switchport access vlan 10
Sw1(config)#interface fastEthernet 0/2
Sw1(config-if)#switchport access vlan 30
Sw1(config-if)#exit
Sw1(config)#interface fastEthernet 0/23
Sw1(config-if)#switchport mode trunk
Sw1(config-if)#exit
Sw1(config)#interface fastEthernet 0/24
Sw1(config-if)#switchport mode trunk
Sw1(config-if)#exit
```

(2) SW2 交换机配置

```
Sw2(config)#vlan 10
Sw2(config-vlan)#exit
Sw2(config)#vlan 20
Sw2(config-vlan)#exit
Sw2(config)#interface fastEthernet 0/1
Sw2(config-if)#switchport access vlan 20
Sw2(config-if)#exit
Sw2(config)#interface fastEthernet 0/2
Sw2(config-if)#switchport access vlan 10
Sw2(config-if)#exit
Sw2(config)#interface fastEthernet 0/24
Sw2(config-if)#switchport mode trunk
Sw2(config-if)#exit
Sw2(config)#
```

(3) SW3 交换机配置

```
Sw3(config)#vlan 20
Sw3(config-vlan)#exit
Sw3(config)#vlan 30
Sw3(config-vlan)#exit
Sw3(config)#interface FastEthernet0/1
Sw3(config-if)#switchport access vlan 20
Sw3(config-if)#exit
Sw3(config)#interface FastEthernet0/2
Sw3(config-if)#switchport access vlan 30
Sw3(config-if)#exit
```

```
Sw3(config)#interface FastEthernet0/24
Sw3(config-if)#switchport mode trunk
Sw3(config-if)#exit
```

2. 三层交换机配置

(1) 创建 VLAN

```
Sw0(config)#vlan 10
Sw0(config-vlan)#exit
Sw0(config)#vlan 20
Sw0(config-vlan)#exit
Sw0(config)#vlan 30
Sw0(config-vlan)#exit
```

(2) 配置 Trunk 端口

```
Sw0(config)#interface FastEthernet0/23
Sw0(config-if)#switchport mode trunk
Sw0(config)#interface FastEthernet0/24
Sw0(config-if)#switchport mode trunk
Sw0(config-if)#exit
Sw0(config)#
```

(3) 配置 VLAN 虚端口

```
Sw0(config)#interface vlan 10
Sw0(config-if)#ip address 10.1.1.254 255.255.255.0
Sw0(config-if)#exit
Sw0(config)#interface vlan 20
Sw0(config-if)#ip address 10.1.2.254 255.255.255.0
Sw0(config-if)#exit
Sw0(config)#interface vlan 30
Sw0(config-if)#ip address 10.1.3.254 255.255.255.0
Sw0(config-if)#exit
Sw0(config)#ip routing                          ;开启路由功能
Sw0(config)#
```

配置完成后,各台 PC 之间都能够通信。

7.2.3 H3C 三层交换机实现 VLAN 间路由举例

现在以 H3C 设备为例完成图 7-7 网络连接的配置。

1. 二层交换机配置

(1) SW1 交换机配置

```
[SW1]vlan 10
[SW1-vlan10] port Ethernet 1/0/1
```

```
[SW1-vlan10]valn 20          ;创建 VLAN 20,虽然该交换机上没有 VLAN 20 的接入端口,但因为
                              VLAN 20 要经过该交换机,在 H3C 设备上必须创建
[SW1-vlan20]valn 30
[SW1-vlan30] port Ethernet 1/0/2
[SW1-vlan30]quit
[SW1] interface Ethernet 1/0/24
[SW1-ethernet 1/0/24] port link-type trunk
[SW1-ethernet 1/0/24] port trunk permit vlan all
[SW1-ethernet 1/0/24]quit
[SW1] interface Ethernet 1/0/23
[SW1-ethernet 1/0/23] port link-type trunk
[SW1-ethernet 1/0/23] port trunk permit vlan all
[SW1-ethernet 1/0/23]quit
[SW1]
```

(2) SW2 交换机配置

```
[SW2]vlan 10
[SW2-vlan10] port Ethernet 1/0/1
[SW2-vlan10]valn 20
[SW2-vlan20] port Ethernet 1/0/2
[SW2-vlan20]quit
[SW2] interface Ethernet 1/0/24
[SW2-ethernet 1/0/24] port link-type trunk
[SW2-ethernet 1/0/24] port trunk permit vlan all
[SW2-ethernet 1/0/24]quit
[SW2]
```

(3) SW3 交换机配置

```
[SW3]vlan 20
[SW3-vlan20] port Ethernet 1/0/1
[SW3-vlan20]valn 30
[SW3-vlan30] port Ethernet 1/0/2
[SW3-vlan30]quit
[SW3] interface Ethernet 1/0/24
[SW3-ethernet 1/0/24] port link-type trunk
[SW3-ethernet 1/0/24] port trunk permit vlan all
[SW3-ethernet 1/0/24]quit
[SW3]
```

2. 三层交换机配置

(1) 创建 VLAN

```
[SW0]vlan 10
[SW0-vlan10] valn 20
[SW0-vlan20]valn 30
[SW0-vlan30] quit
[SW0]
```

(2) 配置 Trunk 端口

```
[SW0]interface Ethernet 1/0/23
[SW0-ethernet 1/0/23] port link-type trunk
[SW0-ethernet 1/0/23] port trunk permit vlan all
[SW0-ethernet 1/0/23]quit
[SW0]interface Ethernet 1/0/24
[SW0-ethernet 1/0/24] port link-type trunk
[SW0-ethernet 1/0/24] port trunk permit vlan all
[SW0-ethernet 1/0/24]quit
[SW0]
```

(3) 配置 VLAN 虚端口

```
[SW0] interface vlan 10
[SW0-Vlan-interface10] ip address 10.1.1.254 255.255.255.0
[SW0-Vlan-interface10]quit
[SW0] interface vlan 20
[SW0-Vlan-interface20] ip address 10.1.2.254 255.255.255.0
[SW0-Vlan-interface20]quit
[SW0] interface vlan 30
[SW0-Vlan-interface30] ip address 10.1.3.254 255.255.255.0
[SW0-Vlan-interface30]quit
[SW0]
```

7.3 三层交换机中的路由

三层交换机作为路由器使用时,其配置和路由器是一样的,可以配置静态路由、默认路由、动态路由等。

图 7-8 是一个由路由器连接两台三层交换机构成的环形网络,外网配置了到达本网

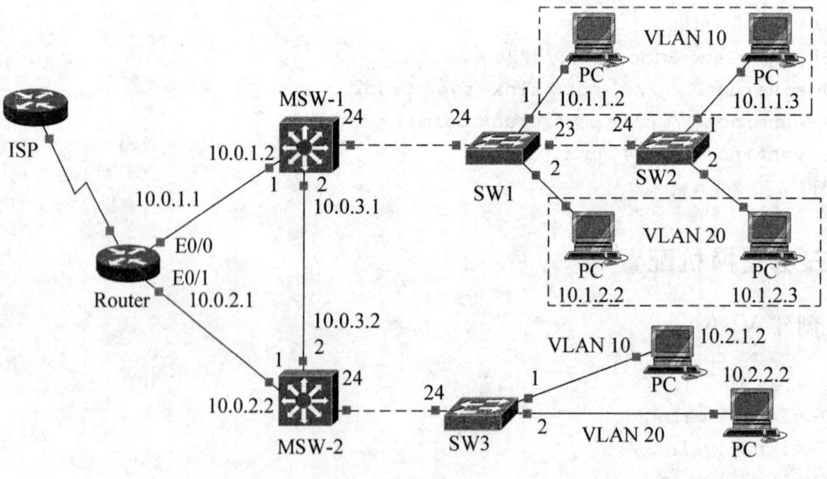

图 7-8 环形网络

络的路由。在三层交换机 MSW-1 下面连接了 2 台二层交换机和 2 个 VLAN(VLAN 10、VLAN 20);在三层交换机 MSW-2 下面连接了 1 台二层交换机和 2 个 VLAN(VLAN 10、VLAN 20)。

注意:虽然 VLAN 号和名称可能都相同,由于跨越了路由器,三层交换机 MSW-1 和 MSW-2 下面连接的 VLAN 是无关的。

端口号和 IP 地址如图中标记。没有给出子网掩码的 IP 地址使用 24 位子网掩码,各个 VLAN 的默认网关使用网内最小可用 IP 地址。

7.3.1 问题分析

对于图 7-8 所示的网络,如果将三层交换机换成路由器,显然在各台路由器中需要配置端口和路由。由于网络比较复杂,配置内部网络中的路由最简单的方法是配置动态路由,例如 RIP(网络中子网掩码都使用 24 位,配置 RIPv1 即可)。为了配置到达外网路由,需要配置默认路由,最简单的方法是在与外网连接的路由器上配置默认路由,然后将默认路由注入 RIP 中。

在图 7-8 中使用了 2 个三层交换机,所以三层交换机与路由器的连接需要配置成路由端口,两个三层交换机之间的连接也需要配置成路由端口,因为它们是网络之间的连接。

在三层交换机上除了配置 RIP 之外,还需要给 VLAN 提供路由,所以要创建 VLAN,配置 VLAN 虚接口。

7.3.2 使用 Cisco 设备的配置

使用 Cisco 三层交换机中的路由功能时,需要注意启动路由端口和开启路由功能。

1. 二层交换机配置

(1) SW1 交换机配置

```
Sw1(config)#vlan 10
Sw1(config-vlan)#exit
Sw1(config)#vlan 20
Sw1(config-vlan)#exit
Sw1(config)#interface FastEthernet0/1
Sw1(config-if)#switchport access vlan 10
Sw1(config-if)#exit
Sw1(config)#interface FastEthernet0/2
Sw1(config-if)#switchport access vlan 20
Sw1(config-if)#exit
Sw1(config)#interface FastEthernet0/23
Sw1(config-if)#switchport mode trunk
Sw1(config-if)#exit
Sw1(config)#interface FastEthernet0/24
```

```
Sw1(config-if)#switchport mode trunk
```

（2）SW2 交换机配置

```
Sw2(config)#vlan 10
Sw2(config-vlan)#exit
Sw2(config)#vlan 20
Sw2(config-vlan)#exit
Sw2(config)#interface FastEthernet0/1
Sw2(config-if)#switchport access vlan 10
Sw2(config-if)#exit
Sw2(config)#interface FastEthernet0/2
Sw2(config-if)#switchport access vlan 20
Sw2(config-if)#exit
Sw2(config)#interface FastEthernet0/24
Sw2(config-if)#switchport mode trunk
Sw2(config-if)#exit
```

（3）SW3 交换机配置

```
Sw3(config)#vlan 10
Sw3(config-vlan)#exit
Sw3(config)#vlan 20
Sw3(config-vlan)#exit
Sw3(config)#interface FastEthernet0/1
Sw3(config-if)#switchport access vlan 10
Sw3(config-if)#exit
Sw3(config)#interface FastEthernet0/2
Sw3(config-if)#switchport access vlan 20
Sw3(config-if)#exit
Sw3(config)#interface FastEthernet0/24
Sw3(config-if)#switchport mode trunk
```

2. 三层交换机 MSW-1 配置

（1）创建 VLAN

```
MSW-1(config)vlan 10
MSW-1(config-vlan)#exit
MSW-1(config)vlan 20
[MSW-1(config-vlan)#exit
```

（2）配置 Trunk 端口（由于 Cisco 有协商功能，该配置可以省略）

```
MSW-1(config)#interface FastEthernet0/24
MSW-1(config-if)#switchport mode trunk
```

（3）配置 VLAN 虚端口

```
MSW-1(config)#interface vlan 10
MSW-1(config-if)#ip address 10.1.1.1 255.255.255.0
```

```
MSW-1(config-if)no shutdown
MSW-1(config-if)#exit
MSW-1(config)#interface vlan 20
MSW-1(config-if)#ip address 10.1.2.1 255.255.255.0
MSW-1(config-if)no shutdown
```

（4）配置路由端口

```
MSW-1(config)#interface FastEthernet0/1
MSW-1(config-if)#no switchport
MSW-1(config-if)#ip address 10.0.1.2 255.255.255.0
MSW-1(config-if)no shutdown
MSW-1(config-if)#exit
MSW-1(config)#interface FastEthernet0/2
MSW-1(config-if)#no switchport
MSW-1(config-if)#ip address 10.0.3.1 255.255.255.0
MSW-1(config-if)no shutdown
MSW-1(config-if)#
```

（5）配置路由

```
MSW-1(config)#router rip                          ;配置 RIP
MSW-1(config-router)#network 10.0.0.0
MSW-1(config)#ip routing                          ;开启路由功能
MSW-1(config)#
```

3. 三层交换机 MSW-2 配置

（1）创建 VLAN

```
MSW-2(config)vlan 10
MSW-2(config-vlan)#exit
MSW-2(config)vlan 20
[MSW-2(config-vlan)#exit
```

（2）配置 Trunk 端口（由于 Cisco 有协商功能，该配置可以省略）

```
MSW-1(config)#interface FastEthernet0/24
MSW-1(config-if)#switchport mode trunk
```

（3）配置 VLAN 虚端口

```
MSW-2(config)#interface vlan 10
MSW-2(config-if)#ip address 10.2.1.1 255.255.255.0
MSW-2(config-if)#no shutdown
MSW-2(config-if)#exit
MSW-2(config)#interface vlan 20
MSW-2(config-if)#ip address 10.2.2.1 255.255.255.0
MSW-2(config-if)#no shutdown
MSW-2(config-if)#exit
```

(4) 配置路由端口

```
MSW-2(config)#interface FastEthernet0/1
MSW-2(config-if)#no switchport
MSW-2(config-if)#ip address 10.0.2.2 255.255.255.0
MSW-2(config-if)#no shutdown
MSW-2(config-if)#exit
MSW-2(config)#interface FastEthernet0/2
MSW-2(config-if)#no switchport
MSW-2(config-if)#ip address 10.0.3.2 255.255.255.0
MSW-2(config-if)#no shutdown
MSW-2(config-if)#
```

(5) 配置路由

```
MSW-2(config)#router rip
MSW-2(config-router)#network 10.0.0.0
MSW-2(config-router)#exit
MSW-2(config)#ip routing
```

4. 路由器配置

(1) 端口配置

```
Router(config)#interface Serial0/0
Router(config-if)#no shutdown
Router(config-if)ip address 200.1.1.254 255.255.255.0
Router(config-if)#exit
Router(config)#interface FastEthernet0/0
Router(config-if)#no shutdown
Router(config-if)#ip address 10.0.1.1 255.255.255.0
Router(config-if)#exit
Router(config)#interface FastEthernet0/1
Router(config-if)#no shutdown
Router(config-if)#ip address 10.0.2.1 255.255.255.0
Router(config-if)#
```

(2) 配置路由

```
Router(config)#router rip                                  ;配置 RIP
Router(config-router)#network 10.0.0.0
Router(config-router)#redistribute static                  ;注入默认路由
Router(config-router)#exit
Router(config)#ip route 0.0.0.0 0.0.0.0 200.1.1.253        ;配置默认路由
Router(config)#
```

7.3.3 使用 H3C 设备的配置

1. 二层交换机配置

(1) SW1 交换机配置

```
[SW1]vlan 10
[SW1-vlan10] port Ethernet 1/0/1
[SW1-vlan10]valn 20
[SW1-vlan20] port Ethernet 1/0/2
[SW1-vlan20]quit
[SW1] interface Ethernet 1/0/24
[SW1-ethernet 1/0/24] port link-type trunk
[SW1-ethernet 1/0/24] port trunk permit vlan all
[SW1-ethernet 1/0/24]quit
```

(2) SW2 交换机配置

```
[SW2]vlan 10
[SW2-vlan10] port Ethernet 1/0/1
[SW2-vlan10]valn 20
[SW2-vlan20] port Ethernet 1/0/2
[SW2-vlan20]quit
[SW2] interface Ethernet 1/0/24
[SW2-ethernet 1/0/24] port link-type trunk
[SW2-ethernet 1/0/24] port trunk permit vlan all
[SW2-ethernet 1/0/24]quit
[SW2]
```

(3) SW3 交换机配置

```
[SW3]vlan 10
[SW3-vlan10] port Ethernet 1/0/1
[SW3-vlan10]valn 20
[SW3-vlan20] port Ethernet 1/0/2
[SW3-vlan20]quit
[SW3] interface Ethernet 1/0/24
[SW3-ethernet 1/0/24] port link-type trunk
[SW3-ethernet 1/0/24] port trunk permit vlan all
[SW3-ethernet 1/0/24]quit
[SW3]
```

2. 三层交换机 MSW-1 配置

(1) 创建 VLAN

```
[MSW-1]vlan 10
```

```
[MSW-1-vlan10] valn 20
[MSW-1-vlan20] quit
```

（2）配置 Trunk 端口

```
[MSW-1]interface Ethernet 1/0/24
[MSW-1-ethernet 1/0/24] port link-type trunk
[MSW-1-ethernet 1/0/24] port trunk permit vlan all
[MSW-1-ethernet 1/0/24]quit
[MSW-1]
```

（3）配置 VLAN 虚端口

```
[MSW-1] interface vlan 10
[MSW-1-vlan-interface10] ip address 10.1.1.1 24
[MSW-1-vlan-interface10]quit
[MSW-1] interface vlan 20
[MSW-1-vlan-interface20] ip address 10.1.2.1 24
[MSW-1-vlan-interface20]quit
```

（4）配置路由端口

```
[MSW-1]interface Ethernet 1/0/1
[MSW-1-ethernet 1/0/1] port link-mode route
[MSW-1-ethernet 1/0/1] ip address 10.0.1.2 24
[MSW-1-ethernet 1/0/1]quit
[MSW-1]interface Ethernet 1/0/2
[MSW-1-ethernet 1/0/2] port link-mode route
[MSW-1-ethernet 1/0/2] ip address 10.0.3.1 24
[MSW-1-ethernet 1/0/2]quit
[MSW-1]
```

（5）配置 RIP

```
[MSW-1]rip
[MSW-1-rip-1]network 10.0.0.0
[MSW-1-rip-1]quit
[MSW-1]
```

3. 三层交换机 MSW-2 配置

（1）创建 VLAN

```
[MSW-2]vlan 10
[MSW-2-vlan10] valn 20
[MSW-2-vlan20] quit
```

（2）配置 Trunk 端口

```
[MSW-2]interface Ethernet 1/0/24
[MSW-2-ethernet 1/0/24] port link-type trunk
[MSW-2-ethernet 1/0/24] port trunk permit vlan all
```

```
[MSW-2-ethernet 1/0/24]quit
[MSW-2]
```

(3) 配置 VLAN 虚端口

```
[MSW-2] interface vlan 10
[MSW-2-vlan-interface10] ip address 10.2.1.1 24
[MSW-2-vlan-interface10]quit
[MSW-2] interface vlan 20
[MSW-2-vlan-interface20] ip address 10.2.2.1 24
[MSW-2-vlan-interface20]quit
```

(4) 配置路由端口

```
[MSW-2]interface Ethernet 1/0/1
[MSW-2-ethernet 1/0/1] port link-mode route
[MSW-2-ethernet 1/0/1] ip address 10.0.2.2 24
[MSW-2-ethernet 1/0/1]quit
[MSW-2]interface Ethernet 1/0/2
[MSW-2-ethernet 1/0/2] port link-mode route
[MSW-2-ethernet 1/0/2] ip address 10.0.3.2 24
[MSW-2-ethernet 1/0/2]quit
[MSW-2]
```

(5) 配置 RIP

```
[MSW-2]rip
[MSW-2-rip-1]network 10.0.0.0
[MSW-2-rip-1]quit
[MSW-2]
```

4. 路由器配置

(1) 端口配置

```
[H3C] interface Ethernet 0/0
[H3C-ethernet 0/0]ip address 10.0.1.1 24
[H3C-ethernet 0/0]quit
[H3C] interface Ethernet 0/1
[H3C-ethernet 0/1]ip address 10.0.2.1 24
[H3C-ethernet 0/1]quit
[H3C] interface serial 1/0
[H3C-serial 1/0] ip address 200.1.1.254 24
[H3C-serial 1/0] quit
```

(2) 配置路由

```
[H3C] ip route-static 0.0.0.0 0 200.1.1.253
[H3C] rip
[H3C-rip-1]network 10.0.0.0
[H3C-rip-1]import-route static originate                ;注入静态路由
```

```
[H3C-rip-1] quit
[H3C]
```

7.4 小　结

本章主要介绍了三层交换和三层交换机的配置。三层交换机是具有路由功能的以太网交换机，三层交换机可以直接作为二层交换机使用。三层交换机的端口可以配置成路由端口，完成不同逻辑网络的连接和提供网络间路由。三层交换机上的路由配置和路由器基本相同。使用三层交换机为 VLAN 提供路由时需要使用 VLAN 虚端口。

7.5 习　题

1. 三层交换机和二层交换机的主要区别是什么？三层交换机能作为二层交换机使用吗？

2. 什么是“门票路由”？

3. 三层交换机的端口作为路由端口时，Cisco 三层交换机和 H3C 三层交换机各需要怎样的配置？

4. Cisco 交换机和 H3C 交换机配置 Trunk 端口有什么不同？

5. 什么是 VLAN 虚端口？

6. VLAN 虚端口对应一个物理端口吗？

7. 在三层交换机上为 VLAN 之间提供路由，各个 VLAN 的默认网关地址应该配置在三层交换机的哪个端口上？

8. 在三层交换机上为 VLAN 之间提供路由的配置方法有哪些？

7.6 实训　小型网络中三层交换机的配置

【实训学时】 4 学时。

【实训组学生人数】 5 人。

【实训目的】 练习三层交换机的配置及网络路由配置。

【实训环境】 虚拟局域网网络实训环境如图 7-9 所示。

每个分组使用 5 台安装有 TCP/IP 通信协议的 Windows XP 系统 PC 模拟各个 VLAN。网络连接及使用的端口如图所示，网络出口地址为 10.0.×.2(其中“×”为实训分组编号)，子网掩码使用 255.255.255.0，上连地址使用 10.0.×.1，DNS 配置根据实训室提供的 DNS 地址配置。

在上游路由器上配置了到达该网络的路由：

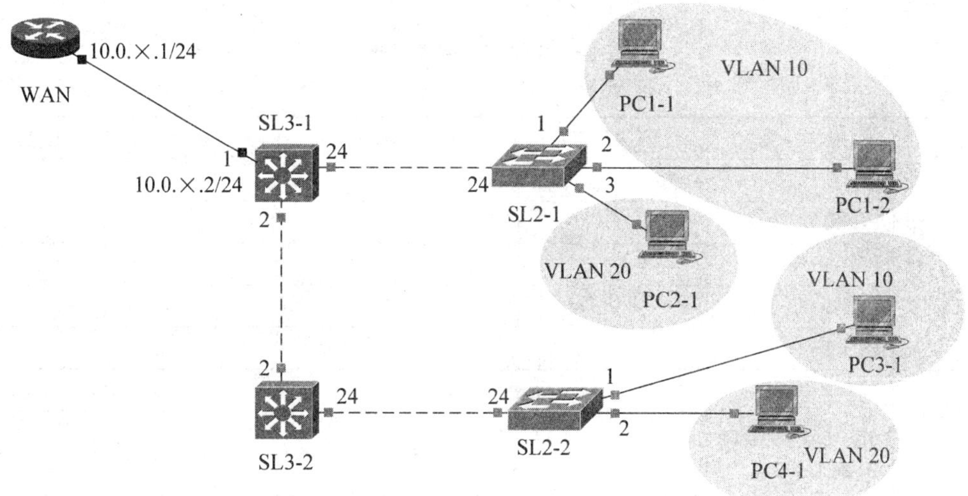

图 7-9 三层交换机组网实训环境

Ip route 10.×.0.0 255.255.0.0 10.0.×.2

(“×”是实训分组编号)

【实训要求】

按照图中的要求将各台 PC 连接到指定的 VLAN 中,使所有 PC 之间能够互通,而且能够访问外部网络。

【实训任务】

(1) IP 地址规划与路由规划。

(2) 配置 VLAN。

(3) 配置 VLAN 间路由。

(4) 配置 Rip 协议与默认路由,使网络全部联通。

【实训指导】

(1) 按照图 7-9 完成网络物理连接。

(2) 根据可以使用的 IP 地址完成地址规划和地址分配。

(3) 根据 VLAN 划分、交换机端口分配完成二层交换机上的 VLAN 创建、接入端口配置和 Trunk 端口配置。

(4) 在三层交换机上创建 VLAN、配置 Trunk 端口、路由端口。配置 VLAN 虚端口,完成 VLAN 间路由配置。

(5) 在三层交换机上配置 Rip,配置默认路由。

(6) 配置 PC 的 TCP/IP 属性。

按照 IP 地址规划,给各台 PC 配置 IP 地址、子网掩码、默认网关、DNS。

(7) 配置检查与测试。

在各台 PC 上测试 VLAN 之间是否连通,能否访问 Internet。

【实训报告】

三层交换机组网实训报告

班号：　　　　　　组号：　　　　　　学号：　　　　　　姓名：

	设　　备	VLAN ID	网络地址	网关地址	IP 地址
PC 的 IP 地址规划	PC1-1				
	PC1-2				
	PC2-1				
	PC3-1				
	PC4-1				
设备端口	SL3-1 上的端口 IP 地址	1 号端口			
		2 号端口			
		VLAN 10			
		VLAN 20			
	SL3-2 上的端口 IP 地址	1 号端口			
		VLAN 10			
		VLAN 20			
三层交换机配置	SL3-1 上的配置命令				
	SL3-2 上的配置命令				
网络测试	内部网络测试				
	外部网络测试				

第 8 章　网络访问控制

在默认情况下，计算机网络是允许各个网段之间互相访问的。但是出于安全性的考虑，在有些时候我们可能需要对某些特定的网段之间的访问进行控制。在网络中由包过滤防火墙来实现这一功能。包过滤防火墙功能的核心是访问控制列表(Access Control List，ACL)。访问控制列表通过数据包的源地址、目的地址、源端口号、目的端口号、协议类型等一系列的匹配条件对网络中的报文进行识别并过滤，从而达到对特定报文进行控制的目的。

网络安全是一门很复杂的课程，本章只介绍基本的网络访问控制技术。要更全面、更深入地了解网络安全内容，请参阅网络安全方面的参考书。

8.1　访问控制列表的基础知识

8.1.1　什么是访问控制列表

访问控制列表是一种过滤工具，普遍用于各种网络设备(路由器、交换机、防火墙等)中。

ACL 工作的基本原理是，定义一个访问控制列表，该访问控制列表包含一组过滤条件(规则)，允许(permit)和拒绝(deny)符合条件的报文通过。将访问控制列表指定在网络设备接口上，对进出该接口的报文进行过滤。

8.1.2　ACL 工作过程

ACL 可以按照进入(in)和离开(out)方向应用到路由器的某个接口上。如果在图 8-1 中路由器的接口 1 上指定了 in 方向的 ACL，在接口 2 上指定了 out 方向的 ACL，数据报文从接口 1 进入路由器中的处理过程如图 8-1 所示。

数据报文经过路由器的一般处理流程如图 8-2 所示。

报文经过 ACL 的处理流程是：首先使用 ACL 定义的第一条规则去匹配数据包，如果匹配成功，则执行该规则定义的动作。如果动作为 permit，则数据包通过并进入转发流程；如果动作为 deny，则数据包被丢弃；如果第一条规则匹配没有成功，则继续尝试匹配下一条 ACL 规则，直到匹配成功；如果数据包没有匹配到任何一条规则，则执行 ACL 默

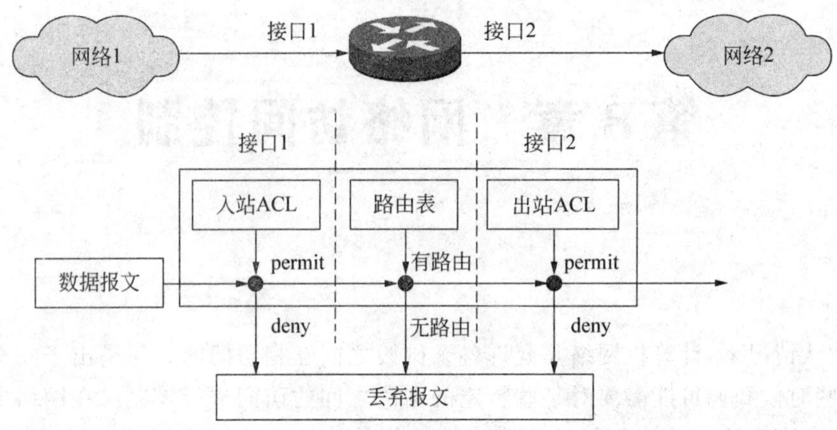

图 8-1 数据报文在路由器中的处理过程

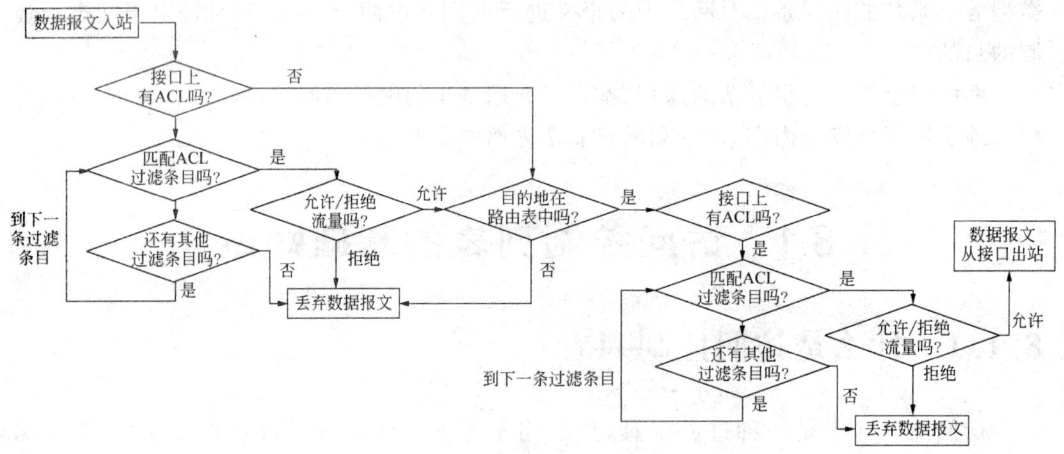

图 8-2 数据报文经过路由器的一般处理流程

认规则的动作。在默认情况下,Cisco 路由器默认规则是 deny,即禁止没有明确说明允许通过的报文都拒绝通过;H3C 路由器的默认规则为 permit,即允许数据包通过。

ACL 中过滤条目的顺序非常重要。由于网络设备是从 ACL 顶部开始向下进行匹配,一条匹配不上,就接着取其下面一条语句进行匹配,而找到一条匹配的过滤条目,就不会再继续寻找下面的过滤条目,所以每个 ACL 中的过滤条目应按照其约束性强弱,将约束性最强的放在列表的顶部,约束性最弱的语句放在列表的底部,来保证访问控制能被有效地执行。

如果一个 ACL 中没有定义任何过滤条目,就被称为一个空 ACL。将一个空 ACL 应用到网络设备接口或线路上,则该空 ACL 中的隐式拒绝过滤条目不会起作用,它将允许所有数据报文通过。路由器并不过滤路由器本身产生的流量。

将一个 ACL 应用到接口或线路上,称为激活该 ACL。每个接口的一个方向(入站或出站)上只能应用一个 ACL。如果应用多个,只有最后一个有效。

8.2　标准 ACL

标准 ACL 是根据报文的源 IP 地址信息对数据包进行过滤的基本访问控制列表，一般适用于过滤从特定网络来的数据流量等相对简单的情况。

8.2.1　标准 ACL 的定义与配置

1. Cisco 路由器上的标准 ACL 的定义与配置

在 Cisco 路由器上，标准 ACL 的定义与指定过程及命令如下，"{ }"的参数为必选一项，"[ ]"的内容可以省略(下同)。

(1) 定义标准 ACL

```
Router(config)#ip access-list standard  {ACL 编号 | ACL 名称}
```

在 Cisco 路由器上，标准 ACL 的编号可以在 1～99 或 1300～1999 范围中选取，也可以自己定义一个名称。

(2) 定义规则

```
Router(config-std-nacl)#{permit | deny } 匹配条件
```

标准 ACL 的匹配条件只需定义流量来源，可以是如下值。

① any：指任何 IP 地址的源主机。

② host 源主机地址：用于指定一台源主机。

③ 源主机地址 wildcard。

wildcard 与子网掩码类似，是一种长 32 位的二进制掩码。但与子网掩码不同的是，通配符某位值为 1，表示匹配条件中源地址对应位的值可被忽略；而某位值为 0，则表示匹配条件中源地址对应位的值必须匹配。所以在某些地方，通配符也被称为反掩码。

例如，"网络 200.100.10.0/24 中的所有主机"的匹配条件可以如下定义：

```
200.100.10.0  0.0.0.255
```

wildcard 0.0.0.255，前 24 位二进制"0"对应匹配条件中 IP 地址的网络前缀部分"200.100.10"，表示这部分一定要匹配；最后 8 位为二进制"1"，说明最后 8 位可为任意值。即所有网络前缀为 200.100.10 的 IP 地址均能匹配。如图 8-3 所示。

主机IP地址：	1100 1000. 0110 1000. 0000 1100. 0000 0000
通配符：	0000 0000. 0000 0000. 0000 0000. 1111 1111
匹配的IP地址：	1100 1000. 0110 1000. 0000 1100. xxxx xxxx

图 8-3　wildcard 计算

通配符使用时，没有像子网掩码那样 0、1 必须连续的限制。因此使用起来更加灵活。例如，“所有网络 200.100.10.0/24 中主机号为偶数的主机”可以如下定义：

```
200.100.10.0    0.0.0.254
```

即，网络前缀为 200.100.10.0，主机号最末位为 0 的主机。计算过程如图 8-4 所示。

主机IP地址：	1100 1000. 0110 1000. 0000 1100. 0000 0000
通配符：	0000 0000. 0000 0000. 0000 0000. 1111 1110
匹配的IP地址：	1100 1000. 0110 1000. 0000 1100. xxxx xxx0

图 8-4 指定主机号为偶数的主机

(3) 指定到端口

```
Router(config)#interface fastEthernet 端口号
Router(config-if)#ip access-group {ACL 编号 | ACL 名称} {in | out}
```

2. H3C 路由器上的标准 ACL 的定义与配置

(1) 启动防火墙功能，默认情况下 H3C 路由器的防火墙功能是关闭的，必须通过 firewall enable 命令将其启动。

```
[H3C]firewall enable
```

(2) 定义标准 ACL。

```
[H3C]acl number ACL 编号 [name ACL 名称]
```

H3C 路由器标准 ACL 编号的取值范围为 2000～2999，也可以使用 name 选项定义一个 ACL 名称。

(3) 定义 ACL 的规则。

```
[H3C-acl-basic-ACL 编号]rule [规则 ID] {deny|permit} [匹配条件]
```

“规则 ID”是一个规则的编号，ACL 中的规则按照规则 ID 从小到大的顺序排列。默认情况下规则 ID 的步长为 5，即相邻规则之间的编号之差为 5，以便在已有的规则之间插入新的规则，从而方便对 ACL 的管理和维护。在 Cisco 路由器中，在已有的 ACL 中只能在规则后面补充规则，不能修改规则的顺序，如果需要修改，必须删除 ACL，重新定义。在这一点上，H3C 路由器比 Cisco 路由器更好。“匹配条件”如下。

① any：指任何 IP 地址的源主机，省略匹配条件时相当于 any。

② source 源主机地址 0：用于指定一台源主机，0 相当于 0.0.0.0 的 wildcard。

③ source 源主机地址 wildcard：和 Cisco 路由器相同。

(4) 将 ACL 应用到接口上

```
[H3C]interface Ethernet 端口号
[H3C-Ethernet 端口号]firewall packet-filter ACL 编号  {inbound|outbound}
```

8.2.2　标准 ACL 的配置位置

标准 ACL 中是针对源 IP 地址进行过滤的，在配置标准 ACL 时应该指定到靠近目标的端口，以免影响源主机对其他地址的访问。标准 ACL 的配置位置详见 8.2.3 小节标准 ACL 应用举例。

8.2.3　标准 ACL 应用举例

网络连接及 IP 地址如图 8-5 所示，在路由器中没有配置 ACL 时，所有计算机之间都能够相互通信。

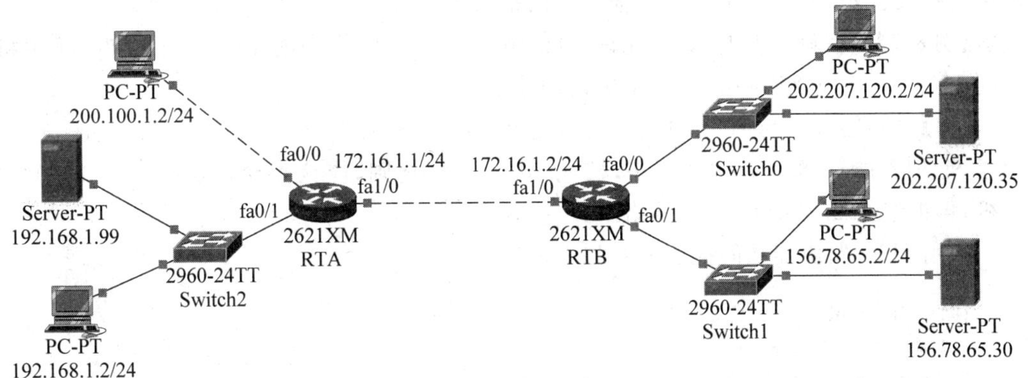

图 8-5　网络连接

【例 8-1】 要求 192.168.1.0/24 网络内的主机不能访问 156.78.65.0/24 网络，如何配置访问控制？

【解】 (1) 问题分析

① 可以使用一个标准 ACL，拒绝 192.168.1.0/24 网络内的所有主机通过。

② ACL 的位置。因为该 ACL 中只拒绝 192.168.1.0/24 网络内的所有主机访问 156.78.65.0/24 网络，而不是拒绝 192.168.1.0/24 网络内的主机访问其他网络，所以该 ACL 应该指定到距目标网络最近的地方，防止影响 192.168.1.0/24 网络内的主机访问其他网络。所以该 ACL 应该指定到图 8-5 中路由器 RTB 的 fa0/1 端口出站方向。

(2) 访问控制配置

下面以 Cisco 路由器为例配置题目要求的访问控制。

```
RTB(config)#ip access-list standard 10
RTB(config-std-nacl)#deny 192.168.1.0 0.0.0.255
RTB(config-std-nacl)#permit any
RTB(config)#interface fastEthernet 0/1
RTB(config-if)#ip access-group 10 out
RTB(config-if)#exit
```

配置完成后，192.168.1.0/24 网络内的任何主机都不能和 156.78.65.0/24 网络中的主机通信了，而 192.168.1.0/24 网络内的主机可以与其他网络内的主机通信；除了 192.168.1.0/24 网络内的网络内的主机还能够和 156.78.65.0/24 网络中的主机通信。

(3) 检查 ACL 配置与应用情况

```
RTB#show access-lists
Standard IP access list 10
    deny 192.168.1.0 0.0.0.255(2 match(es))
    permit any(4 match(es))
RTB#
```

使用 show access-lists(或 show ip access-lists)可以显示 ACL 配置和应用情况。上面的结果表示在该 ACL 中定义了 2 条过滤规则，应用情况是有 2 个来自 192.168.1.0/24 网络的报文被拒绝，有 4 个来自其他网络的报文被允许通过。

【例 8-2】 在例 8-1 中，如果允许 192.168.1.0/24 网络中的 192.168.1.99/24 主机访问 156.78.65.0/24 网络，如何配置访问控制？

【解】 问题分析与例 8-1 相同，只是允许 192.168.1.0/24 网络中的 192.168.1.99/24 主机访问 156.78.65.0/24 网络，按照 ACL 匹配规则，应该先允许 192.168.1.99/24 主机，再拒绝 192.168.1.0/24 网络。

使用 H3C 路由器访问控制配置如下：

```
[RTB]firewall enable
[RTB]acl number 2000
[RTB-acl-basic-2000]rule permit source 192.168.1.99 0
[RTB-acl-basic-2000]rule deny source 192.168.1.0 0.0.0.255
[RTB-acl-basic-2000]rule permit
[RTB-acl-basic-2000]quit
[RTB]interface Ethernet 0/1
[RTB-Ethernet0/1]firewall packet-filter 2000 outbound
```

配置完成后，192.168.1.0/24 网络内 192.168.1.99 主机可以和 156.78.65.0/24 网络中的主机通信，而 192.168.1.0/24 网络内的其他主机都不能和 156.78.65.0/24 网络中的主机通信。

在路由器 RTB 上执行 display acl all 命令显示结果如下：

```
[RTB]display acl all
Basic ACL  2000, named -none-, 3 rules,
ACL's step is 5
 rule 0 permit source 192.168.1.99(1 times matched)
 rule 5 deny source 192.168.1.0 0.0.0.255(4 times matched)
 rule 10 permit(31 times matched)
```

从上面显示的结果可以看出，在路由器 RTB 上配置了基本 ACL；编号为 2000；包含三条规则；ACL 的规则 ID 步长为 5；其中三条规则分别有 1 次、4 次和 31 次命中。

使用 Cisco 路由器访问控制配置如下：

```
RTB(config)#no ip access-list standard 10         ;删除原 ACL,因为不能修改
RTB(config)#ip access-list standard 10            ;重新生成
RTB(config-std-nacl)#permit host 192.168.1.99
RTB(config-std-nacl)#deny 192.168.1.0 0.0.0.255
RTB(config-std-nacl)#permit any
RTB(config-std-nacl)#exit
RTB(config)#interface fastEthernet 0/1            ;指定到端口
RTB(config-if)#ip access-group 10 out
;显示 ACL 配置与应用情况
RTB#sh access-lists
Standard IP access list 10
    permit host 192.168.1.99
    deny 192.168.1.0 0.0.0.255(2 match(es))
    permit any(1 match(es))
RTB#
```

【例 8-3】 在图 8-5 所示的网络连接中,如果要求 192.168.1.0/24 网络内的主机不能访问 202.107.120.0/24 网络和 156.78.65.0/24 网络,如何配置访问控制?

【解】 (1) 问题分析

从图 8-5 可以看到,题目要求 192.168.1.0/24 网络内的所有主机不能访问路由器 RTB 右侧的所有网络,所以只要拒绝 192.168.1.0/24 网络内的所有主机进入 RTB 的 fa1/0 端口即可。

(2) 访问控制配置

下面以 Cisco 路由器为例进行题目要求的访问控制配置:

```
RTB(config)#no ip access-list standard 10         ;删除标准 ACL 10
RTB(config)#ip access-list standard 20            ;新建标准 ACL 20
RTB(config-std-nacl)#deny 192.168.1.0 0.0.0.255
RTB(config-std-nacl)#permit any
RTB(config-std-nacl)#exit
RTB(config)#interface fastEthernet 1/0            ;指定到接口
RTB(config-if)#ip access-group 20 in
RTB(config-if)#exit
RTB(config)#
```

配置完成后,192.168.1.0/24 网络内的所有主机都不能和 156.78.65.0/24 网络以及 202.207.120.0/24 中的主机通信了。在路由器 RTB 上显示 ACL 配置与应用情况如下:

```
RTB#show access-lists
Standard IP access list 20
    deny 192.168.1.0 0.0.0.255(3 match(es))
    permit any(4 match(es))
RTB#
```

8.3 扩展 ACL

在标准 ACL 中只能根据源地址进行控制。能够根据报文中的源 IP 地址、目的 IP 地址、协议类型等三、四层信息对数据包进行过滤的 ACL 称作扩展 ACL(也称高级 ACL)。

8.3.1 Cisco 路由器中的扩展 ACL 的定义与配置

在 Cisco 网络设备上配置扩展 ACL 的基本步骤及命令与标准 ACL 相同,仅命令参数和匹配条件定义上有区别。

1. 定义扩展 ACL

```
Router(config)#ip access-list extended  {ACL 编号 | ACL 名称}
```

在 Cisco 路由器上,扩展 ACL 的编号可以在 100～199 或 2000～2699 中选取,也可以自己定义一个名称。

2. 定义规则

```
Router(config-ext-nacl)#{permit | deny } {IP|TCP|UDP|ICMP} 匹配条件
```

扩展 ACL 中过滤规则是针对 IP、TCP、UDP、ICMP 协议的,各个协议的匹配条件如下。

(1) IP 协议简单过滤规则

```
ip   源地址通配符   目的地址通配符
```

即包括源地址和目的地址,通配符的意思是这两个字段可以是如下值。

① any:指任何 IP 地址的主机。

② host 主机地址:用于指定一台主机 IP 地址。

③ 主机地址 wildcard:使用 wildcard 计算主机地址,和标准 ACL 中相同。

例如:

```
Permit ip any any                              ;允许任何主机访问任何主机
Permit ip any host 130.20.33.99                ;允许任何主机访问 130.20.33.99 主机
Deny ip 200.99.160.0 0.0.0.255 any             ;禁止 200.99.160.0/24 网络内的主机
                                                对任何主机的访问。
```

(2) ICMP 协议简单过滤规则

```
icmp  源地址通配符 目的地址通配符   [ICMP 报文类型]
```

地址通配符和前面相同,这里有一个“ICMP 报文类型”可选项,即可以指定允许和拒绝的 ICMP 报文类型。ICMP 报文类型包括以下值：

```
echo                                        ;请求应答 ICMP 报文
echo-reply                                  ;请求应答的 ICMP 应答报文
host-unreachable                            ;主机不可到达 ICMP 差错报告报文
net-unreachable                             ;网络不可到达 ICMP 差错报告报文
port-unreachable                            ;端口不可到达 ICMP 差错报告报文
protocol-unreachable                        ;协议不可到达 ICMP 差错报告报文
ttl-exceeded                                ;生存时间终止 ICMP 报告报文
unreachable                                 ;协议不可到达 ICMP 差错报告报文
```

常用的 ICMP 报文类型是 echo，即 ping 命令产生的请求应答 ICMP 报文。省略可选项时表示所有的 ICMP 报文。

(3) TCP、UDP 协议简单过滤规则

```
tcp  源地址通配符 目的地址通配符  [运算符 目的端口号] [established]
```

地址通配符和前面相同，可选项中运算符包括以下选项。

```
eq                                          ;等于
gt                                          ;大于
lt                                          ;小于
neq                                         ;不等于
range                                       ;范围:range n m
```

目的端口号可以使用端口号或名称，包括以下选项。

```
<0-65535>                                   ;端口号
domain                                      ;域名服务(DNS, 53)
ftp                                         ;文件传输协议(21)
pop3                                        ;邮局协议 v3(110)
smtp                                        ;简单电子邮件协议(25)
telnet                                      ;远程登录 Telnet(23)
www                                         ;万维网(HTTP, 80)
```

established 可选项表示已经建立连接的 TCP 报文。

对于 UDP 协议的过滤规则，除了没有[established]可选项之外，其他与 TCP 相同。

3. 指定到端口

```
Router(config)#interface fastEthernet 端口号
Router(config-if)#ip access-group {ACL 编号| ACL 名称} {in | out}
```

8.3.2　H3C 路由器中的高级 ACL 的定义与配置

H3C 路由器中扩展 ACL 称作高级 ACL，在 H3C 网络设备上配置高级 ACL 的步骤与标准 ACL 相同。

1. 启动防火墙功能

```
[H3C]firewall enable
```

2. 定义高级 ACL

```
[H3C]acl number ACL 编号 [name ACL 名称]
```

在 H3C 路由器上，高级 ACL 的编号可以在 3000～3999 中选取，也可以使用 name 选项定义一个 ACL 名称。

3. 定义规则

```
[H3C-acl-adv-3000]rule [规则 id] {deny|permit} 协议 匹配条件
```

"规则 id"用于规则的排序和便于插入新规则。

"协议"可以是数字或名称，可以是 icmp(1)、igmp(2)、ip(4)、tcp(6)、udp(17)。

(1) IP 协议匹配条件

```
Ip [Source 源地址] [destination 目的地址]
```

地址可以是如下值。

① any：指任何 IP 地址的主机。

② 主机地址 0：用于指定一台主机 IP 地址，0 相当于 0.0.0.0 的 wildcard。

③ 主机地址 wildcard：使用 wildcard 计算主机地址，和标准 ACL 中相同。

④ 省略时，相当于 source any destination any。

(2) ICMP 协议匹配条件

```
Icmp  [Source 源地址] [destination 目的地址] icmp-type {echo|echo-reply}
```

(3) TCP 协议匹配条件

```
Tcp  [Source 源地址]  [source-port 操作符 端口号]
     [destination 目的地址 destination-port 操作符 端口号] [established]
```

即可以指定端口号，不指定端口号时为所有端口。操作符、端口号表示方法和 Cisco 路由器相同。

4. 将 ACL 应用到接口上

```
[H3C]interface Ethernet 端口号
[H3C-Ethernet 端口号]firewall packet-filter ACL 编号  {inbound|outbound}
```

8.3.3 扩展 ACL 的配置位置

由于扩展 ACL 中包含目的地址，所以扩展 ACL 应该指定到尽量靠近源主机的位置，以免被拒绝的报文到达目的地址之后再被拒绝，造成在网络中的无用传输，增加网络通信流量。

8.3.4 扩展 ACL 应用举例

【例 8-4】 在图 8-5 所示的网络连接中，如果要求 192.168.1.0/24 网络中的主机只能访问 156.78.65.30 服务器，而不能访问其他任何网络中的主机和 156.78.65.0/24 网络中的其他主机，如何配置访问控制？

【解】 题目要求 192.168.1.0/24 网络中的主机只能访问外网的 156.78.65.30 主机，所以应该定义一个扩展 ACL，指定在路由器 RTA 的 fa0/1 口 in 方向。

在 Cisco 路由器中的配置如下：

```
RTA(config)#ip access-list extended 110
RTA(config-ext-nacl)#permit ip any host 156.78.65.30    ;当指定到 fa0/1 端口 in 方
                                                         向时,any 为进入端口的任
                                                         意主机,这里就是 192.
                                                         168.1.0/24 网络,和 192.
                                                         168.1.0 0.0.0.255 用法
                                                         是一样的
RTA(config-ext-nacl)#deny ip any any
RTA(config-ext-nacl)#exit
RTA(config)#interface fastEthernet 0/1
RTA(config-if)#ip access-group 110 in
RTA(config-if)#exit
```

配置完成后，在 192.168.1.2 PC 上的显示如下：

```
PC>ping 156.78.65.30

Pinging 156.78.65.30 with 32 bytes of data:

Reply from 156.78.65.30: bytes=32 time=171ms TTL=126
Reply from 156.78.65.30: bytes=32 time=141ms TTL=126
Reply from 156.78.65.30: bytes=32 time=94ms TTL=126
Reply from 156.78.65.30: bytes=32 time=122ms TTL=126

Ping statistics for 156.78.65.30:
    Packets: Sent=4, Received=4, Lost=0(0%loss),
Approximate round trip times in milli-seconds:
    Minimum=94ms, Maximum=171ms, Average=132ms

PC>ping 156.78.65.2

Pinging 156.78.65.2 with 32 bytes of data:

Request timed out.
Request timed out.
```

```
Request timed out.
Request timed out.

Ping statistics for 156.78.65.2:
    Packets: Sent=4, Received=0, Lost=4(100%loss),
```

显然可以和156.78.65.30主机通信，而不能和其他主机通信。

```
RTA#show access-lists
Extended IP access list 110
    permit ip any host 156.78.65.30(16 match(es))
    deny ip any any(3 match(es))
RTA#
```

在H3C路由器中的配置如下：

```
[RTA]firewall enable
[RTA]acl number 3000
[RTA-acl-adv-3000]rule permit ip source any destination 156.78.65.30 0
[RTA-acl-adv-3000]rule deny ip
[RTA-acl-adv-3000]quit
[RTA]interface Ethernet 0/1
[RTA-Ethernet0/1]firewall packet-filter 3000 inbound
```

【例8-5】 在图8-5所示的网络连接中，如果要求192.168.1.0/24网络中的主机只能访问156.78.65.30服务器中的Web网站，而不能访问路由器RTB右侧其他任何网络中的主机和156.78.65.30服务器中的其他服务；要求路由器RTA左侧的任何主机不能ping路由器RTA右侧的任何主机，如何配置访问控制？

【解】 该题目是控制192.168.1.0/24网络中的主机只能访问156.78.65.30服务器中的Web网站，而不能访问路由器RTB右侧其他任何网络中的主机和156.78.65.30服务器中的其他服务，但是192.168.1.0/24网络中的主机可以访问路由器RTA左侧的200.100.1.0/24网络中的主机；路由器RTA左侧的任何主机不能用ping命令ping路由器RTA右侧的任何主机。所以应该定义一个扩展ACL，指定在路由器RTA的fa1/0口out方向。在Cisco路由器中的配置如下：

```
RTA(config)#no ip access-list extended 110          ;删除原ACL
RTA(config)#ip access-list extended 110             ;创建新ACL
RTA(config-ext-nacl)#permit tcp 192.168.1.0 0.0.0.255 host 156.78.65.30 eq 80
RTA(config-ext-nacl)#deny ip 192.168.1.0 0.0.0.255 any
                                   ;拒绝192.168.1.0网络中的对任何主机的IP报文
RTA(config-ext-nacl)#deny icmp any any echo         ;拒绝对任何主机的ping命令
RTA(config-ext-nacl)#permit ip any any              ;允许任何主机对任何主机的IP报文
RTA(config-ext-nacl)#exit
RTA(config)#interface fastEthernet 1/0
RTA(config-if)#ip access-group 110 out
RTA(config-if)#
```

配置完成后，从 192.168.1.0/24 网络中的主机上可以打开 156.78.65.30 服务器上的 Web 网站(端口号＝80)，但是不能打开 202.207.120.35 服务器上的 Web 网站。在 200.100.1.2 主机上都可以打开 156.78.65.30 服务器上的 Web 网站，但是不能 ping 通这些网络中的主机。显示 ACL 配置与应用情况如下。

```
RTA#show access-lists
Extended IP access list 110
    permit tcp 192.168.1.0 0.0.0.255 host 156.78.65.30 eq www(6 match(es))
    deny ip 192.168.1.0 0.0.0.255 any(23 match(es))
    deny icmp any any echo(1 match(es))
    permit ip any any(13 match(es))
RTA#
```

该题目在 H3C 路由器中的配置如下：

```
[RTA]firewall enable
[RTA]acl number 3100
[RTA-acl-adv-3100]rule permit tcp source 192.168.1.0 0.0.0.255 destination 156.
78.65.30 destination-port eq 80
[RTA-acl-adv-3100]rule deny ip source 192.168.1.0 0.0.0.255 destination any
[RTA-acl-adv-3100]rule deny icmp icmp-type echo
[RTA-acl-adv-3100]rule permit ip
[RTA-acl-adv-31000]quit
[RTA]interface Ethernet 1/0
[RTA-Ethernet0/1]firewall packet-filter 3100 outbound
```

【例 8-6】 在图 8-5 所示的网络连接中，如果要求路由器 RTA 左侧的任何主机不能访问路由器 RTB 右侧的 Web 网站，而路由器 RTB 右侧的主机可以访问路由器 RTA 左侧的 Web 网站，如何配置访问控制？

【解】 根据该题目要求，在路由器 RTA 的 Fa1/0 端口的 out 方向，只允许已经建立起 TCP 连接的 TCP 报文可以通过，其他 TCP 报文都不允许通过。

在 Cisco 路由器上的配置如下：

```
RTA(config)#no ip access-list extended 110
RTA(config)#ip access-list extended 110
RTA(config-ext-nacl)#permit tcp any any established
                                        ;允许建立起 TCP 连接的 TCP 报文通过
RTA(config-ext-nacl)#deny tcp any any   ;拒绝所有 TCP 报文
RTA(config-ext-nacl)#deny ip any any    ;拒绝所有 IP 报文
RTA(config)#interface fa1/0
RTA(config-if)#ip access-group 110 out
RTA(config-if)#
```

8.4 小　　结

本章介绍了网络设备中常用的访问控制列表的配置，包括基本访问控制列表和扩展访问控制列表。访问控制列表中包括若干规则，将访问控制列表指定到路由器的某个端口的进入或离开方向，对进入该端口和离开该端口的报文按照列表中的规则进行控制。基本访问控制列表一般需要配置在靠近目标主机的位置，扩展访问控制列表一般需要配置在靠近源主机的位置。

8.5 习　　题

1. ACL 工作的基本原理是什么？
2. 报文经过 ACL 的处理流程是怎样的？
3. Cisco 路由器和 H3C 路由器 ACL 中的默认规则有什么不同？
4. 为什么说 ACL 中过滤条目的顺序非常重要？
5. 什么是标准 ACL？
6. Cisco 路由器和 H3C 路由器中标准 ACL 编号有什么不同？
7. Wildcard 和 mask 有什么异同？
8. 什么是扩展 ACL？
9. Cisco 路由器和 H3C 路由器中扩展 ACL 编号有什么不同？
10. 标准 ACL 和扩展 ACL 的配置位置有什么不同？为什么？

8.6 实训　小型网络的访问控制

【实训学时】 4 学时。

【实训组学生人数】 5 人。

【实训目的】 练习访问控制列表的配置。

【实训环境】 访问控制网络实训环境如图 8-6 所示。

网络连接及使用的端口如图所示，网络出口地址为 10.0.×.2(其中“×”为实训分组编号)，子网掩码使用 255.255.255.0，上连地址使用 10.0.×.1，DNS 配置根据实训室提供的 DNS 地址配置。

在上游路由器上配置了到达该网络的路由：

Ip route 10.×.0.0 255.255.0.0 10.0.×.2 （“×”是实训分组编号）

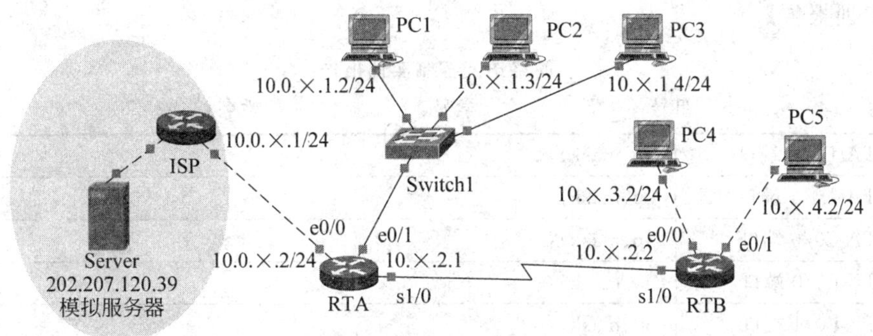

图 8-6　访问控制网络实训环境

【实训要求】

(1) PC1、PC4、PC5 能够和外部网络通信,PC2、PC3 不能够和外部网络通信。

(2) PC4 只能访问 202.207.120.39 模拟服务器上的 Web 网站并与 10.1.1.0/24 网络中的主机通信。

(3) PC1、PC2、PC3 不允许访问 10.×.4.0/24 网络中的主机。

【实训任务】

(1) 路由器的端口配置、路由配置;PC 的 IP 属性配置。

(2) 配置基本 ACL,使 PC1、PC4、PC5 能够和外部网络通信,PC2、PC3 不能够和外部网络通信。

(3) 配置高级 ACL,使 PC4 只能访问 202.207.120.39 服务器上的 Web 网站并与 10.1.1.0/24 网络中的主机通信。

(4) 配置高级 ACL,使 PC1、PC2、PC3 不允许访问 10.×.4.0/24 网络中的主机访问控制。

【实训指导】

(1) 按照图 8-6 完成网络物理连接。

(2) 根据分配的 IP 地址完成路由器上的端口配置、PC 的 IP 属性配置,DNS 使用 202.99.160.68。

(3) 配置路由。为了简化起见,在路由器 RTA 和 RTB 上配置 RIPv1 和默认路由,使所有 PC 之间可以通信,所有 PC 都能和外网通信。

(4) 在路由器 RTA 上配置一个基本访问控制列表,指定到 RTA 的 e0/0 端口 out 方向,使 PC1、PC4、PC5 能够和外部网络通信,PC2、PC3 不能够和外部网络通信。

(5) 在路由器 RTB 上配置一个高级访问控制列表,指定到 RTB 的 e0/0 端口 in 方向,使 PC4 只能访问 202.207.120.39 服务器上的 Web 网站并与 10.1.1.0/24 网络中的主机通信。

(6) 在路由器 RTA 上配置一个高级访问控制列表,指定到 RTA 的 e0/1 端口 in 方向,使 PC1、PC2、PC3 不允许访问 10.×.4.0/24 网络中的主机(也可以在路由器 RTB 上配置一个基本访问控制列表,指定到 RTB 的 e0/1 端口 out 方向)。

【实训报告】

网络访问控制实训报告

班号：　　　　组号：　　　　学号：　　　　姓名：

<table>
<tr><td rowspan="8">基本配置</td><td colspan="2">RTA-E0/0 端口</td><td colspan="2">(ip、mask)：</td></tr>
<tr><td colspan="2">RTA-E0/1 端口</td><td colspan="2">(ip、mask)：</td></tr>
<tr><td colspan="2">RTA-S0/0 端口</td><td colspan="2">(ip、mask)：</td></tr>
<tr><td colspan="2">RTB-E0/0 端口</td><td colspan="2">(ip、mask)：</td></tr>
<tr><td colspan="2">RTB-E0/1 端口</td><td colspan="2">(ip、mask)：</td></tr>
<tr><td colspan="2">RTB-S0/0 端口</td><td colspan="2">(ip、mask)：</td></tr>
<tr><td colspan="2">RTA 中的路由配置</td><td colspan="2"></td></tr>
<tr><td colspan="2">RTB 中的路由配置</td><td colspan="2"></td></tr>
<tr><td rowspan="5"></td><td colspan="2" rowspan="5">连通性测试</td><td>PC1 ping PC4</td><td>通/不通</td></tr>
<tr><td>PC5 ping PC1</td><td>通/不通</td></tr>
<tr><td>PC3 ping 202.207.120.39</td><td>通/不通</td></tr>
<tr><td>在 PC4 上：http:// 202.207.120.39</td><td>打开网站/不能打开</td></tr>
<tr><td>在 PC1 上：http:// 202.207.120.39</td><td>打开网站/不能打开</td></tr>
<tr><td rowspan="10">访问控制配置</td><td rowspan="7">RTA 中的基本 ACL</td><td>ACL 编号</td><td colspan="2"></td></tr>
<tr><td>配置命令</td><td colspan="2"></td></tr>
<tr><td>端口指定配置命令</td><td colspan="2"></td></tr>
<tr><td rowspan="4">测试</td><td>在 PC1 上：http:// 202.207.120.39</td><td>打开网站/不能打开</td></tr>
<tr><td>在 PC2 上：http:// 202.207.120.39</td><td>打开网站/不能打开</td></tr>
<tr><td>在 PC4 上：http:// 202.207.120.39</td><td>打开网站/不能打开</td></tr>
<tr><td>在 PC5 上：http:// 202.207.120.39</td><td>打开网站/不能打开</td></tr>
<tr><td rowspan="3">RTB 中的高级 ACL</td><td>ACL 编号</td><td colspan="2"></td></tr>
<tr><td>配置命令</td><td colspan="2"></td></tr>
<tr><td>端口指定配置命令</td><td colspan="2"></td></tr>
</table>

续表

访问控制配置	RTA 中的高级 ACL	测试	PC4 ping PC1	通/不通
			PC4 ping PC5	通/不通
			在 PC4 上：http:// 202.207.120.39	打开网站/不能打开
			在 PC4 上：http:// 202.207.120.39	打开网站/不能打开
		ACL 编号		
		配置命令		
		端口指定配置命令		
		测试	PC1 ping PC4	通/不通
			PC1 ping PC5	通/不通

第 9 章　网络地址转换

在第 2 章中我们已经知道私有 IP 地址。私有 IP 地址就是不能在 Internet 公共网络上使用的 IP 地址，因为在 Internet 上不会传送目的 IP 地址是私有 IP 地址的报文。但私有 IP 地址可以在自己企业内部网络中任意使用，而且不用考虑和其他地方有 IP 地址冲突的问题。但如果想把内部网络连接到 Internet 上时，就必须借助网络地址转换(Network Address Translation，NAT)服务，将私有 IP 地址转换成合法的公网 IP 地址才能进入 Internet。

网络地址转换能有效地解决 IPv4 地址短缺的问题，可以节省企业的 IP 地址租用费用，使得企业内部网络 IP 地址规划相当简单(不必研究复杂的 IPv6 配置)。另外由于网络地址转换屏蔽了内部网络的真实地址，所以也提高了内部网络的安全性，对于从外部网络发起的黑客攻击有一定的屏蔽作用。例如，2017 年 5 月 12 日的 EternalBlue(永恒之蓝)计算机勒索病毒几乎不会对使用宽带路由器联网的家庭用户造成攻击，因为使用宽带路由器(或无线路由器)联网的用户一般都使用的 192.168.×.0 网络的 IP 地址，病毒不能主动发起目的地址是私有 IP 的攻击报文，除非用户主动链接、打开病毒程序。

本章介绍在路由器上配置 NAT 服务的基本方法。

9.1　网络地址转换的基本概念

在企业内部网络中一般使用私有地址，而需要连接外部网络时，会在网络的出口路由器上进行网络地址的转换，将私有 IP 地址转换为可以在公共网络上使用的合法 IP 地址(以下称合法 IP 地址为全局地址)。一个典型的地址转换过程如图 9-1 所示。

在 PC1 访问外部网络主机时，其产生的数据报文的源 IP 地址是 PC1 在内部网络的私有 IP 地址(内部本地地址)192.168.1.10，当数据报文到达出口路由器的出接口时，路由器将数据报文的源 IP 地址转换为内部全局地址 202.207.120.10，使数据报文可以在公共网络上实现路由传递；在返回的数据报文中，目的 IP 地址为内部全局地址 202.207.120.10，在路由器接收到该报文后，将目的 IP 地址转换为内部本地地址 192.168.1.10，并通过路由器转给内部网络的目的主机 PC1。内部全局地址是指申请得到的可用合法 IP 地址。

网络地址转换按照转换的原理和方法可以分成如表 9-1 所示的五种。

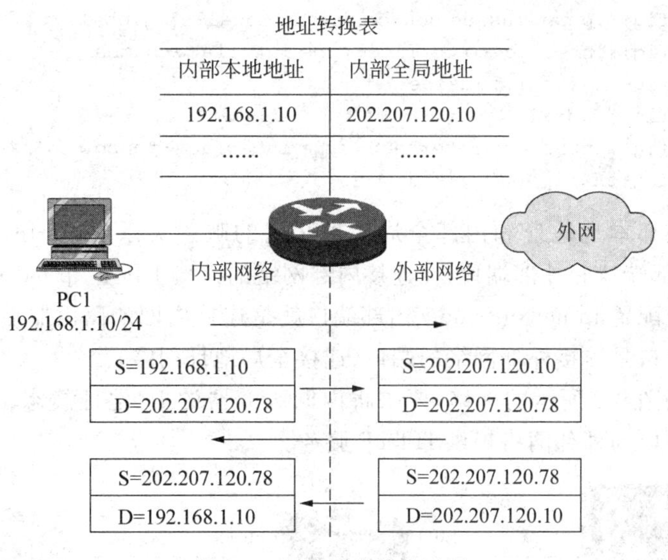

图 9-1　网络地址转换过程

表 9-1　网络地址转换类型

网络地址转换类型	说　明
静态网络地址转换	手工配置本地地址到全局地址的一对一的映射，适用于需要固定全局 IP 地址的内网服务器
动态网络地址转换	本地地址到全局地址为一对一映射，但映射关系不固定，本地地址共享地址池中的全局地址
网络地址端口转换	本地地址到全局地址使用端口号实现动态的多对一映射，可显著提高全局地址的利用率，又称为地址的过载
基于接口的地址转换	网络地址端口转换的特殊形式，又称为 Easy IP。与网络地址端口转换的区别是本地地址均映射到出口路由器的外连接口地址上
端口地址重定向	又称为 NAT Server，手工配置"本地地址＋端口"到"全局地址＋端口"的一对一的映射。适用于多台内网服务器映射到一个全局地址的情况

9.2　静态网络地址转换

静态网络地址转换是最简单的一种网络地址转换形式，在静态网络地址转换中，需要手工配置从内部本地地址到内部全局地址的一对一映射关系，配置完成后这些映射关系将一直存在，直到被手工删除。静态网络地址转换一般为需要对外部网络提供服务的内网服务器提供地址转换。

9.2.1　Cisco 设备静态 NAT 配置

Cisco 设备静态网络地址转换涉及的配置命令如下：

```
Router(config)#ip nat inside source static local-ip global-ip
Router(config)#interface interface-type interface-number
Router(config-if)#ip nat inside
Router(config-if)#exit
Router(config)#interface interface-type interface-number
Router(config-if)#ip nat outside
```

首先指定内部本地地址和内部全局地址之间的映射关系(local-ip global-ip),指定NAT转换的内部端口和外部端口,在连接内部网络的接口上配置ip nat inside,在连接外部网络的接口上配置ip nat outside。内部端口就是连接内网的路由器端口(连接本地地址网络),外部端口是连接外部网络的端口(连接全局地址网络)。

假设存在如图9-2所示的网络,要求将内网服务器的IP地址静态转换到202.207.120.100,使其可以为外部网络提供HTTP服务。

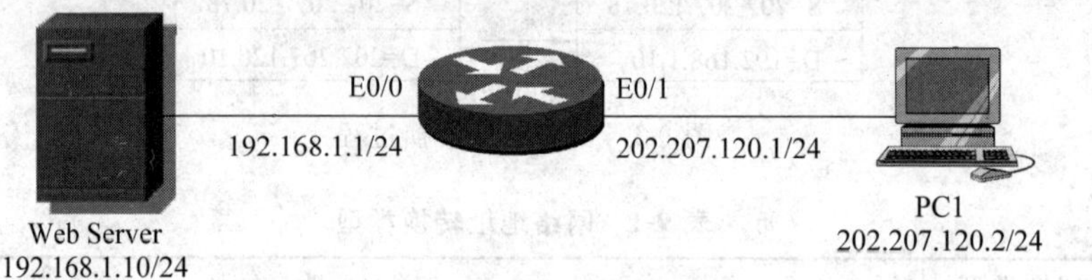

图9-2　静态网络地址转换

使用Cisco设备配置静态NAT的命令如下:

```
Router(config)#ip nat inside source static 192.168.1.10 202.207.120.100
Router(config)#interface FastEthernet 0/0
Router(config-if)#ip nat inside
Router(config-if)#exit
Router(config)#interface FastEthernet 0/1
Router(config-if)#ip nat outside
```

配置完成后,在路由器上执行show ip nat translations命令,显示的结果如下:

```
Router#show ip nat translations
Pro    Inside global        Inside local       Outside local      Outside global
---    202.207.120.100      192.168.1.10       ---                ---
```

从显示的结果中可以看出,在路由器上存在一条内部本地地址192.168.1.10到内部全局地址202.207.120.100的静态网络地址转换。

此时,在PC1上使用内部全局地址202.207.120.100可以访问到内网服务器的Web服务。进行Web访问的同时在路由器的用户视图下可以使用debug ip nat命令查看网络地址转换的过程,显示的结果如下:

```
Router#debug ip nat
IP NAT debugging is on
Router#
*Mar  1 01:48:40.963: NAT: s=202.207.120.2, d=202.207.120.100->192.168.1.10
[6358]
```

```
*Mar  1 01:48:40.967: NAT: s=192.168.1.10->202.207.120.100, d=202.207.120.2
[6609]
```

在路由器上执行 show ip nat statistics 命令查看 NAT 的统计信息，显示的结果如下：

```
Router#show ip nat statistics
Total active translations: 1(1 static, 0 dynamic; 0 extended)
Outside interfaces:
  FastEthernet0/1
Inside interfaces:
  FastEthernet0/0
Hits: 18  Misses: 0
Expired translations: 0
Dynamic mappings:
```

注意：静态网络地址转换由于需要静态的指定从内部本地地址到内部全局地址的一对一的映射，因此无法节约 IP 地址，而且内部网络也没有安全可言。

9.2.2 H3C 设备静态 NAT 配置

H3C 设备静态网络地址转换涉及的配置命令如下：

```
[H3C]nat static local-ip global-ip
[H3C]interface interface-type interface-number
[H3C-Ethernet0/0]nat outbound static
```

首先指定内部本地地址和内部全局地址之间的映射关系（local-ip global-ip），然后在连接外部网络的端口上应用 NAT。

如图 9-2 所示的网络连接中使用 H3C 设备配置静态网络地址转换的命令如下：

```
[H3C]nat static 192.168.1.10 202.207.120.100
[H3C]interface Ethernet 0/1
[H3C-Ethernet0/1]nat outbound static
```

配置完成后，在路由器上执行 display nat static 命令，显示的结果如下：

```
[H3C]display nat static
NAT static information:
  There are currently 1 NAT static configuration(s)
  single static:
    Local-IP          : 192.168.1.10
    Global-IP         : 202.207.120.100
    Local-VPN         : ---

NAT static enabled information:
  Interface          Direction
  Ethernet0/1        out-static
```

从显示的结果中可以看出，在路由器上配置了内部本地地址 192.168.1.10 到内部全局地址 202.207.120.100 的静态网络地址转换，该静态地址转换应用到了接口 Ethernet0/1 的 out 方向上。

需要注意的是，在 H3C 路由器上内部网络地址转换都需要在出站端口（连接全局地址网络）配置 nat outbound，即将 NAT 应用在该端口。

此时，在 PC1 上使用内部全局地址 202.207.120.100 可以访问到内网服务器的 Web 服务。进行 Web 访问的同时在路由器的用户视图下可以使用 debugging nat packet 命令查看网络地址转换的过程，显示的结果如下：

```
<H3C>terminal monitor
<H3C>terminal debugging
<H3C>debugging nat packet
Info: NAT packet debugging is enabled!
<H3C>
*Nov 15 07:26:47:904 2011 H3C NAT/7/debug:
(Ethernet0/1-in  :)Pro : TCP
(  202.207.120.2: 4981 -202.207.120.100:   80)------>
(  202.207.120.2: 4981 -     192.168.1.10:   80)
*Nov 15 07:26:47:906 2011 H3C NAT/7/debug:
(Ethernet0/1-out :)Pro : TCP
(   192.168.1.10:   80 -   202.207.120.2: 4981)------>
(202.207.120.100:   80 -   202.207.120.2: 4981)
```

从显示的结果中可以看出，在 PC1 访问 Web 服务器的数据报文进入路由器接口 Ethernet0/1 时，会将数据报文的目的 IP 地址 202.207.120.100 转换为内部本地地址 192.168.1.10；而在 Web 服务器返回给 PC1 的数据报文从路由器的接口 Ethernet0/1 出站之前，会将数据报文的源 IP 地址 192.168.1.10 转换为内部全局地址 202.207.120.100。

需要注意的是，在 H3C 的设备上所有的 debug 类的命令都只能在用户视图下执行，而且在使用 debug 类命令进行系统调试之前，需要先执行 terminal monitor 和 terminal debugging 命令。其中，terminal monitor 命令用来开启控制台对系统信息的监视功能（该功能默认开启，因此可以不执行这条命令）；terminal debugging 命令用来开启调试信息的屏幕输出开关，使调试信息可以在终端上进行显示。

在 PC1 上访问 Web 服务器后，在路由器上执行 display nat session 命令，显示的结果如下：

```
[H3C]display nat session

There are currently 1 NAT session:

Protocol      GlobalAddr  Port      InsideAddr  Port         DestAddr  Port
        -202.207.120.100     0    192.168.1.10     0              ---       ---
     status:800   TTL:00:05:00   Left:00:04:56   VPN:---
```

从显示的结果中可以看出，当前存在一个 NAT 会话，为内部本地地址 192.168.1.10 到内部全局地址 202.207.120.100 的映射。

9.3 动态网络地址转换

动态网络地址转换又称为 Basic NAT，动态网络地址转换也是一种一对一的映射关系，但是与静态网络地址转换不同的是，动态网络地址转换的映射关系不是一直存在的，而是只有在出口路由器的出站接口上出现符合地址转换条件的内网流量时才会触发路由器进行网络地址的转换。而且映射关系不会一直存在，到达老化时间以后就会被删除，以便于将回收的内部全局地址映射给其他需要的内部本地地址。

9.3.1 Cisco 设备动态 NAT 配置

在 Cisco 设备上配置动态 NAT 涉及的命令如下：

```
Router(config)#access-list access-list-number {permit|deny} source [source-wildcard]
Router(config)#ip nat pool pool-name start-addr end-addr netmask netmask
Router(config)#ip nat inside source list access-list-number pool pool-name
Router(config)#interface interface-type interface-number
Router(config-if)#ip nat inside
Router(config-if)#exit
Router(config)#interface interface-type interface-number
Router(config-if)#ip nat outside
```

动态 NAT 配置过程如下。

(1) 创建一个基本 ACL 用于限定能够进行动态网络地址转换的内部本地地址。

```
Router(config)#access-list access-list-number {permit|deny} source [source-wildcard]
```

注意：ACL 中只有被 permit 的源 IP 地址才会进行地址转换，所有默认规则不生效。如果内网中有些特殊的 IP 地址不允许进行动态网络地址转换，例如，内部服务器要做静态网络地址转换，则应将其在定义 ACL 时首先 deny 掉。ACL 中有几条规则，则需要几行命令。例如：

```
Router(config)#access-list 1 deny host 192.168.1.99
Router(config)#access-list 1 permit 192.168.1.0 0.0.0.255
```

(2) 创建一个存放有内部全局地址的地址池。

```
Router(config)#ip nat pool pool-name start-addr end-addr netmask netmask
```

地址池名是必需的，在定义内部动态 NAT 地址映射关系时需要使用。

(3) 定义内部动态 NAT 地址映射关系。

```
Router(config)#ip nat inside source list access-list-number pool pool-name
```

将 ACL 和全局地址池进行绑定。表示 ACL 中允许的内部地址才能够转换成地址池中全局地址。

(4) 指定 NAT 转换的内部端口与外部端口。

```
Router(config)#interface interface-type interface-number
Router(config-if)#ip nat inside
Router(config-if)#exit
Router(config)#interface interface-type interface-number
Router(config-if)#ip nat outside
```

假设存在如图 9-3 所示的网络,要求将内部网络 IP 地址段 192.168.1.0/24 动态转换到 202.207.120.10-202.207.120.50。

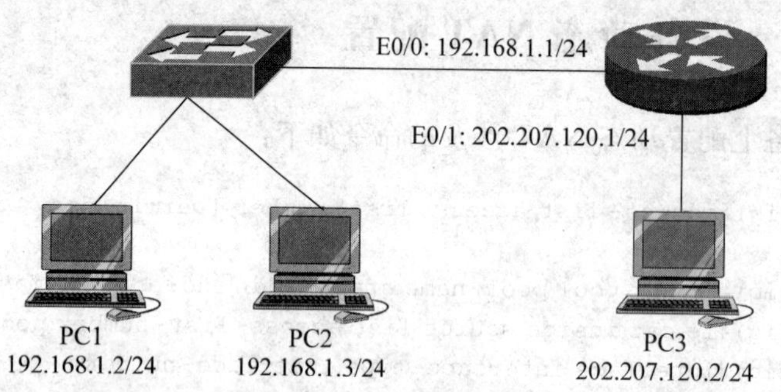

图 9-3 动态网络地址转换

使用 Cisco 设备动态 NAT 的配置如下:

```
Router(config)#access-list 1 permit 192.168.1.0 0.0.0.255
Router(config)#ip nat pool dyn-nat 202.207.120.10 202.207.120.50 netmask 255.255.
255.0
Router(config)#ip nat inside source list 1 pool dyn-nat
Router(config)#interface FastEthernet 0/0
Router(config-if)#ip nat inside
Router(config-if)#exit
Router(config)#interface FastEthernet 0/1
Router(config-if)#ip nat outside
```

配置完成后,从 PC1 去 ping PC3,同时在路由器上执行 debugging nat packet 命令,显示的结果如下:

```
Router#debug ip nat
IP NAT debugging is on
Router#
*Mar  1 00:08:43.359: NAT: s=192.168.1.2->202.207.120.10, d=202.207.120.2
[7745]
*Mar  1 00:08:43.359: NAT*: s=202.207.120.2, d=202.207.120.10->192.168.1.2
[7037]
```

在路由器上执行 show ip nat translations 命令,显示的结果如下:

```
Router#show ip nat translations
Pro    Inside global       Inside local      Outside local     Outside global
---    202.207.120.10      192.168.1.2       ---               ---
```

9.3.2 H3C 设备动态 NAT 配置

H3C 设备动态网络地址转换涉及的配置命令如下。

(1) 创建一个 ACL,用于匹配需要进行动态网络地址转换的内部本地地址。

```
[H3C]acl number acl-number
[H3C-acl-basic-acl-number]rule [rule-id] {deny|permit} [source {sour-addr
sour-wildcard|any}]
```

在 NAT 中使用 ACL 匹配内部本地地址时需要注意以下几点:

① 不必使用 firewall enable 命令启用防火墙。

② ACL 中只有被显式规则允许的源 IP 地址才会进行地址转换,默认情况下所有规则不生效。

③ 如果内网中有些特殊的 IP 地址不需要做动态网络地址转换,例如,内部服务器要做静态网络地址转换,则应将其在定义 ACL 时首先拒绝掉。

(2) 创建一个存放有内部全局地址的地址池。

```
[H3C]nat address-group group-number start-addr end-addr
```

(3) 在出口路由器的出站接口上配置 ACL 与地址池的关联。

```
[H3C-Ethernet0/0]nat outbound acl-number address-group group-number no-pat
```

注意:no-pat 参数表示使用一对一的转换,不使用附加端口进行一对多地址转换。

按照图 9-3 所示的网络,使用 H3C 设备配置动态网络地址转换的命令如下:

```
[H3C]acl number 2000
[H3C-acl-basic-2000]rule permit source 192.168.1.0 0.0.0.255
[H3C-acl-basic-2000]quit
[H3C]nat address-group 1 202.207.120.10 202.207.120.50
[H3C]interface Ethernet 0/1
[H3C-Ethernet0/1]nat outbound 2000 address-group 1 no-pat
```

配置完成后,从 PC1 去 ping PC3,同时在路由器上执行 debugging nat packet 命令,显示的结果如下:

```
<H3C>debugging nat packet
Info: NAT packet debugging is enabled!
<H3C>
*Nov 15 08:48:17:170 2011 H3C NAT/7/debug:
(Ethernet0/1-out :)Pro : ICMP
(     192.168.1.2:   512 -    202.207.120.2:   512)------>
(202.207.120.10:   512 -    202.207.120.2:   512)
```

```
*Nov 15 08:48:17:171 2011 H3C NAT/7/debug:
(Ethernet0/1-in  :)Pro : ICMP
(  202.207.120.2:  512 -   202.207.120.10:  512)------->
(  202.207.120.2:  512 -      192.168.1.2:  512)
```

从显示的结果中可以看出，数据报文在路由器上进行双向地址转换的过程。

在路由器上执行 display nat session 命令，显示的结果如下：

```
[H3C]display nat session

There are currently 2 NAT sessions:

Protocol  GlobalAddr        Port     InsideAddr     Port        DestAddr     Port
    -      202.207.120.10    ---     192.168.1.2     ---          ---         ---
     status:NOPAT   TTL:00:04:00   Left:00:03:54   VPN:---

    ICMP  202.207.120.10   512       192.168.1.2     512     202.207.120.2  512
     status:NOPAT   TTL:00:00:10   Left:00:00:04   VPN:---
```

从显示的结果中可以看出，当前存在两个 NAT 会话，其中一个是内部本地地址 192.168.1.2 到内部全局地址 202.207.120.10 的映射，生存时间为 4 分钟；另一个为基于 ICMP 协议的映射关系，是内部本地地址 192.168.1.2 和端口号 512 到内部全局地址 202.207.120.10 和端口号 512 的映射，生存时间为 10s。在从 PC1 去 ping PC3 时，这两条会话会同时出现。关于不同协议的 NAT 会话生存时间可以通过 display nat aging-time 命令来查看。

其实在看到上面 display nat session 显示的结果时，我们还会有一个疑问：ICMP 协议处于网络层，ICMP 协议的数据报文根本不会有传输层的封装，因此也就不可能会有端口号的存在，那端口号 512 又是从哪里来的呢？实际上 512 并不是端口号，而是 ICMP 报头封装中的 Identifier 字段（即标识字段）的值。在定义 ICMP 协议的请求注解文档 RFC792 中描述 Identifier 字段可以像 TCP 或 UDP 协议的端口号一样来区分不同的 ICMP 进程，但实际上在特定的操作系统中，ICMP 协议的 Identifier 字段是一个定值。例如，在 Windows XP 系统中，ICMP 协议封装中的 Identifier 字段的值为 0x0200，即十进制的 512，这一点可以在 Wireshark 软件捕获的 ICMP 请求/应答报文的报头中看到。因此 Identifier 字段实际上并不具备区分进程的功能，ICMP 进程的区分实际上使用的是 Sequence number 字段。而 Identifier 字段的一个重要功能就是在 NAT 中作为地址映射的依据，因此在 display nat session 命令的显示结果中会看到 ICMP 协议的端口号为 512。Identifier 字段会在 NAT 对 ICMP 分片报文的处理中发挥非常重要的作用，在此不再进行介绍，感兴趣的学生可以自行查阅相关资料。

在进行动态网络地址转换时，路由器总是会从地址池中拿第一个可用地址来进行映射，此时如果 PC2 去 ping PC3，则会为 PC2 分配内部全局地址 202.207.120.11。

可以在用户视图下使用 reset nat session 命令清除掉未到老化时间的地址映射关系。

9.4　网络地址端口转换

网络地址端口转换(Network Address Port Translation,NAPT)又称为端口地址转换(Port Address Translation,PAT)或者地址过载。动态网络地址转换是一对一的映射关系,它只是解决了内外网通信的问题,但并没有真正意义上解决公有 IP 地址不足的问题。而 NAPT 技术通过使用同一个内部全局地址的不同端口号来标识不同的内部本地地址,实现多对一的地址转换,从而节约公有 IP 地址。

在 NAPT 的转换过程中,路由器维护着如表 9-2 所示的动态地址转换表,通过端口的映射关系使多个内部本地地址转换到一个内部全局地址上。在进行地址转换时,一般会尽量使用与本地地址端口相同的全局地址端口,但如果该端口已经被使用,则会选择最小的可用端口作为全局地址端口。

表 9-2　NAPT 地址转换表

<table>
<tr><th>内部本地地址</th><th>内部本地地址端口</th><th>内部全局地址</th><th>内部全局地址端口</th></tr>
<tr><td>192.168.1.2</td><td>2000</td><td rowspan="3">202.207.120.10</td><td>2000</td></tr>
<tr><td>192.168.1.3</td><td>1024</td><td>1024</td></tr>
<tr><td>192.168.1.20</td><td>1024</td><td>1025</td></tr>
</table>

9.4.1　Cisco 设备 NAPT 配置

在 Cisco 设备上 NAPT 的配置方法和动态 NAT 基本相同,唯一的区别是配置 NAPT 时在进行 ACL 和地址池关联的指令中增加了一个 overload 参数,用来表明是基于端口的多对一的地址转换。

在此依然使用图 9-3 所示的网络,要求将内部网络 192.168.1.0/24 使用 NAPT 技术过载到唯一的内部全局地址 202.207.120.10 上。具体的配置命令如下:

```
Router(config)#access-list 1 permit 192.168.1.0 0.0.0.255
Router(config)#ip nat pool napt 202.207.120.10 202.207.120.10 netmask 255.255.
255.0
Router(config)#ip nat inside source list 1 pool napt overload
Router(config)#interface FastEthernet 0/0
Router(config-if)#ip nat inside
Router(config-if)#exit
Router(config)#interface FastEthernet 0/1
Router(config-if)#ip nat outside
```

配置完成后,在 PC1 和 PC2 上分别去 ping PC3,然后在路由器上执行 display nat session 命令,显示的结果如下:

```
Router#show ip nat translations
```

```
Pro   Inside global         Inside local        Outside local        Outside global
icmp  202.207.120.10:512    192.168.1.2:512     202.207.120.2:512    202.207.120.2:512
icmp  202.207.120.10:513    192.168.1.3:512     202.207.120.2:512    202.207.120.2:513
```

从显示的结果中可以看出,内部本地地址 192.168.1.2 和 192.168.1.3 均转换到了内部全局地址 202.207.120.10,分别用端口号 512 和 513 来区分。

9.4.2 H3C 设备 NAPT 配置

在 H3C 设备上 NAPT 的配置方法与动态 NAT 基本相同,唯一的区别是 NAPT 在出口路由器的出站接口上配置 ACL 与地址池的关联时不使用 no-pat 参数,表明是基于端口的多对一的地址转换。

在此依然使用图 9-3 所示的网络,要求将内部网络 192.168.1.0/24 使用 NAPT 技术过载到唯一的内部全局地址 202.207.120.10 上。具体的配置命令如下:

```
[H3C]acl number 2000
[H3C-acl-basic-2000]rule permit source 192.168.1.0 0.0.0.255
[H3C-acl-basic-2000]quit
[H3C]nat address-group 1 202.207.120.10 202.207.120.10
[H3C]interface Ethernet 0/1
[H3C-Ethernet0/1]nat outbound 2000 address-group 1
```

配置完成后,在 PC1 和 PC2 上分别去 ping PC3,然后在路由器上执行 display nat session 命令,显示的结果如下:

```
[H3C]display nat session

There are currently 2 NAT sessions:

Protocol      GlobalAddr     Port        InsideAddr    Port     DestAddr      Port
  ICMP     202.207.120.10  12288        192.168.1.2   512   202.207.120.2   512
     status:11       TTL:00:00:10   Left:00:00:04   VPN:---

  ICMP     202.207.120.10  12289        192.168.1.3   512   202.207.120.2   512
     status:11       TTL:00:00:10   Left:00:00:06   VPN:---
```

从显示的结果中可以看出,内部本地地址 192.168.1.2 和 192.168.1.3 均转换到了内部全局地址 202.207.120.10,分别用端口号 12288 和 12289 来区分。

9.5 基于接口的地址转换

基于接口的地址转换又称为 Easy IP,是 NAPT 的一种特殊形式。在 NAPT 技术中,由于需要配置存放有内部全局地址的地址池,因此需要预先确定可以使用的公有 IP 地址范围,但是在目前应用非常广泛的 ADSL 接入中,公有 IP 地址是由服务提供商动态分配的，无法提前预知，而且服务提供商只会为用户分配一个公有 IP。在这种情况下，就需要使用 Easy IP 技术来实现地址转换。Easy IP 与 NAPT 的区别在于它是将内部本地地址全部映射到出口路由器的出站接口地址上。除了 ADSL 外，一般在计算机机房和网吧中也都采用 Easy IP 技术来进行地址的转换，以实现 IP 地址的节约。

9.5.1 Cisco 设备 Easy IP 配置

由于内部全局地址使用路由器的接口地址，因此在 Easy IP 的配置中，不需要定义地址池，其他配置与 NAPT 类似，只是将 ACL 绑定到地址池改变为绑定到路由器外部链接端口。

在 Cisco 设备上 Easy IP 的配置涉及的命令如下：

```
Router(config)#access-list access-list-number {permit|deny} source [source-wildcard]
Router(config)#ip nat inside source list access-list-number interface interface-type interface-number overload
Router(config)#interface interface-type interface-number
Router(config-if)#ip nat inside
Router(config-if)#exit
Router(config)#interface interface-type interface-number
Router(config-if)#ip nat outside
```

在此依然使用图 9-3 所示的网络，要求将内部网络 192.168.1.0/24 使用 Easy IP 技术进行地址转换。具体的配置命令如下：

```
Router(config)#access-list 1 permit 192.168.1.0 0.0.0.255
Router(config)#ip nat inside source list 1 interface FastEthernet 0/1 overload
Router(config)#interface FastEthernet 0/0
Router(config-if)#ip nat inside
Router(config-if)#exit
Router(config)#interface FastEthernet 0/1
Router(config-if)#ip nat outside
```

配置完成后，在 PC1 和 PC2 上分别去 ping PC3，然后在路由器上执行 show ip nat translations 命令，显示的结果如下：

```
Router#show ip nat translations
Pro   Inside global        Inside local       Outside local        Outside global
icmp  202.207.120.1:512    192.168.1.2:512   202.207.120.2:512    202.207.120.2:512
icmp  202.207.120.1:513    192.168.1.3:512   202.207.120.2:512    202.207.120.2:513
```

从显示的结果中可以看出，内部本地地址 192.168.1.2 和 192.168.1.3 均转换到了路由器接口 FastEthernet 0/1 的 IP 地址 202.207.120.1 上。

9.5.2 H3C 设备 Easy IP 配置

在此依然使用图 9-3 所示的网络，要求将内部网络 192.168.1.0/24 使用 Easy IP 技术进行地址转换。具体的配置命令如下：

```
[H3C]acl number 2000
[H3C-acl-basic-2000]rule permit source 192.168.1.0 0.0.0.255
[H3C-acl-basic-2000]quit
[H3C]interface Ethernet 0/1
[H3C-Ethernet0/1]nat outbound 2000
```

配置完成后，在 PC1 和 PC2 上分别去 ping PC3，然后在路由器上执行 display nat session 命令，显示的结果如下：

```
[H3C]display nat session

There are currently 2 NAT sessions:

Protocol      GlobalAddr   Port      InsideAddr   Port      DestAddr   Port
  ICMP      202.207.120.1  12288     192.168.1.2   512   202.207.120.2  512
    status:11      TTL:00:00:10   Left:00:00:05   VPN:---

  ICMP      202.207.120.1  12289     192.168.1.3   512   202.207.120.2  512
    status:11      TTL:00:00:10   Left:00:00:06   VPN:---
```

从显示的结果中可以看出，内部本地地址 192.168.1.2 和 192.168.1.3 均转换到了路由器接口 Ethernet0/1 的 IP 地址 202.207.120.1 上。

9.6 端口地址重定向

无论是 Basic NAT，还是 NAPT 和 Easy IP，都是动态的地址转换，映射关系是由内网主机向外网发出的访问触发建立的，而外网主机无法主动连接内网主机。对于内网存在服务器的情况，只能采用静态网络地址转换。但是在有些情况下，可能公有 IP 地址很少，无法满足内网服务器的静态转换需求。例如，只有一个公有 IP 地址被分配给了出口路由器的出站接口，内网的主机通过 Easy IP 实现地址转换，如果内网存在服务器的情况下，显然无法使用静态网络地址转换。这时候就可以使用端口地址重定向技术来实现。

端口地址重定向又称为 NAT Server。它通过将“内部本地地址＋端口”静态的映射到“内部全局地址＋端口”，从而确保外网主机可以主动访问内网服务器的某些服务的同时不增加公有 IP 地址。

9.6.1 Cisco 设备 NAT Server 配置

CISCIO 设备上 NAT Server 配置涉及的命令如下：

```
Router(config)#ip nat inside source static {tcp|udp} local-ip local-port global-ip
global-port
```

CISCIO 设备上 NAT Server 的配置举例如下。

在图 9-3 所示的网络中，假定路由器外部链接端口地址 202.207.120.1 是静态分配的，要求将内部网络 192.168.1.0/24 使用 Easy IP 技术进行地址转换，并且要求外部网络使用 http://202.207.120.1 访问内部网络服务器 192.168.1.2 上 Web 服务。

该要求可以用 Easy IP 和 NAT Server 实现，将内网 Web 服务器 192.168.1.2 通过 NAT Server 静态映射到出口路由器出站接口的 80 端口上（TCP 的 80 端口即 HTTP），使外部网络主机 PC3 可以访问 PC1 的 Web 服务。具体的配置命令如下：

```
Router(config)#access-list 1 permit 192.168.1.0 0.0.0.255
Router(config)#ip nat inside source list 1 interface FastEthernet 0/1 overload
Router(config)#ip nat inside source static tcp 192.168.1.2 80 202.207.120.1 80   ;
NAT Server
Router(config)#interface FastEthernet 0/0
Router(config-if)#ip nat inside
Router(config-if)#exit
Router(config)#interface FastEthernet 0/1
Router(config-if)#ip nat outside
```

配置完成后，在路由器上执行 show ip nat translations 命令，显示的结果如下：

```
Router#show ip nat translations
Pro     Inside global        Inside local        Outside local        Outside global
tcp     202.207.120.1:80     192.168.1.2:80      ---                  ---
```

此时在 PC3 的 IE 浏览器中输入 http://202.207.120.1，应该可以访问 PC1 上的 Web 服务。同时在路由器上执行 debug ip nat 命令，显示的结果如下：

```
Router#debug ip nat
IP NAT debugging is on
Router#
*Mar  1 00:28:43.615: NAT: s=202.207.120.2, d=202.207.120.1->192.168.1.2 [9331]
*Mar  1 00:28:43.619: NAT: s=192.168.1.2->202.207.120.1, d=202.207.120.2
[10216]
```

9.6.2　H3C 设备 NAT Server 配置

H3C 设备端口地址重定向需要在接口视图下进行配置，具体的配置命令如下：

```
[H3C-Ethernet0/0]nat server protocol pro-type global global-addr [global-port]
inside host-addr [host-port]
```

用 H3C 设备实现的 9.6.1 小节中 NAT Server 的配置举例如下：

```
[H3C]acl number 2000
[H3C-acl-basic-2000]rule permit source 192.168.1.0 0.0.0.255
[H3C-acl-basic-2000]quit
[H3C]interface Ethernet 0/1
```

```
[H3C-Ethernet0/1]nat outbound 2000
[H3C-Ethernet0/1]nat server protocol tcp global 202.207.120.1 80 inside 192.168.
1.2 80  ;NAT Server
```

配置完成后，在路由器上执行 display nat server 命令，显示的结果如下：

```
[H3C]display nat server
NAT server in private network information:
  There are currently 1 internal server(s)
  Interface: Ethernet0/1, Protocol: 6(tcp)
    Global:   202.207.120.1 : 80(www)
    Local :      192.168.1.2 : 80(www)
```

从显示的结果中可以看出，在路由器的接口 Ethernet0/1 上配置了一个基于 TCP 协议的 NAT Server，其映射关系为“内部本地地址 192.168.1.2＋端口号 80”映射到“内部全局地址 202.207.120.1＋端口号 80”。

此时在 PC3 的 IE 浏览器中输入 http://202.207.120.1，应该可以访问 PC1 上的 Web 服务。同时在路由器上执行 debugging nat packet 命令，显示的结果如下：

```
<H3C>debugging nat packet
Info: NAT packet debugging is enabled!
<H3C>
*Nov 16 03:29:58:867 2011 H3C NAT/7/debug:
(Ethernet0/1-in  :)Pro : TCP  is to NAT server
(  202.207.120.2: 2196 -   202.207.120.1:   80)------>
(  202.207.120.2: 2196 -      192.168.1.2:  80)
*Nov 16 03:29:58:868 2011 H3C NAT/7/debug:
(Ethernet0/1-out :)Pro : TCP  is from NAT server
(     192.168.1.2:   80 -   202.207.120.2: 2196)------>
(  202.207.120.1:   80 -   202.207.120.2: 2196)
```

从显示的结果中可以看出，通过 NAT Server 技术实现了“202.207.120.1＋80”和“192.168.1.2＋80”之间的转换。

9.7 NAT 与 ACL 的顺序关系

在路由器的某个端口上可能会应用 NAT，而在该接口上往往也会应用 ACL 来保护内部网络的安全，在这种情况下就会涉及 ACL 和 NAT 处理的先后顺序问题，处理顺序的不同会影响到对 ACL 具体规则的定义。不同厂家的网络设备在处理顺序上会有所不同，在这里我们可以通过实验来验证 H3C 路由器对 ACL 和 NAT 的处理顺序。

在此依然使用图 9-3 所示的网络，为了验证简单起见，将内部网络主机 PC1 和 PC2 的 IP 地址分别静态转换到内部全局地址 202.207.120.20 和 202.207.120.30 上。具体的配置命令如下：

```
[H3C]nat static 192.168.1.2 202.207.120.20
```

```
[H3C]nat static 192.168.1.3 202.207.120.30
[H3C]interface Ethernet 0/1
[H3C-Ethernet0/1]nat outbound static
```

配置完成后，在 PC1 或 PC2 上可以 ping 通 PC3，并且在路由器上使用 display nat session 命令可以看到内部本地地址 192.168.1.2 到内部全局地址 202.207.120.20、内部本地地址 192.168.1.3 到内部全局地址 202.207.120.30 之间的映射关系。

配置基本 ACL 并进行应用，具体的配置命令如下：

```
[H3C]firewall enable
[H3C]acl number 2000
[H3C-acl-basic-2000]rule deny source 192.168.1.2 0
[H3C-acl-basic-2000]rule permit
[H3C-acl-basic-2000]quit
[H3C]inter Ethernet 0/1
[H3C-Ethernet0/1]firewall packet-filter 2000 outbound
```

从上面的配置中可以看出，ACL 2000 中的规则 rule 0 的定义是拒绝源 IP 地址为内部本地地址 192.168.1.2 的数据流量，该 ACL 被应用在了路由器的 Ethernet 0/1 接口的 outbound 方向上。

配置完成后，在 PC1 上使用 ping 命令测试到达 PC3 的连通性，会发现无法连通。在路由器上执行命令 display acl 2000，显示的结果如下：

```
[H3C]display acl 2000
Basic ACL  2000, named -none-, 2 rules,
ACL's step is 5
  rule 0 deny source 192.168.1.2 0(4 times matched)
```

从显示的结果中可以看出，PC1 发出的流量命中了规则 rule 0，因而被拒绝。因此我们通过推断可知，在路由器某个接口上同时存在出站 ACL 和 NAT 时，出站流量应该是先去匹配出站 ACL，然后再进行地址的转换。具体如图 9-4 所示。

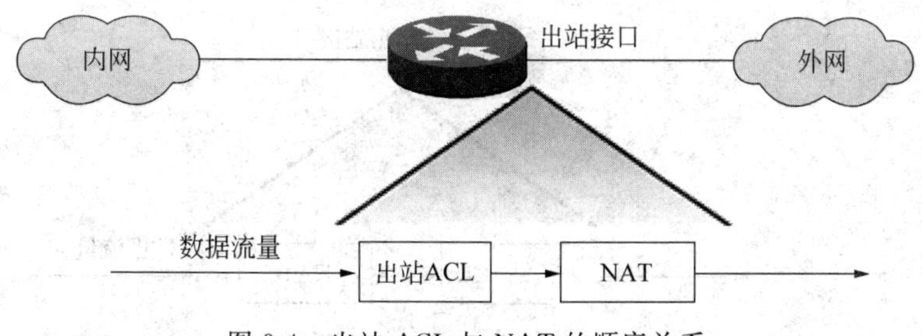

图 9-4　出站 ACL 与 NAT 的顺序关系

如果将 ACL 2000 修改如下：

```
[H3C]acl number 2000
[H3C-acl-basic-2000]undo rule 0
[H3C-acl-basic-2000]rule 0 deny source 202.207.120.20 0
```

修改完成后，在 PC1 上再次使用 ping 命令测试到达 PC3 的连通性，会发现此时可以连通。从而进一步验证了图 9-4 所示的顺序关系。

实际上在出口路由器的出站接口上很少使用出站 ACL,而更多的时候是使用入站 ACL 来对外部网络需要进入内部网络的流量进行访问控制。为验证入站 ACL 和 NAT 的处理顺序,在路由器上配置高级 ACL 并进行应用,具体的配置命令如下:

```
[H3C]acl number 3000
[H3C-acl-adv-3000]rule deny ip destination 192.168.1.2 0
[H3C-acl-adv-3000]rule permit ip
[H3C-acl-adv-3000]quit
[H3C]interface Ethernet 0/1
[H3C-Ethernet0/1]undo firewall packet-filter 2000 outbound
[H3C-Ethernet0/1]firewall packet-filter 3000 inbound
```

从上面的配置中可以看出,ACL 3000 中的规则 rule 0 的定义是拒绝目的 IP 地址为内部本地地址 192.168.1.2 的数据流量,该 ACL 被应用在了路由器的 Ethernet 0/1 接口的 inbound 方向上。

注意:为保证测试的简单和纯粹,在应用 ACL 3000 之前,建议将 ACL 2000 的应用从接口 Ethernet 0/1 上去掉。

配置完成后,在 PC3 上使用命令"ping 202.207.120.20"测试到达 PC1 的连通性,会发现无法连通。在路由器上执行命令 display acl 3000,显示的结果如下:

```
[H3C]display acl 3000
Advanced ACL  3000, named -none-, 2 rules,
ACL's step is 5
 rule 0 deny ip destination 192.168.1.2 0(4 times matched)
 rule 5 permit ip
```

从显示的结果中可以看出,PC3 发出的流量命中了规则 rule 0,因而被拒绝。因此我们通过推断可知,在路由器某个接口上同时存在入站 ACL 和 NAT 时,入站流量应该是先进行地址的转换,然后去匹配入站 ACL。具体如图 9-5 所示。

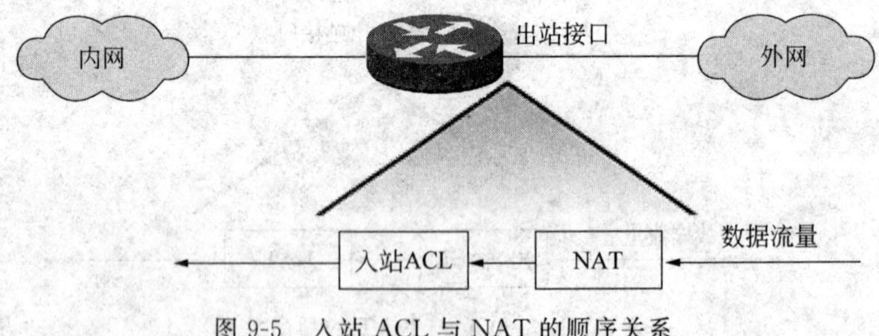

图 9-5　入站 ACL 与 NAT 的顺序关系

将 ACL 3000 修改如下:

```
[H3C]acl number 3000
[H3C-acl-adv-3000]undo rule 0
[H3C-acl-adv-3000]rule 0 deny ip destination 202.207.120.20 0
```

修改完成后,在 PC3 上再次使用命令"ping 202.207.120.20"测试到达 PC1 的连通性,会发现此时可以连通。从而进一步验证了图 9-5 所示的顺序关系。

注意:Cisco 路由器在对 ACL 和 NAT 的处理顺序上与 H3C 路由器正好相反。因此在定义 ACL 规则时一定要注意根据网络设备对 ACL 和 NAT 的处理顺序来决定是对内部本地地址进行约束还是对内部全局地址进行约束。对于 H3C 的路由器而言,ACL 的定义总是约束内部本地地址;而对于 Cisco 的路由器而言,ACL 的定义则总是约束内部全局地址。

9.8　小　　结

由于私有 IP 地址广泛地被企业内部网络使用,网络地址转换 NAT 技术就成为企业网络外连中必不可少的技术。NAT 作为一种缓解 IP 地址空间紧张的技术也被广泛地应用在计算机房及网吧中。

基于企业小型网络对网络地址转换的需求,本章对常用的几种内部网络地址转换方式,包括静态 NAT、动态 NAT、NAPT、Easy IP 以及端口地址重定向的转换原理以及配置方法进行了介绍,并简单介绍了 NAT 与 ACL 的顺序关系。

9.9　习　　题

一、选择题

1. 以下 NAT 技术中,可以实现多对一映射转换的是(　　)。

   A. 静态 NAT　　　　B. 动态 NAT

   C. Easy IP　　　　D. NAT Server

2. 在配置 NAT 时,(　　)用来确定一些内部本地地址将被转换。

   A. ACL　　　　B. 地址池

   C. 地址转换表　　　　D. 进行 NAT 的接口

二、简答题

1. 在使用私有 IP 地址时,什么情况下必须使用网络地址转换?
2. 内部网络地址转换有哪几种不同的类型?
3. 在 Cisco 路由器上配置 NAT 时,怎样指定 NAT 转换的内部端口和外部端口?
4. 在 H3C 路由器上配置 NAT 时,怎样指定 NAT 转换的端口?
5. 在 H3C 设备的一个接口上同时存在 ACL 和 NAT 时,ACL 应该对内部本地地址还是内部全局地址进行约束?为什么?

9.10 实训 小型网络中地址的转换

【实训学时】 2学时。

【实训组学生人数】 4人。

【实训目的】 掌握NAT配置的Easy IP的配置方法和NAT Server配置方法。

【实训设备】

(1) 安装有TCP/IP协议的Windows系统2台PC。

(2) 安装有TCP/IP协议的Windows Server系统的1台PC。

(3) 路由器：1台。

(4) 二层交换机：2台。

(5) UTP电缆：6条。

(6) Console电缆：1条。

保持路由器和交换机均为出厂配置。

【实验内容】 按照图9-6所示的网络连接完成网络配置和NAT配置。图中与校园网连接的上连端口地址为10.0.×.1，其中"×"为分组号。(实训使用的设备不同端口表示可能不同)

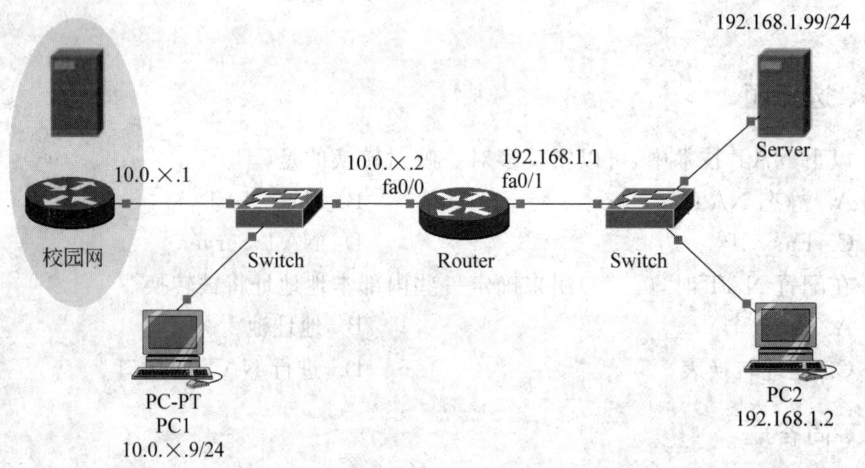

图9-6 实训网络连接

按照图9-6标注的路由器端口及PC的IP地址，在完成实训配置后路由器右侧的计算机能够使用fa0/0的端口地址访问校园网；在PC1的浏览器中使用http://10.0.×.2能够打开192.168.1.99的Web网站。

【实训指导】

(1) 按照图9-6完成网络连接，并配置PC及路由器端口的IP地址、默认网关、DNS。

(2) 在内部服务器上配置Web网站。

(3) 在 PC2 的浏览器中输入 http://192.168.1.99,应该能够打开内部的 Web 网站。

(4) 配置路由器:

① 配置到达校园网的默认路由。

② 配置 Easy IP,使 192.168.1.0 网络全部映射到出口路由器的出站接口 fa0/0 上。

③ 配置 NAT Server,将 192.168.1.99 80 映射到 10.0.×.2 80,以便在路由器左侧使用 http://10.0.×.2 访问 192.168.1.99Web 网站。

④ 将 fa0/1 端口指定为 NAT 内部端口(inside),将 fa0/0 端口指定为外部端口(outside)。

(5) 在 PC2 的浏览器中打开校园网上的网站。

(6) 在 PC1 的浏览器中使用 http://10.0.×.2 打开 192.168.1.99 的 Web 网站。

【实训报告】

NAT 配置实训报告

<table>
<tr><td colspan="4">一、基本配置及测试</td></tr>
<tr><td rowspan="4">PC 的 IP 属性</td><td>PC</td><td>IP 地址</td><td>默认网关</td></tr>
<tr><td>PC1</td><td></td><td></td></tr>
<tr><td>PC2</td><td></td><td></td></tr>
<tr><td>Server</td><td></td><td></td></tr>
<tr><td rowspan="4">Web 服务器配置</td><td>IP</td><td></td><td></td></tr>
<tr><td>端口号</td><td></td><td></td></tr>
<tr><td>主目录</td><td></td><td></td></tr>
<tr><td>首页文件名</td><td></td><td></td></tr>
<tr><td rowspan="3">路由器基本配置</td><td>Fa0/0 口 IP</td><td></td><td></td></tr>
<tr><td>Fa0/1 口 IP</td><td></td><td></td></tr>
<tr><td>路由配置</td><td></td><td></td></tr>
<tr><td rowspan="4">连通测试</td><td colspan="2">PC2 ping PC1</td><td>通　不通</td></tr>
<tr><td colspan="2">PC2 上打开百度网站</td><td>能打开网站　不能打开网站</td></tr>
<tr><td colspan="2">PC1 上浏览 http://192.168.1.99</td><td>能打开网站　不能打开网站</td></tr>
<tr><td colspan="2">PC2 上浏览 http://10.0.×.2</td><td>能打开网站　不能打开网站</td></tr>
<tr><td colspan="4">二、NAT 配置</td></tr>
<tr><td>配置命令</td><td colspan="3"></td></tr>
</table>

续表

连通测试	PC2 ping PC1	通　　不通
	PC2 上打开百度网站	能打开网站　不能打开网站
	PC1 上浏览 http://192.168.1.99	能打开网站　不能打开网站
	PC2 上浏览 http://10.0.×.2	能打开网站　不能打开网站
三、实验收获		

第10章　动态IP地址分配

在IP地址规划中可以为网络中的主机固定分配一个IP地址。这种静态分配IP地址的方法在大型网络中除了工作量较大之外，当可用的IP地址少于网络中的主机数量，而所有主机并不是都同时联网工作时，可以考虑使用动态主机配置协议(Dynamic Host Configuration Protocol，DHCP)完成IP地址的动态分配，这也是一种节约IP地址的技术。

DHCP是用来为客户端主机动态分配IP地址的协议。在一个网络中，对于路由器、交换机等网络设备以及服务器等关键节点通常需要一个特定的IP地址；但对于大量的客户主机而言，往往只要能够连接网络即可，并不需要固定为某一个IP地址，尤其对于经常变化位置的客户主机，例如，无线网络手机客户，使用固定IP地址甚至会带来很多麻烦。另外，所有的客户主机并不会在某一个时间段同时在线，但使用固定IP地址必须为每一个客户主机分配一个IP地址，造成IP地址的浪费。

10.1　DHCP的基本概念

DHCP采用C/S模式，允许客户主机从一台DHCP服务器上动态地获得它的IP地址、子网掩码和默认网关等TCP/IP属性配置，从而方便用户使用、减轻IP地址管理的工作量，并且可以起到节约IP地址的作用。

DHCP要求客户端要向DHCP服务器发出DHCP请求报文来申请IP地址，由DHCP服务器出租一个IP地址给客户端使用。DHCP在传输层使用UDP协议实现，客户端通过UDP的68端口向服务器发送消息，服务器通过UDP的67端口向客户端发送消息。工作过程如图10-1所示。

1. 发现

在客户端主机启动后，首先向网络中发送一个称为DHCPDiscover的广播报文，用来查找网络中的DHCP服务器。由于此时客户端主机并没有有效的IP地址，因此该广播报文的源IP地址为0.0.0.0。在DHCPDiscover报文的选项中包含一个Requested IP Address字段，该字段的IP地址为客户端主机以前使用的静态IP地址，即客户端主机希望DHCP服务器为其分配该地址使其保留使用。

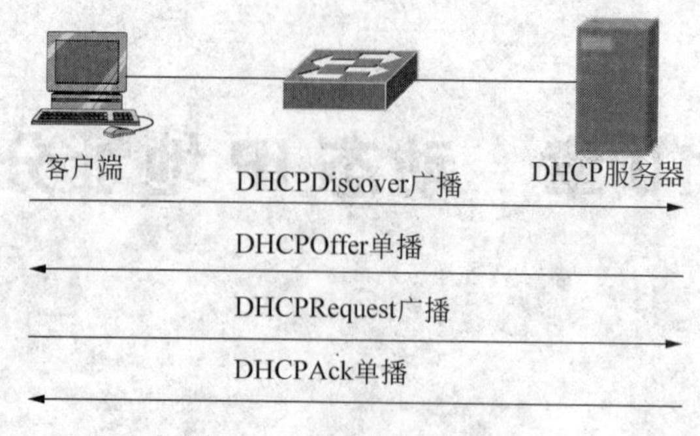

图 10-1 DHCP 工作过程

2. 提供

DHCP 服务器接收到 DHCPDiscover 报文后，判断是否可以为其提供服务。如果可以为该请求提供服务，DHCP 服务器会首先尽量满足客户端在 DHCPDiscover 报文中请求的 IP 地址；如果无法满足，DHCP 服务器会从自己的地址池中取出第一个可用的 IP 地址，并用 DHCPOffer 报文发送给客户端。需要注意的是，DHCPOffer 提供的只是一个建议配置，内容会包括建议的 TCP/IP 属性配置以及地址的租期等信息。

3. 请求

客户端主机接收到 DHCPOffer 报文后，如果接受其给出的建议配置，则发送广播报文 DHCPRequest，用来向 DHCP 服务器明确地请求该配置参数。之所以采用广播的方式，是因为网络中可能存在不止一台的 DHCP 服务器。如果有多台 DHCP 服务器提供了建议配置，则 DHCPRequest 广播可以告诉所有的 DHCP 服务器谁提供的建议配置被接受了。被接受的往往是客户端第一个接收到的建议配置。

4. 确认

DHCP 服务器接收到 DHCPRequest 报文后，正式将建议配置分配给客户端主机，并给客户端主机发送一个 DHCPAck 报文进行确认。需要注意的是，DHCP 服务器有可能将建议配置信息临时租用给了其他客户，此时将不再为客户端主机发送 DHCPAck 报文。客户端主机接收到 DHCPAck 报文后，会首先对所分配的 IP 地址进行 ARP 请求，如果没有收到任何关于该地址的 ARP 响应，则证明该地址有效并开始使用。

通过发现、提供、请求、确认四个步骤，DHCP 服务器会动态地为客户端主机分配一个 IP 地址。一般被分配的 IP 地址并不能永远被客户端使用，而是有一个地址的租用期限。一旦租期届满，DHCP 服务器就会将地址收回。IP 地址的租用期限由网络管理员在配置 DHCP 服务器时设定，一般默认是 1 天。客户端主机会在租期过去 50%时，向 DHCP 服务器发送 DHCPRequest 报文以请求继续租用当前地址。如果请求失败，则会在租期过去 87.5%时再请求一次；如果仍然失败，则在租期到达后释放 IP 地址。

如果客户端主机不再需要分配给它的 IP 地址，则客户端主机会向 DHCP 服务器发送一个 DHCPRelease 报文释放 IP 地址。

10.2　DHCP 的配置

在路由器、三层交换机等网络设备和计算机服务器上都可以配置 DHCP。H3C 的二层交换机、Cisco2960 以上的二层交换机上也可以配置 DHCP，但是使用二层交换机配置 DHCP 概念上比较复杂，因为二层交换机本身没有 IP 地址，所以使用二层交换机配置 DHCP 时只能在交换机所在的网段，并且只能是本网段的地址池，默认网关必须是本网段中的路由器或三层交换机的连接端口。在这里不涉及在计算机服务器上的 DHCP 配置，重点介绍在路由器或三层交换机上的 DHCP 配置。

10.2.1　在 Cisco 设备中的 DHCP 配置

在 Cisco 的路由器和三层交换机上配置 DHCP 的命令和方法完全相同。在默认情况下，Cisco 设备的 DHCP 服务处于启用状态。如果 DHCP 服务被关闭了，可以使用全局配置命令来启用 DHCP 服务：

```
Router(config)#service dhcp
```

下面以路由器为例介绍 Cisco 设备中配置 DHCP 的常用命令和步骤。

1. 排除不可分配给客户端主机的特殊 IP 地址

```
Router(config)#ip dhcp excluded-address low-address high-address
```

被排除的地址一般是下面要定义的 DHCP 地址池中的特殊 IP 地址，如网关地址、服务器地址等不能分配给客户端主机使用。low-address high-address 表示排除一个地址段，如果只是排除单个地址，如网关地址，命令可以简化成：

```
Router(config)#ip dhcp excluded-address address
```

例如：

```
Router(config)#ip dhcp excluded-address 200.10.10.1 100.10.10.10   ;排除一个地址段
Router(config)#ip dhcp excluded-address 192.168.1.1                 ;排除一个网关地址
```

2. 定义地址池

```
Router(config)#ip dhcp pool name
Router(dhcp-config)#network network-number mask
```

创建一个名字为 name 的地址池，定义地址池中可供租借的 IP 地址，和排除的地址一起构成可以租借的 IP 地址范围。例如：

```
Router(config)#ip dhcp excluded-address 192.168.1.1 192.168.1.100
Router(config)#ip dhcp excluded-address 192.168.1.200 192.168.1.254
Router(config)#ip dhcp pool abc
Router(dhcp-config)#network 192.168.1.0 255.255.255.0
```

这样就定义了可以租借的 IP 地址范围是 192.168.1.101～192.168.1.199。

3. 指定地址池相关联的默认网关

```
Router(dhcp-config)#default-router address
```

为使用该地址池中地址的客户端主机指定默认网关，并且是路由器的端口地址。即地址池和路由器端口进行了绑定，只有通过该端口连接的客户端主机才能分配该地址池中的 IP 地址。

4. 为 DHCP 客户端主机指定 DNS 服务器的地址

```
Router(dhcp-config)#dns-server address
```

如果不使用域名服务，该配置可以省略。

配置 DHCP 必须要创建一个地址池来定义可以为客户端主机分配的 IP 地址范围，并且要为客户端主机指定默认网关，使其可以访问外部网络。如果有域名解析的需求，就要为客户端主机指定 DNS 服务器的地址。

假设存在如图 10-2 所示的网络连接，要求路由器作为 192.168.1.0/24 网段的 DHCP 服务器，并且该网段的前 10 个地址不能被用来动态分配。

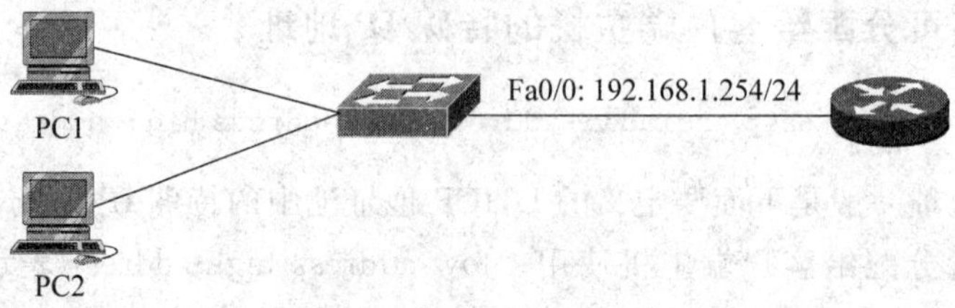

图 10-2　DHCP 配置网络连接

路由器的配置如下：

```
Router(config)#ip dhcp excluded-address 192.168.1.1 192.168.1.10
Router(config)#ip dhcp excluded-address 192.168.1.254
Router(config)#ip dhcp pool abc
Router(dhcp-config)#network 192.168.1.0 255.255.255.0
Router(dhcp-config)#default-router 192.168.1.254
```

配置完成后，将客户端主机的 TCP/IP 属性设置为自动获得 IP 地址，在命令行模式下使用 ipconfig 命令查看可以看到该客户端主机动态获得的 IP 地址。

在 DHCP 服务器上可以通过命令：

```
Show ip dhcp binding
```

查看地址池的使用情况。例如：

```
Router#show ip dhcp binding
IP address        Client-ID/              Lease expiration       Type
                   Hardware address
192.168.1.11      0004.9A4C.3712              --                  Automatic
192.168.1.12      000C.CF60.A77D              --                  Automatic
Router#
```

显示有两个 IP 地址被绑定。

10.2.2　在 H3C 设备中的 DHCP 配置

在 H3C 路由器和三层交换机上配置 DHCP 服务器的命令和方法完全相同，在此以路由器为例进行介绍。在 H3C 设备上，DHCP 的服务配置如下。

1. 开启 DHCP 服务

```
[H3C]dhcp enable
```

默认情况下，DHCP 服务处于关闭状态，所以要通过该命令启用设备上的 DHCP 服务。

2. 排除不可分配给客户端主机的特殊 IP 地址

```
[H3C]dhcp server forbidden-ip low-ip-address [high-ip-address]
```

3. 创建地址池

```
[H3C]dhcp server ip-pool pool-name
[H3C-dhcp-pool-name]network network-address [mask-length|mask mask]
```

定义地址池中可供租借的 IP 地址范围，注意对于掩码部分可以使用掩码长度(如 24)，也可使用子网掩码(如 255.255.255.0)来表示。例如，下面的命令效果是一样的：

```
[H3C]dhcp server ip-pool abc
[H3C-dhcp-pool-abc]network 192.168.1.0 24
```

或

```
[H3C]dhcp server ip-pool abc
[H3C-dhcp-pool-abc]network 192.168.1.0 255.255.255.0
```

4. 为 DHCP 客户端主机指定默认网关

```
[H3C-dhcp-pool-name]gateway-list ip-address
```

5. 为 DHCP 客户端主机指定 DNS 服务器地址

```
[H3C-dhcp-pool-name]dns-list ip-address
```

按图 10-2 所示的网络及 DHCP 配置的要求，使用 H3C 路由器的配置如下：

```
[H3C]dhcp enable
[H3C]dhcp server forbidden-ip 192.168.1.1 192.168.1.10
[H3C]dhcp server forbidden-ip 192.168.1.254
[H3C]dhcp server ip-pool abc
[H3C-dhcp-pool-abc]network 192.168.1.0 24
[H3C-dhcp-pool-abc]gateway-list 192.168.1.254
```

配置完成后，将客户端主机的 TCP/IP 属性设置为自动获得 IP 地址，在命令行下使用 ipconfig 命令，可以看到客户端主机已经通过 DHCP 获得了 IP 地址。

在 H3C 路由器上使用以下命令可以查看地址池的使用情况。

```
display dhcp server ip-in-use all
```

例如：

```
[H3C]display dhcp server ip-in-use all
Pool utilization: 0.82%
 IP address      Client-identifier/     Lease expiration         Type
                 Hardware address
192.168.1.12     90fb-a63b-7832         Aug 21 2010 09:55:34     Auto:COMMITTED
192.168.1.11     90fb-a63b-78d7         Aug 21 2010 09:55:39     Auto:COMMITTED
---total 2 entry ---
```

从显示的结果中可以看出，共有两个地址 192.168.1.11 和 192.168.1.12 被使用，客户端的 MAC 地址分别是 90fb-a63b-7832 和 90fb-a63b-78d7，地址池的使用率为 0.82%。

10.2.3 多地址池的 DHCP 配置举例

在如图 10-3 所示的网络连接中，所有 PC 的 TCP/IP 属性都设置为自动获取方式。IP 地址为 130.13.13.2 的服务器 Server 中配置有域名服务，Server 的自身域名为 www.test。路由器的端口地址及 IP 地址分配都标注在图中，其中 130.13.13.2～130.13.13.99 地址段不能被 DHCP 地址池使用。下面以 Cisco 路由器为例说明 DHCP 的配置。

1. 问题分析

图 10-3 中路由器连接着两个网段，显然需要分配不同的网络地址。当然各个网段上的主机所得到的 IP 地址网络号与相连端口的地址相关的，端口地址就是该网段主机的网关地址。所以在 DHCP 配置中需要配置两个地址池以满足两个网段的需要。

2. DHCP 配置

按照问题要求，使用 Cisco 设备的配置如下：

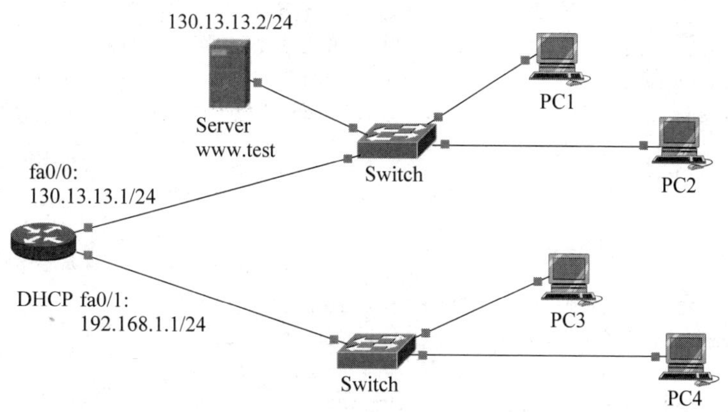

图 10-3　多地址池 DHCP 配置

```
Router(config)#interface FastEthernet0/0
Router(config-if)#ip address 130.13.13.1 255.255.255.0
Router(config-if)#no shutdown
Router(config-if)#exit
Router(config)#interface FastEthernet0/1
Router(config-if)#ip address 192.168.1.1 255.255.255.0
Router(config-if)#no shutdown
Router(config-if)#exit
Router(config)#ip dhcp excluded-address 130.13.13.1 130.13.13.99
Router(config)#ip dhcp pool p130
Router(dhcp-config)#network 130.13.13.0 255.255.255.0
Router(dhcp-config)#default-router 130.13.13.1
Router(dhcp-config)#dns-server 130.13.13.2
Router(config)#ip dhcp excluded-address 192.168.1.1
Router(config)#ip dhcp pool p-192
Router(dhcp-config)#network 192.168.1.0 255.255.255.0
Router(dhcp-config)#default-router 192.168.1.1
Router(dhcp-config)#dns-server 130.13.13.2
```

配置完成后，从路由器上查看地址池的使用情况：

```
Router#show ip dhcp binding
IP address       Client-ID/              Lease expiration        Type
                 Hardware address
130.13.13.100    0002.4AD2.640E          --                      Automatic
130.13.13.101    00D0.BCE4.69DA          --                      Automatic
192.168.1.3      0004.9AC3.6036          --                      Automatic
192.168.1.2      0001.6307.9C9A          --                      Automatic
Router#
```

从 PC4 上查看的命令如下：

```
PC>ipconfig /all

Physical Address................: 0001.6307.9C9A
```

```
IP Address......................: 192.168.1.2
Subnet Mask.....................: 255.255.255.0
Default Gateway.................: 192.168.1.1
DNS Servers.....................: 130.13.13.2

PC>ping www.test

Pinging 130.13.13.2 with 32 bytes of data:

Reply from 130.13.13.2: bytes=32 time=110ms TTL=127
Reply from 130.13.13.2: bytes=32 time=125ms TTL=127
Reply from 130.13.13.2: bytes=32 time=94ms TTL=127
Reply from 130.13.13.2: bytes=32 time=125ms TTL=127

Ping statistics for 130.13.13.2:
    Packets: Sent=4, Received=4, Lost=0(0%loss),
Approximate round trip times in milli-seconds:
    Minimum=94ms, Maximum=125ms, Average=113ms
```

10.3 DHCP 中继

已知客户端主机通过广播的方式来寻找 DHCP 服务器并请求 IP 地址。但在实际的网络中,可能存在客户端主机和 DHCP 服务器处于不同逻辑网络的情况。例如,在图 10-4 所示的网络连接中,如果不在路由器上配置 DHCP 服务,所有 PC 的 TCP/IP 属性还是设置为自动获取,而把 DHCP 服务配置在 200.200.200.2 的服务器 Server 上,地址池设置为 192.168.1.0/24,那么 PC 上能自动获得 TCP/IP 属性的配置吗?

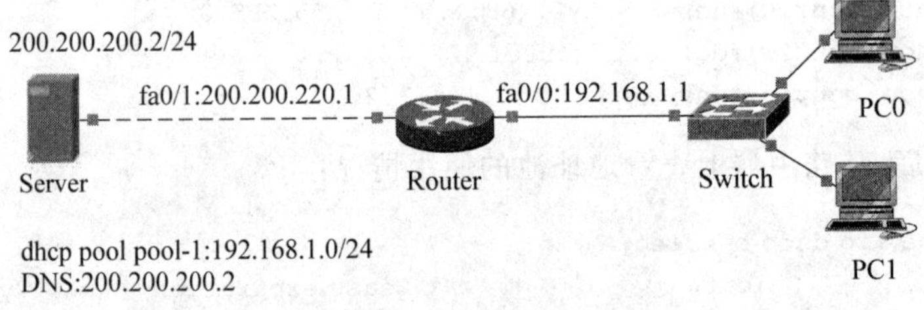

图 10-4　DHCP 中继

答案是否定的。因为 PC 的广播报文只能在本网段广播,不能穿过路由器。所以在 Server 上的 DHCP 服务器不能收到其请求地址配置的报文,自然得不到 IP 地址的分配。

对于该问题的解决办法有两种:一种是在所有的网段内均配置一台 DHCP 服务器,但会带来很多额外的开销和管理工作量;另一种解决办法就是通过配置 DHCP 的中继,使中间网络设备可以对接收到的客户端主机的 DHCP 请求报文进行转发。

10.3.1 Cisco 设备上的 DHCP 中继配置

Cisco 路由器中配置 DHCP 的方法很简单，只需要在中继端口（客户端主机所在的网段端口）上配置一条帮助地址即可：

```
Router(config)#interface FastEthernet  端口号
Router(config-if)#ip helper-address DHCP  服务器地址
```

对于图 10-4 所示的网络中，需要在 fa0/0 端口上配置帮助地址 200.200.200.2，路由器的配置如下：

```
Router(config)#interface FastEthernet0/0
Router(config-if)#ip address 192.168.1.1 255.255.255.0
Router(config-if)#no shutdown
Router(config-if)#ip helper-address 200.200.200.2
Router(config-if)#exit
Router(config)#interface FastEthernet0/1
Router(config-if)#ip address 200.200.200.1 255.255.255.0
Router(config-if)#no shutdown
```

配置完成后，在客户端主机的命令行模式下使用 ipconfig 命令查看可以看到该客户端主机动态获得的 IP 地址。

通过配置帮助地址实现 DHCP 的中继，可以在整个网络中只设置一台 DHCP 服务器来为多个网段提供 DHCP 服务，从而节约网络建设成本，减少网络维护的工作量。

10.3.2 H3C 设备上的 DHCP 中继配置

在 H3C 设备上，DHCP 中继配置稍微复杂，配置的命令及步骤如下。

（1）在进行 DHCP 中继的设备上启用 DHCP 服务

```
[H3C]dhcp enable
```

（2）创建一个 DHCP 服务器组并指定服务器组中 DHCP 服务器的 IP 地址

```
[H3C]dhcp relay server-group group-id ip ip-address
```

其中 group-id 是一个数字序号，如：

```
dhcp relay server-group 1 ip 130.12.1.2
```

（3）将中继端口设置成 DHCP 中继模式

```
[H3C]interface Ethernet 0/n
[H3C-Ethernet0/n]dhcp select relay
```

（4）将中继接口绑定到 DHCP 服务器组

```
[H3C-Ethernet0/n]dhcp relay server-select group-id
```

在图 10-4 所示的网络连接中，使用 H3C 路由器配置 DHCP 中继的命令如下：

```
[H3C]interface Ethernet 0/1
[H3C-Ethernet0/1] ip address 200.200.200.1 24
[H3C-Ethernet0/1]quit
[H3C]dhcp enable
[H3C]dhcp relay server-group 1 ip 200.200.200.2
[H3C]interface Ethernet 0/0
[H3C-Ethernet0/0] ip address 192.168.1.1 24
[H3C-Ethernet0/0]dhcp select relay
[H3C-Ethernet0/0]dhcp relay server-select 1
```

10.4 小　　结

本章主要介绍了 DHCP 的基本概念和在 Cisco 及 H3C 路由器、三层交换机网络设备上的 DHCP 服务配置方法及 DHCP 中继的配置方法。DHCP 对于解决 IP 地址紧张和对于经常变化位置的客户主机，例如，无线网络手机客户，是一种不可缺少的组网技术。

10.5 习　　题

1. 举例说明 DHCP 服务有什么样的用户是十分重要的。
2. 以 Cisco 路由器为例，写出定义一个 192.168.1.2～192.168.1.99 地址池的命令。
3. 如果 DHCP 服务中定义了两个逻辑网络地址池，DHCP 分配 IP 地址时使用哪个地址池中的地址？与什么有关？
4. 什么情况下需要配置 DHCP 中继？为什么？

10.6 实训　小型网络中 IP 地址的分配

【实训学时】 2 学时。

【实训组学生人数】 4 人。

【实训目的】 掌握路由器 DHCP 服务的配置方法和 DHCP 中继的配置方法。

【实训设备】

(1) 安装有 TCP/IP 协议的 Windows 系统 PC：4 台。

(2) 路由器：2 台。

(3) 二层交换机：2 台。

(4) UTP 电缆：6 条。

(5) Console 电缆：2 条。

保持路由器和交换机均为出厂配置。

【实验内容】 小型网络连接如图 10-5 所示。所有 PC 的 TCP/IP 属性均设置为自动获取,路由器端口分配及地址如图 10-5 所示。所有地址子网掩码均使用 255.255.255.0。要求在 Router0 上配置 DHCP 服务,Router1 上配置 DHCP 中继。完成网络连接及所有配置,使所有 PC 之间能够通信。

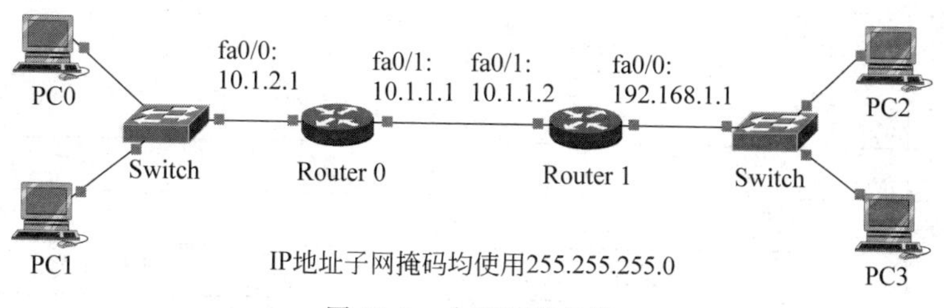

图 10-5　小型网络连接

【实训指导】

(1) 按照图 10-5 完成网络连接,并配置 PC 的 TCP/IP 属性为自动获取。

(2) 配置 Router0 的端口及 DHCP 服务。注意需要配置两个地址池,各网段的网关地址要排除在外。

(3) 配置 Router1 的端口及 DHCP 中继。注意要在 fa0/0 端口配置帮助地址。帮助地址可以是 10.1.1.1,也可以是 10.1.2.1。

(4) 配置静态路由。在两个路由器上分别配置到达不相邻网络的静态路由。

(5) 在 PC 上查看获取的 IP 地址、默认网关是否正确。

(6) 在 PC 上都获取了正确的 IP 地址、默认网关后,进行各 PC 之间的通信试验。

【实训报告】

DHCP 配置实训报告

一、Router0 配置	
端口及 DHCP 配置命令	
静态路由	

续表

<table>
<tr><td colspan="3">二、Router1 配置</td></tr>
<tr><td>端口及 DHCP 中继配置命令</td><td colspan="2"></td></tr>
<tr><td>静态路由</td><td colspan="2"></td></tr>
<tr><td colspan="3">三、结果检查</td></tr>
<tr><td></td><td>IP 地址</td><td>默认网关</td></tr>
<tr><td>PC0</td><td></td><td></td></tr>
<tr><td>PC1</td><td></td><td></td></tr>
<tr><td>PC2</td><td></td><td></td></tr>
<tr><td>PC3</td><td></td><td></td></tr>
<tr><td></td><td></td><td></td></tr>
<tr><td rowspan="2">连通测试</td><td>PC0 ping PC2</td><td>通　不通</td></tr>
<tr><td>PC3 ping PC1</td><td>通　不通</td></tr>
<tr><td colspan="3">四、实验收获</td></tr>
<tr><td colspan="3"></td></tr>
</table>

第 11 章 无线网络

随着手机上网的需求剧增，Wi-Fi(Wireless-Fidelity)作为家庭联网的需求几乎成为必须。很多办公室场合为了满足手机上网，也有连接 Wi-Fi 的需求。作为有线网络的补充，无线网络能够对非办公区域进行覆盖，很好地满足了用户便捷接入网络的需求。

11.1 无线网络概述

目前计算机使用的无线网络都是通过无线局域网连接，一般称作 WLAN(Wireless LAN)。WLAN 的标准是由 1990 年成立的无线局域网标准工作组 IEEE 802 标准化委员会制定的。

WLAN 使用免授权(Free License)的 ISM(Industrial Scientific Medical)频段的射频(Radio Frequency)信号进行网络数据的传输。

RF 频段由国际电信联盟的无线电部门(ITU-R)负责分配，ITU-R 指定 902～928MHz、2400～2483.5MHz 和 5725～5850MHz 三个频段为 ISM 社区的免授权频段，开放给工业、科学和医疗机构使用。ISM 频段在各国的规定并不统一，但其中 2400～2483.5MHz 的频段范围为各国共同的 ISM 频段。

IEEE 802 标准化委员会制定的 WLAN 标准如下。

1. IEEE 802.11

IEEE 802.11 标准于 1997 年发布，该标准是无线局域网领域内的第一个被国际认可的标准，又称为原始标准。该标准规定无线局域网使用 2.4GHz 的工作频段，能够提供的最高数据传输速率为 2Mbps。由于其速率相对较低，因此并没有获得广泛的应用。

2. IEEE 802.11a

IEEE 802.11a 标准于 1999 年发布，它工作在 5GHz 频段，数据传输速率可达到 54Mbps。但由于 802.11a 使用的工作频率较高，因此相对于 2.4GHz 的电磁波而言更容易被障碍物吸收，因此覆盖范围较小，802.11a 的覆盖范围一般只有 802.11b/g 的一半甚至更小。另外，由于部分国家禁止使用 5GHz 频段，因此 802.11a 也没有被广泛应用。

3. IEEE 802.11b

IEEE 802.11b 标准于 1999 年发布，802.11b 工作在 2.4GHz 频段，但其数据传输速

率可达到 11Mbps。由于 2.4GHz 的 ISM 频段在各国均开放使用，因此 802.11b 在全球得到了广泛的普及，成为无线局域网中著名的“慢速”标准。

802.11b 所在的 2.4GHz 频段共有 14 个信道，每个信道的带宽为 22MHz，相邻的两个信道的中心频率之间的间隔为 5MHz，而信道 14 与信道 13 的中心频率之间的间隔为 12MHz。

由于信道之间的间隔较信道带宽小，因此相邻的信道之间必然出现频率的重叠。如果多个无线设备同时工作，并且选择了存在重叠的信道，则彼此发出的无线信号就会互相干扰，从而导致网络传输效率的降低。因此当在同一区域内存在多个无线设备时，应选择互不干扰的信道来进行无线覆盖，考虑到不同国家对信道的开放情况不同，一般建议采用 1、6 和 11 这三个互不干扰的信道来进行覆盖，如图 11-1 所示。这也就意味着，在无线网络覆盖的任意位置，可见无线信号不应超过三个。

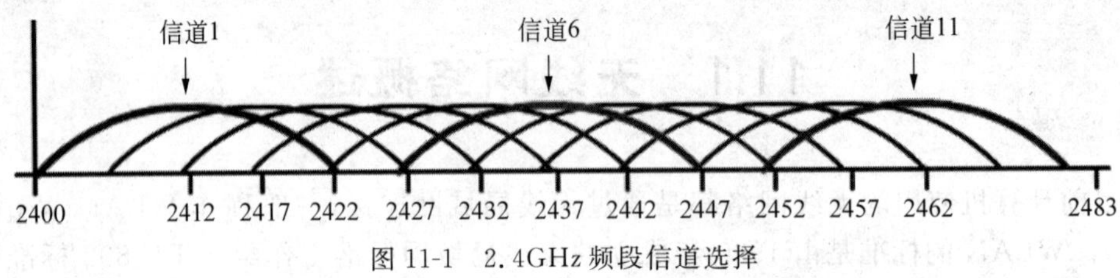

图 11-1　2.4GHz 频段信道选择

802.11b 信号比较容易受到干扰，因为很多常见的家用电器，包括微波炉、无绳电话等均工作在 2.4GHz 频段。因此在使用 802.11b 进行无线覆盖时，需要注意周围是否存在干扰源。

4. IEEE 802.11g

IEEE 802.11g 标准于 2003 年发布，它可以被看作对 802.11b 标准的提速。802.11g 同样工作在 2.4GHz 频段，但其数据传输速率可达到 54Mbps，并向后兼容 802.11b。基于 802.11g 的产品是目前市场上的主流。

5. IEEE 802.11n

IEEE 802.11n 标准于 2009 年发布，它通过对 802.11 物理层和 MAC 层的技术改进，使无线网络通信在性能和可靠性方面都得到了显著的提高。其数据传输速率可达到 300Mbps，从而使其可以同时为多个移动设备提供与百兆以太网相媲美的服务。802.11n 的核心技术为 MIMO＋OFDM(Multiple Input Multiple Output＋ Orthogonal Frequency Division Multiplexing，多入多出＋正交频分复用)。另外，802.11n 可以工作在 2.4GHz 和 5GHz 两个频段，从而可以向后兼容 802.11a、802.11b 和 802.11g。

11.2 无线网络拓扑

作为有线网络在接入层的延伸，无线网络的拓扑结构一般都比较简单，基本上可以分为基本服务集(Basic Service Set，BSS)和扩展服务集(Extended Service Set，ESS)两种。

当然，不管是哪一种拓扑结构，无线网络都需要有唯一的标识，该标识称为服务集识别码(Service Set ID，SSID)，SSID 用来唯一的标识并区分不同的无线网络。

11.2.1　BSS

BSS 是 WLAN 体系结构的基本构成单位，由一组相互通信的工作站(Stations，STA)组成。BSS 可以分为独立基本服务集(Independent BSS，IBSS)和基础结构型基本服务集(Infrastructure BSS)两种。

1. IBSS

如果一个 BSS 完全由工作站组成，而不存在无线接入点(Access Point，AP)，则该 BSS 被称为 IBSS，如图 11-2 所示。

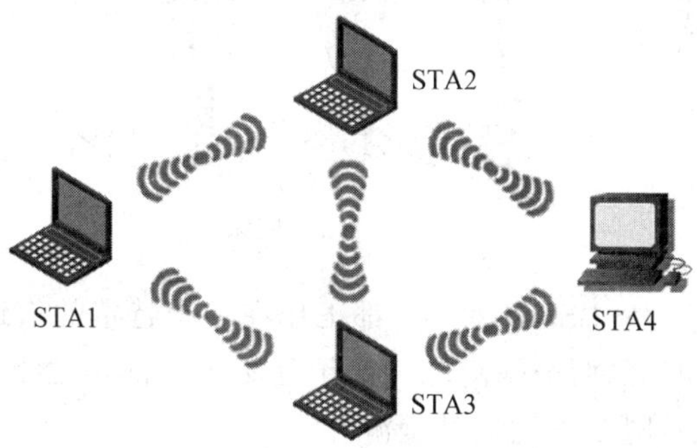

图 11-2　IBSS 网络

在 IBSS 中，工作站之间直接相互连接，并进行点对点的对等通信，例如，手机上设置的无线热点。IBSS 也被称为特设 BSS(Ad Hoc BSS)。

2. Infrastructure BSS

如果在 BSS 中存在且仅存在一个 AP，则该 BSS 称为 Infrastructure BSS，在 Infrastructure BSS 中，AP 负责网络中所有工作站之间的通信，如图 11-3 所示。

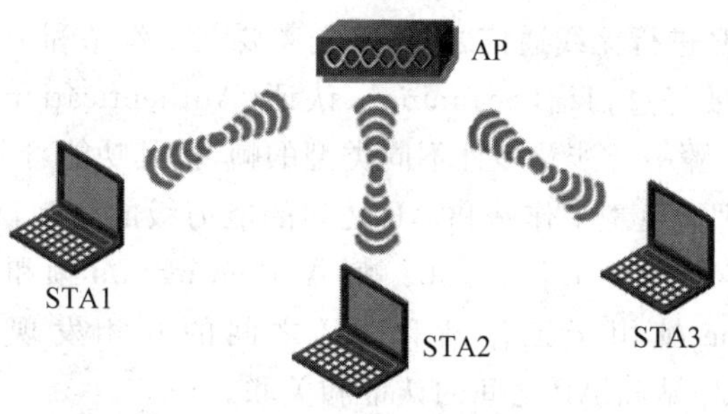

图 11-3　Infrastructure BSS 网络

注意：Infrastructure BSS 不可简称为 IBSS，以免与 Independent BSS 混淆。

11.2.2 ESS

单个BSS覆盖的区域一般较小，而当无线网络需要覆盖较大的区域时，可以通过公共分布系统将多个BSS串联起来形成ESS。ESS实际上就是由具有相同的SSID的多个BSS形成的更大规模的虚拟BSS，以扩展无线网络的覆盖范围。

在ESS中，各个BSS之间通过BSS标识符(BSSID)进行区分，BSSID实际上就是为BSS提供服务的AP的MAC地址。ESS网络如图11-4所示。

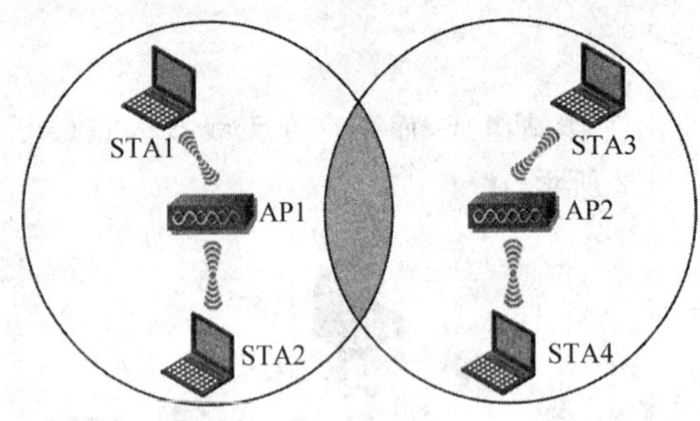

图11-4　ESS网络

在ESS网络中，每一个BSS中的AP都工作在一个特定的信道上，单个信道的覆盖区域称为一个蜂窝。相邻的两个蜂窝应工作于互不干扰的信道上并要有10%～15%的重叠，以实现工作站在不同BSS之间的漫游。

注意：漫游只能在同一ESS中的AP之间进行，即参与客户端漫游的AP必须具有相同的SSID，在漫游的过程中，客户端的IP地址不变，并且客户端的业务不能出现中断。漫游往往是由客户端的无线网卡自身的驱动程序算法来实现的，是否进行漫游(即切换AP)一般取决于客户端从AP收到的信号的强度或质量，这一过程对用户透明。

11.3　无线接入过程

在工作站利用AP进行无线通信之前，首先需要在工作站和AP之间建立无线连接，而无线连接的建立需要经过扫描(Scanning)、认证(Authentication)和关联(Association)三个步骤，在这三个步骤中会涉及多种不同类型的帧，按其功能可分为三种类型。

(1) 管理帧：管理帧负责工作站和AP之间的能力级的交互，包括认证、关联等管理工作。常见的管理帧有Beacon帧、Probe帧、Authentication帧和Association帧等。其中Beacon帧和Probe帧用于工作站和AP之间的互相发现，Authentication帧和Association帧用于工作站和AP之间的认证和关联。

(2) 控制帧：控制帧是用来协助数据帧收发的控制报文，如RTS(Ready To Send)帧、CTS(Clear To Send)帧和ACK(Acknowledgement)帧等。RTS/CTS帧是避免在无

线覆盖范围内出现隐藏节点的帧,而 ACK 帧则是常见的确认帧,在 WLAN 中,无线设备每发送一个数据报文,都要求对方回复一个 ACK 帧,以确定数据发送成功。

(3) 数据帧:无线用户发送的数据报文,也就是无线网络实际需要传输的信息。

11.3.1 扫描

扫描是工作站接入无线网络的第一个步骤,工作站通过扫描功能来寻找周围可用的无线网络,或者在漫游时寻找新的 AP。扫描有两种实现方式,分别是被动扫描(Passive Scanning)和主动扫描(Active Scanning)。

1. 被动扫描

在 AP 上开启了 SSID 广播功能后,AP 会在自己的工作信道上定期(默认发送间隔为 100ms)的发送 Beacon 帧,Beacon 帧被称为信标信号或灯塔信号,在 Beacon 帧中包含了 AP 所属的 BSS 的基本信息以及 AP 的基本能力级,包括 SSID、BSSID、支持的速率以及认证方式等信息。Beacon 帧向周围的工作站宣示 AP 的存在。

在工作站使用被动扫描模式时,工作站会在各个信道间不断切换并监听是否有 Beacon 帧的存在,一旦接收到 Beacon 帧,就可发现周围存在的无线网络服务。

2. 主动扫描

如果在 AP 上开启了 SSID 广播功能,则此无线网络对位于该 AP 覆盖范围内的所有工作站可见。很多时候,为防止非法用户的接入,可能会在 AP 上禁用掉 SSID 的广播功能,在这种情况下,AP 将保持静默,不再发送 Beacon 帧。此时,工作站就需要采用主动扫描的方式来发现 AP。

在主动扫描模式中,工作站在每个信道上都会发送 Probe Request 帧以请求需要连接的无线网络服务,AP 在收到 Probe Request 帧后,会以 Probe Response 帧进行响应。Probe Response 帧所包含的信息与 Beacon 帧类似。工作站在收到 Probe Response 帧后,即可发现相应的无线网络服务。

需要注意的是,在 AP 禁用 SSID 广播的情况下,工作站所发出的 Probe Request 帧中必须要包含有期望的 SSID,否则 AP 将不予响应。

11.3.2 认证

在通过扫描发现无线网络服务后,工作站将向相应的 AP 发起认证过程。目前,IEEE 802.11 可以提供三种不同的认证方式。

1. 开放式认证

在开放式认证中,工作站以自己的 MAC 地址作为身份证明,认证要求是工作站的 MAC 地址必须唯一,因此开放式认证实际上等于不需要认证,没有任何的安全防护能力。

2. WEP 认证

有线等效保护(Wired Equivalent Privacy,WEP)认证方式通过在工作站和 AP 之间的共享密钥进行认证,被设计用来为无线网络提供与有线网络相当的安全保护。其具体的认证过程如图 11-5 所示。

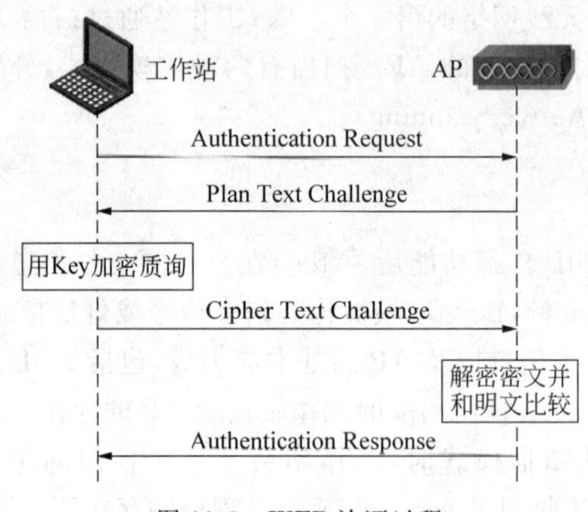

图 11-5　WEP 认证过程

工作站向 AP 发送认证请求;AP 在接收到认证请求后,向工作站发出一个明文的质询;工作站使用“共享密钥+初始向量(Initialization Vector,IV)”形成的加密密钥对质询进行加密,并将加密后的密文连同 IV 值一同发送给 AP;AP 在接收到密文后,使用自身保存的共享密钥加上接收到的 IV 生成解密密钥,并对接收到的密文进行解密,将解密后的密文与原始明文进行比较以确定认证是否成功。

WEP 是一种较为简单的无线接入认证和无线数据加密方式,前些年被比较广泛地应用在无线网络的接入认证和加密中,但 WEP 在安全性上存在着诸多的缺陷,具体如下。

(1) WEP 对整个网络中的所有用户使用相同的密钥,这就意味着网络中任何一个员工的离职都需要重新分配密钥,以免网络遭到攻击。

(2) WEP 在接入认证和数据传输的加密中使用相同的密钥。在 WEP 的加密中,密钥除了静态的共享密钥部分外,还有 24bit 的 IV。IV 值动态生成,对每个数据包进行加密的密钥中的 IV 值均不相同,这客观上保证了 WEP 的加密强度。但是实际上 24bit 长度的 IV 并不能保证在忙碌的网络中不会重复,而对于 WEP 采用的流加密算法 RC4 而言,一旦密钥出现重复就很容易被破解。

事实上,基于 WEP 的认证和加密可以在两三分钟内被迅速破解,因此基本上已经没有什么安全性可言。在 IEEE 802.11n 中已经不提供对 WEP 的支持。

3. WPA/WPA-PSK

由于 WEP 方式存在的问题,在 IEEE 802.11i 中提出了 Wi-Fi 网络安全接入(Wi-Fi Protected Access,WPA)的安全模式,有 WPA 和 WPA2 两个标准。

针对 WEP 对所有的用户使用相同的密钥的问题，在 WPA 中，可以采用 IEEE 802.1× 的认证方式为不同的用户提供不同的密钥，采用这种方式的 WPA 称为 WPA 企业版，或直接简称为 WPA。而对于安全性要求较低的小型企业或家庭用户，也可以采用预共享密钥的方式让所有用户使用同一个密钥，采用这种方式的 WPA 称为 WPA 个人版，或简称为 WPA-PSK。

在 WPA 中，接入认证时使用的静态密钥仅仅用于进行接入认证，而在数据传输过程中使用的加密密钥则是在认证成功后动态生成。

在 WPA 中，采用了临时密钥完整性协议（Temporal Key Integrity Protocol，TKIP），其核心算法仍然是 RC4，但 IV 向量的长度增加到了 48bit，而且用户的密钥在使用过程中可以被动态地改变，有效地避免了密钥的重复，确保了加密传输的安全性。

在 WPA2 中，采用了计数器模式密码块链消息认证码协议（Counter CBC-MAC Protocol，CCMP），算法也由 AES 取代了 RC4，它能够提供比 WPA 更高等级的安全性。

在当前的无线网络中，建议使用 WPA2（AES）或者 WPA2-PSK（AES）的认证加密方式来保护网络的安全。TKIP 的加密方式也已经不被 IEEE 802.11n 支持。

11.3.3　关联

在认证成功后，进入关联阶段，关联操作由工作站发起，具体过程如图 11-6 所示。

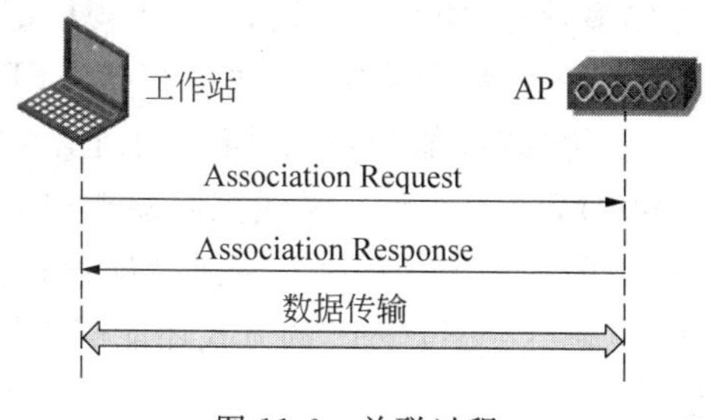

图 11-6　关联过程

工作站向 AP 发送关联请求，AP 接收到关联请求后，向工作站发送关联响应，在关联响应中包含有关联标识符（Association ID，AID）。通常在关联的过程中，没有任何的安全防护措施，认证成功后，关联即可成功。关联成功后，工作站和 AP 之间就可以进行数据的发送和接收。

11.4　无线设备

在构建无线网络时，需要使用许多区别于有线网络的设备，包括无线接入点、天线、无线控制器、无线网卡等。下面分别对其进行介绍。

11.4.1 无线接入点

无线接入点(Access Point,AP)负责将无线客户端接入无线网络中,它向下为无线客户端提供无线网络覆盖,而向上一般通过接入层交换机连接到有线网络中。AP 实现了有线网络和无线网络之间的桥接,进行有线和无线的数据帧的转换。

AP 按照其功能的区别可以分为 FAT AP 和 FIT AP 两种。其中 FAT AP 被称为胖 AP,它具有完整的无线功能,可以独立工作。胖 AP 适合于规模较小且对管理和漫游要求都较低的无线网络的部署,尤其是在家庭网络和 SOHO 网络中得到了广泛的应用,平时在小型无线网络中常用的无线路由器实际上集成的就是胖 AP 的功能。但是在需要多台 AP 的较大型无线网络的组网中,胖 AP 会存在以下问题。

(1) 由于每台胖 AP 都需要单独进行配置,因此在大型无线网络中,AP 配置的工作量将非常巨大。

(2) 胖 AP 的系统软件和配置参数都保存在 AP 上,当需要进行系统升级和配置修改时同样会带来很大的工作量,而且 AP 设备的丢失就会造成系统配置的泄露。

(3) 在大型的无线网络中,很多工作需要网络内的多台 AP 协同完成,而由于胖 AP 之间相互独立,因此很难完成此类的工作。

(4) 胖 AP 一般都不能提供对三层漫游的支持。

(5) 由于胖 AP 的功能较多,因此相对价格较高,在大规模部署时投资成本较大。

在大型无线网络的组网中,一般都会使用"无线控制器+FIT AP"来实现。FIT AP 又称为瘦 AP,它只能提供可靠的、高性能的射频功能,而所有的配置均需要从无线控制器上下载,所有 AP 和无线客户端的管理都在无线控制器上完成。这样无论在网络中存在多少台 AP,均可以使用唯一的一台无线控制器来进行配置管理,极大地简化了管理工作的复杂度,而且采用"无线控制器+FIT AP"的方式还能够支持快速漫游、QoS、无线网络安全防护和网络故障自愈等高级功能。

在进行"无线控制器+FIT AP"的网络部署时,无线控制器和瘦 AP 之间可以采用直接连接、通过二层网络连接和跨越三层网络连接的任何一种连接方式,也就是说,只要在无线控制器和瘦 AP 之间存在逻辑可达的有线网络即可,因此可以在任何现有的有线网络中部署"无线控制器+FIT AP"的无线解决方案,而不需要对当前有线网络进行任何变动。

现在很多 AP 均为 FAT/FIT 双模 AP,通过更新 AP 的操作系统软件可以在胖瘦模式之间进行转换。

AP 按照射频特性可以分为单射频 AP 和双射频 AP,其中单射频 AP 只有一块射频卡,只能支持 IEEE 802.11b/g 或只能支持 IEEE 802.11a,有些型号的单射频 AP 既可以支持 IEEE 802.11b/g,也可以支持 IEEE 802.11a,但是在某一时刻只能提供对某一频段的支持,无法同时支持两个频段。双射频 AP 有两块射频卡,因此可以同时支持 IEEE 802.11b/g 和 IEEE 802.11a。

AP 按照安装位置的区别可以分为室内型 AP 和室外型 AP,其中室内型 AP 适用于覆盖半径小、对周围环境要求不高的室内应用场景，室内型 AP 又可以分为壁挂式 AP 和吸顶式 AP；而室外型 AP 主要面向对高低温、防水、防潮、防雷以及防尘等有较高要求的室外应用场景。

壁挂式 AP、吸顶式 AP 和室外型 AP 如图 11-7 所示。

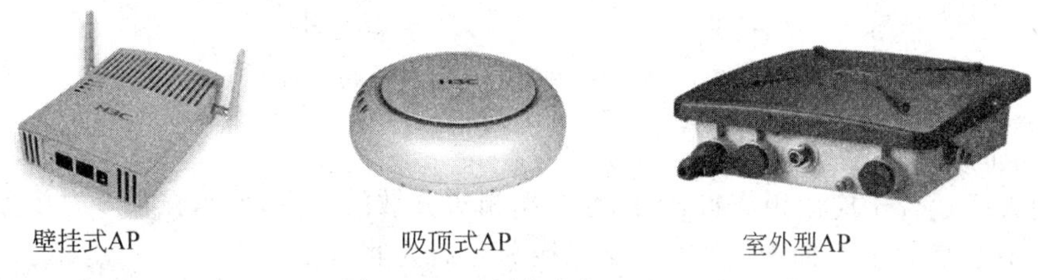

图 11-7　不同安装位置的 AP

11.4.2　天线

AP 与无线客户端之间的无线通信有赖于天线来进行，天线能够将有线链路中的高频电磁能转换为电磁波向自由空间辐射出去，同样也可以将自由空间中的电磁波转换为有线链路中的高频电磁能，从而实现无线网络与有线网络之间的信息传递。可以说，没有天线就没有无线通信。

天线按照其辐射电磁波的方向性可以分为全向天线和定向天线两种。作为无源设备，天线不会增加输入能量的总量，即在不考虑损耗的理想情况下，天线发出的电磁波的总能量与天线输入端的总能量相等。但是不同的天线可能会以不同的形状和方向将电磁波发送出去。

（1）全向天线

全向天线是指在水平方向上 360°均匀辐射的天线，它在水平面的各个方向上辐射的能量一样大。理想的全向天线称为各向同性天线，即三维立体空间中的全向，它是一个点源天线，其能量辐射是一个规则的球体，同一球面上所有点的电磁波辐射强度均相同。而实际中我们所说的全向天线只是在水平方向上的全向，如杆状天线，它将能量以一个类似面包圈的形状辐射出去，其水平方向图为一个圆，而从垂直方向图上可以看出，最大的能量强度在水平面上，而在天线的垂直方向上能量强度为零。各向同性天线和全向天线的能量辐射形状如图 11-8 所示，全向天线的水平方向图和垂直方向图如图 11-9 所示。

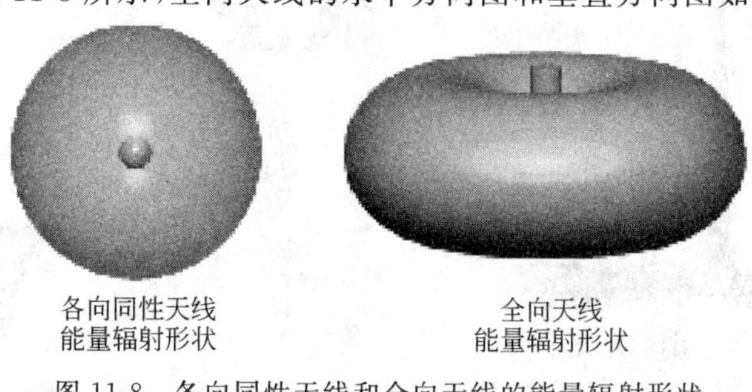

图 11-8　各向同性天线和全向天线的能量辐射形状

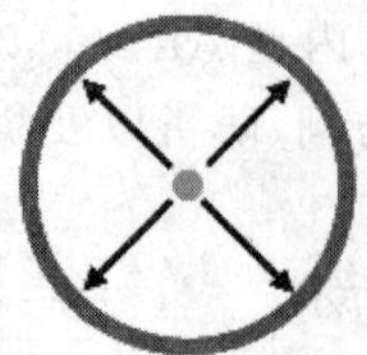

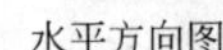

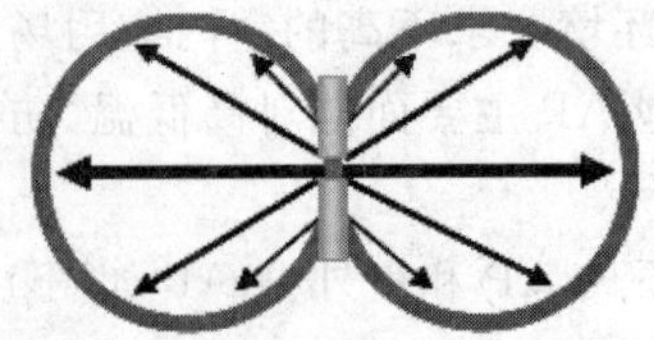

垂直方向图

图 11-9　全向天线水平方向图和垂直方向图

（2）定向天线

全向天线适合于应用距离近，无线客户端相对分散的情况，但是在很多时候无线客户端可能集中在某一个方向上，这就需要天线覆盖特定的某一部分区域，在这种情况下，一般会使用定向天线。定向天线的原理就是利用反射板把能量的辐射控制在单侧方向上从而形成一个扇形覆盖区域，如图 11-10 所示。定向天线在水平方向图上表现为一定角度范围的辐射。

图 11-10　定向天线能量辐射

定向天线由于将本来辐射向反射板后面的能量反射到了前面，因此增加了反射板前面的信号强度，所以定向天线一般具有较高的增益。定向天线一般用于通信距离远，覆盖范围小，目标密度大，频率利用率高的环境。

天线的增益是指在输入功率相等的条件下，实际天线最强辐射方向上的功率密度与理想的辐射单元在空间同一点处的功率密度之比，用来描述天线对发射功率的汇聚程度，增益越大，说明天线在特定方向上的覆盖能力越强。具体的概念在此不再赘述，感兴趣的读者可以自行查阅相关资料。

按照天线的外形的区别可以将天线分为杆状天线、板状天线以及吸顶天线等。

杆状天线是一种常用的全向天线，分为进行室外覆盖和室内覆盖两种。室外杆状天线一般采用玻璃钢材质，需要安装到抱杆上；室内杆状天线一般采用阻燃塑料材质，可吸附于桌面上，如图 11-11 所示。

板状天线是一种典型的定向天线，主要用于室外信号的覆盖，与室外杆状天线类似，也需要安装到抱杆上。板状天线如图 11-12 所示。

吸顶天线用于室内的信号覆盖，一般吸附在天花板上，不需要占用额外的空间，并且相对美观。吸顶天线如图 11-13 所示。

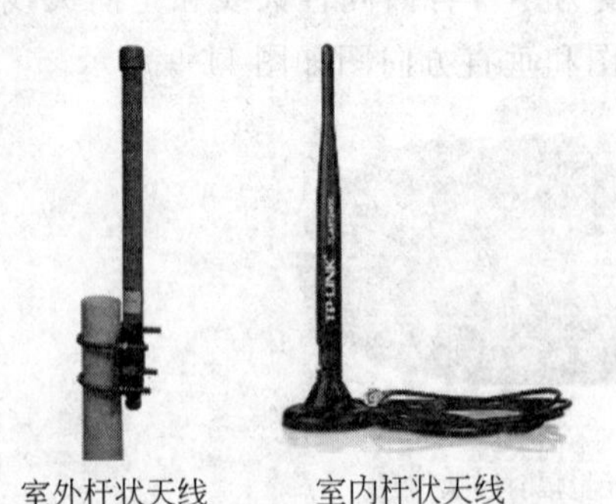

图 11-11　杆状天线

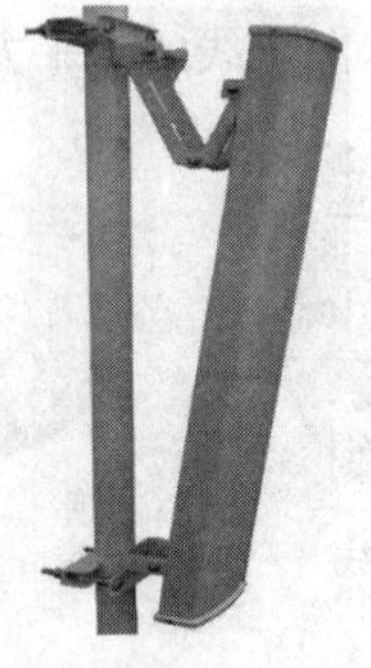

图 11-12　板状天线

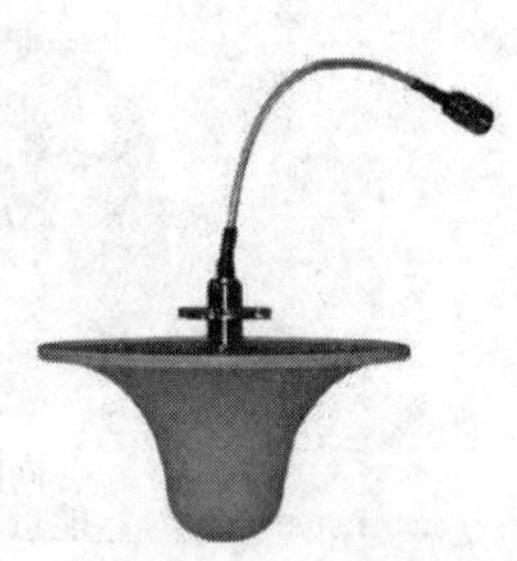

图 11-13　吸顶天线

11.4.3　无线控制器

无线控制器用于配置管理网络中的瘦 AP，它一般都支持 PoE(Power over Ethernet)供电，能够使连接在其上的 AP 通过网线获得供电而不需要单独再为 AP 配置电源。在中小型企业无线网络接入中使用到的无线控制器多为有线无线一体化交换机，它同时集成了无线控制器和以太网交换机的功能，能够较好地满足中小企业的有线无线一体化接入需求。

市场上有多种无线控制器产品，例如，如图 11-14 所示的是 H3C 的一款有线无线一体化交换机 WX3024。

图 11-14　H3C WX3024

在有线无线一体化交换机中存在无线控制模块和交换模块共两个控制模块，两个模块之间通过内部接口进行连接。在默认情况下，有线无线一体化交换机的 Console 口是对无线控制模块进行配置操作，H3C 有线无线一体化交换机进入交换模块操作界面的配置命令为：

```
<H3C>oap connect slot 0
```

在交换模块操作界面下可以通过快捷键(Ctrl＋k)返回无线控制模块的操作界面。

11.4.4　无线网卡

无线网卡是无线客户端收发射频信号的设备，无线客户端通过无线网卡与 AP 进行无线连接，并进行数据的传输。当前市场上的笔记本电脑基本上都在内部集成了无线网卡，对于没有配置无线网卡的台式机或希望提高无线传输质量的笔记本电脑可以选择外置的无线网卡。外置无线网卡一般采用 USB 接口与计算机进行连接，为在相对较差的传输环境中获得较好的通信稳定性，有些无线网卡还配置有外接的天线，以提升网卡的信号强度，获得更好的传输能力。

目前市场上的无线网卡品牌非常多，外形也千差外别，部分无线网卡的外形如图 11-15 所示。

需要注意的是，增加外置天线虽然可以提高无线网络传输质量，但信号强度的增大同时会带来更多的辐射问题，因此一般在室内应尽量避免使用高增益的天线，以免对人体健康产生影响。

图 11-15　各种无线网卡

11.5　SOHO 无线局域网

SOHO(Small office & Home office,小型与家庭办公)无线局域网在现代家庭中已经常见,是手机 Wi-Fi 上网的必备网络环境。在企业办公环境中,也往往有无线连接和 Wi-Fi 手机联网的需求,SOHO 无线局域网只是指室内利用无线路由器(胖 AP)扩展的无线网络连接。

11.5.1　家庭无线局域网

在家庭环境中,多数租用 ADSL 线路(俗称宽带)上网。为了使用 Wi-Fi,需要创建家庭无线局域网。需要一个 SOHO 无线(宽带)路由器(胖 AP),将原来从 ADSL Modem 连接计算机的网线连接到无线路由器的 WAN 端口,配置好无线路由器后,如果计算机上有无线网卡,输入无线网络密码后就能够无线上网了。当然手机也能发现无线网络,输入无线网络密码,Wi-Fi 连接建立。

家庭无线网络连接如图 11-16 所示。

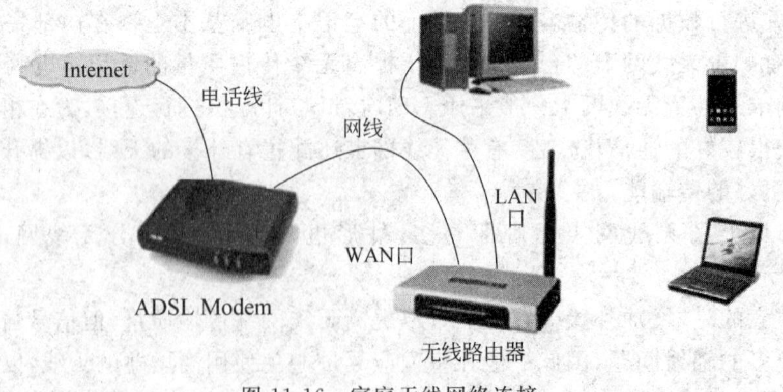

图 11-16　家庭无线网络连接

市场上有多种 SOHO 无线路由器产品。SOHO 无线路由器内部结构一般是由一个两端口(WAN 和 LAN)路由器,一个小交换机和无线天线组成。SOHO 无线路由器不仅能实现无线、有线网络连接,一般还兼有网络地址转换(NAT)、动态 IP 地址分配服务(DHCP)、防火墙、MAC 地址克隆、MAC 地址绑定等功能。

配置无线路由器一般需要阅读其产品说明书,重点了解其配置方式、LAN 出厂地址,系统复位方法。SOHO 无线路由器的配置方法一般都 Web 方式,LAN 出厂地址一般会使用 192.168.1.1 等类似地址。系统复位一般都会提供一个复位按钮(Reset)。

如果购置的 SOHO 无线路由器出厂 LAN 地址是 192.168.1.1,使用 Web 配置方式,那么配置无线路由器的方法如下。

(1) 使用一条网线将计算机连接到路由器的 LAN 某个接口,路由器加电后,在计算机浏览器地址栏输入 http://192.168.1.1。

(2) 浏览器上会出现登录窗口,需要输入路由器管理员的用户名和密码。这个用户名和密码可以从产品说明书中查到,一般产品默认的都是 admin。

(3) WAN 口配置。从路由器 Web 管理窗口菜单中选择"网络参数,WAN 口设置"。图 11-17 是某款 SOHO 无线路由器的 WAN 口配置窗口的部分界面,在 WAN 口配置中主要配置如下。

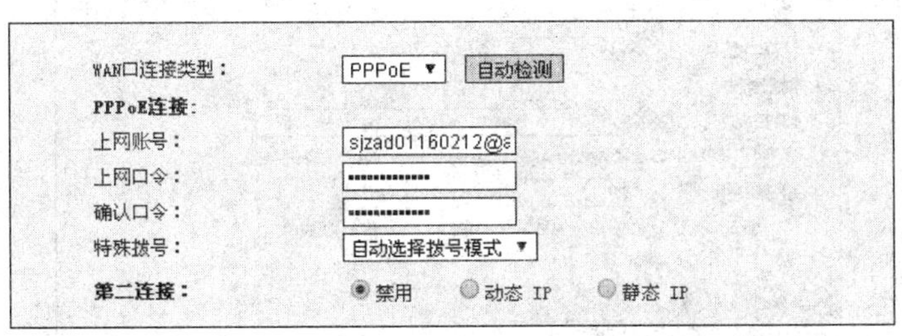

图 11-17 WAN 口配置

① WAN 口连接类型。在连接外网租用 ADSL 线路时,WAN 口连接类型需要选择 PPPoE。

② 上网账号和上网口令。需要把 ADSL 上网的账号和口令在这里配置。配置完单击窗口下方的"保存"按钮,以后只要有上网的需求,路由器就能够自动连接。

(4) 无线参数配置

图 11-18 是某款 SOHO 无线路由器的无线配置的基本配置窗口。这里需要配置的内容有 SSID 和"模式"。SSID 用来标识并区分不同的无线网络,为了避免和邻居网络的干扰,一般需要设置成自己独有的网络标识。模式用于选择不同的 WLAN 标准,当路由器和无线网卡发生标准冲突时可以考虑设置。当然"开启无线功能""开启 SSID 广播"复选框一般是需要选中的。

图 11-19 是无线网络安全设置窗口的部分内容,主要是选择认证方式和设置无线网络密码。现在认证方式都是在 WPA-PSK/WPA2-PSK 和 WPA/WPA2 中选择,然后设置密码即可,其他不用考虑。

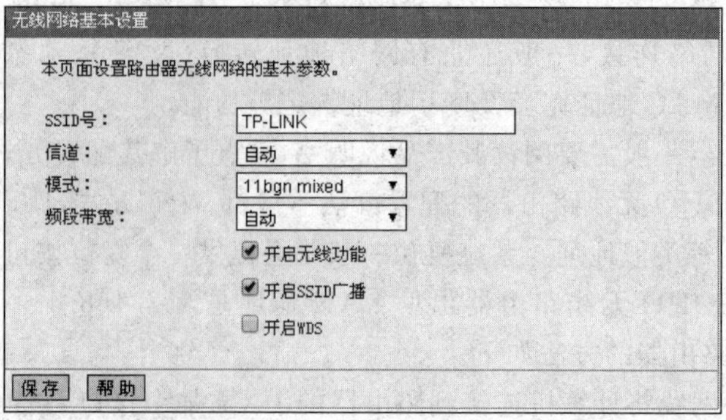

无线网络基本设置

本页面设置路由器无线网络的基本参数。

SSID号： TP-LINK
信道： 自动
模式： 11bgn mixed
频段带宽： 自动
开启无线功能
开启SSID广播
开启WDS

保存 帮助

图 11-18 无线网络基本配置窗口

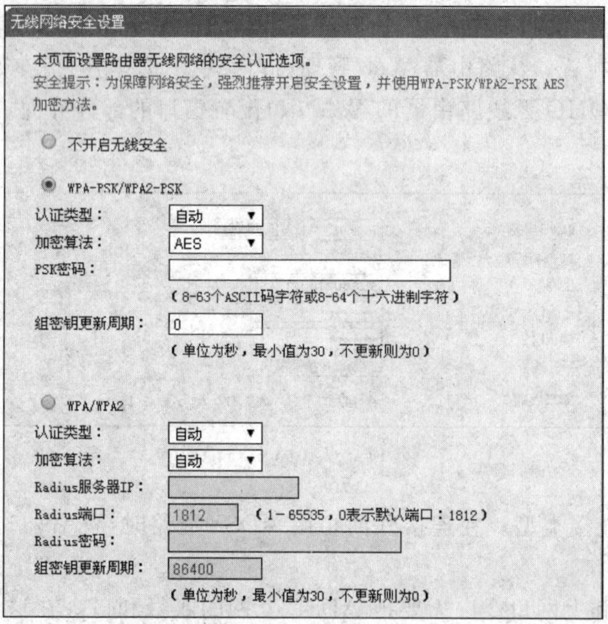

无线网络安全设置

本页面设置路由器无线网络的安全认证选项。
安全提示：为保障网络安全，强烈推荐开启安全设置，并使用WPA-PSK/WPA2-PSK AES加密方法。

不开启无线安全

WPA-PSK/WPA2-PSK
认证类型： 自动
加密算法： AES
PSK密码：
（8-63个ASCII码字符或8-64个十六进制字符）
组密钥更新周期： 0
（单位为秒，最小值为30，不更新则为0）

WPA/WPA2
认证类型： 自动
加密算法： 自动
Radius服务器IP：
Radius端口： 1812 （1-65535，0表示默认端口：1812）
Radius密码：
组密钥更新周期： 86400
（单位为秒，最小值为30，不更新则为0）

图 11-19 无线网络安全设置部分窗口

11.5.2 办公室 Wi-Fi 配置

办公室中一般使用局域网连接网络。如果希望在办公室内也可以通过 Wi-Fi 手机上网或者使用无线连接计算机，也可以 SOHO 无线路由器完成。与家庭无线网络配置的区别如下。

1. 网络连接

办公室是局域网连接，只需要使用网线从无线路由器的 WAN 端口连接到墙上的信息插座或室内交换机（或 HUB）上即可。

2. 无线路由器配置

(1) WAN 口配置

无线路由器的 WAN 端口工作时需要有一个 IP 地址,在 ADSL 线路上连接成功后会自动获取 IP 地址、子网掩码、默认网关、DNS 服务器地址。在办公室网络中如果有可用的 IP 地址可以分配给无线路由器 WAN 口使用,那么在"WAN 口连接类型"配置时需要选择"静态 IP",如图 11-20 所示。并配置好 IP 地址、子网掩码、默认网关及 DNS 服务器地址参数。

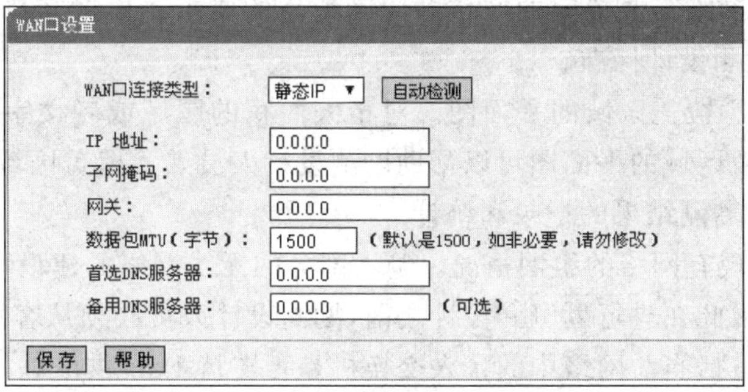

图 11-20 静态 IP 配置窗口

如果办公室局域网有 DHCP 服务器,计算机的 IP 地址都是自动获取的,那么在"WAN 口连接类型"配置中选取"动态 IP"即可。

(2) LAN 端口配置

在企业内部网络中经常会使用私有 IP 地址。而 SOHO 无线路由器的 LAN 网络也都是使用私有 IP 地址。如果购置的无线路由器 LAN 使用的 IP 地址是 192.168.1.0/24 网络,而办公室局域网也是使用 192.168.1.0/24 网络,那么就发生了地址冲突。解决的办法只能修改无线路由器的 LAN 地址。至于使用什么地址,只要不和 WAN 端口的地址在一个网段,使用什么地址都可以。因为无线路由器是通过 NAT 地址转换和外网通信的(Easy IP),但是最好使用私有 IP 地址。例如,假设无线路由器 WAN 端口分配的 IP 地址是 192.168.1.123/24,那么可以把 LAN 地址配置成 192.168.2.1/24。如果有其他的办公室在使用 192.168.2.0/24 网络,因为 NAT 的原因,不会造成任何影响。

配置了 LAN 端口后需要保存配置,重启无线路由器。重启后再配置无线路由器需要使用 http://192.168.2.1 登录路由器的管理窗口。

11.6 园区无线覆盖

如果希望整个企业园区使用无线网络上网,则需要组建园区无线网络,实现园区无线覆盖。无线网络覆盖比较复杂,但是随着人们对无线网络的依赖增加,园区网络覆盖应用越来越多。

11.6.1 无线网络勘测

组件园区无线网络，首先要做好无线网络的勘测与设计。

1. 勘测前的准备工作

在进行勘测前，首先需要制订勘测设计实施计划，并就勘测条件和勘测计划与客户进行协商。具体内容包括以下方面。

(1) 确定无线网络需要覆盖的区域并明确覆盖的要求。根据客户不同的业务需求，需要遵循不同的勘测设计标准。

(2) 获取并熟悉覆盖区域的平面图。对于大面积的园区或者楼宇的覆盖，在进行现场勘测设计时，覆盖区域的平面图可以帮助勘测设计人员熟悉覆盖区域的现场环境，有利于方便准确地进行勘测结果的记录和统计。

(3) 了解当前现有网络的组网情况。绝大部分的无线网络的建设均是依托在现有的有线网络上进行，因此在进行勘测和设计之前，勘测设计人员必须从客户处了解当前有线网络的组网信息，包括当前网络中的接入交换机是否支持 PoE 供电以及接入交换机是否有足够的空闲端口来进行 AP 的接入等信息。

另外，除了需要客户提供覆盖区域的平面图以及现有网络的组网情况外，在进行勘测时还需要客户提供其他的一些协助，包括提供 AP、天线等设备可能的安装位置、协调勘测现场等。在必要时，还需要客户单位相关的供电、网络管理人员或物业人员随同进行勘测。

为保证勘测结果的准确，在进行勘测前还需要准备常用的软硬件勘测工具。常用的硬件勘测工具如下。

(1) 企业级无线网卡：即普遍使用的企业级无线终端，一般将此终端作为勘测时信号强度的标准。

(2) 客户实际中使用的无线终端：客户在实际中可能会使用到各种不同的终端设备连接到无线网络，例如，掌上电脑(Personal Digital Assistant，PDA)、Wi-Fi 电话等，在进行勘测时需要针对客户具体使用到的终端设备进行相关的测试。

(3) 无线 AP：建议采用与该项目推荐的 AP 型号具有相同功率的 AP 进行勘测，以避免出现勘测误差。

(4) 长距离测距尺：用于进行覆盖范围的测量。

(5) 各类增益天线：根据现场环境，选择不同增益的天线进行勘测，以达到最好的无线效果。

(6) 后备电源：由于勘测的时间可能会比较长，因此需要为无线终端和 AP 准备好后备电源。

(7) 数码照相机：用于记录现场环境和安装位置，以便在进行实际安装时将设备安装位置与勘测结果进行比较。

(8) 胶带、塑料扎带等：在勘测的过程中用于对 AP 或天线等进行临时的固定。

除了硬件工具的准备，还需要准备用于对无线信号覆盖范围、无线信号强度以及无线信号质量等进行检测的软件工具。

2. 现场勘测

在准备工作完成后即可进入现场进行勘测。现场勘测的主要内容有了解现场的环境，根据客户的覆盖需求以及现场的环境情况，使用相关的软硬件设备进行现场测试，确定设备的数量、安装位置、安装方式、供电方式以及防雷和接地方式等，统计分析并输出勘测结果。

3. 整理生成勘测设计报告

将现场统计的勘测结果进行分析整理、给出勘测设计报告，并提交用户进行审核。勘测设计报告中应包括 AP、天线、馈线等设备的型号和数量，以为报价提供基础数据，还应该包括各种设备的安装位置和安装参数，以为工程安装提供实施依据。

11.6.2　无线网络设计总体原则

在使用基于 IEEE 802.11b/g 标准的无线网络进行覆盖时，为避免出现同频干扰的问题，在二维平面上应按照蜂窝式覆盖的原则，交叉使用 1、6 和 11 三个信道实现任意覆盖区域无相同信道干扰的无线部署，如图 11-21 所示。

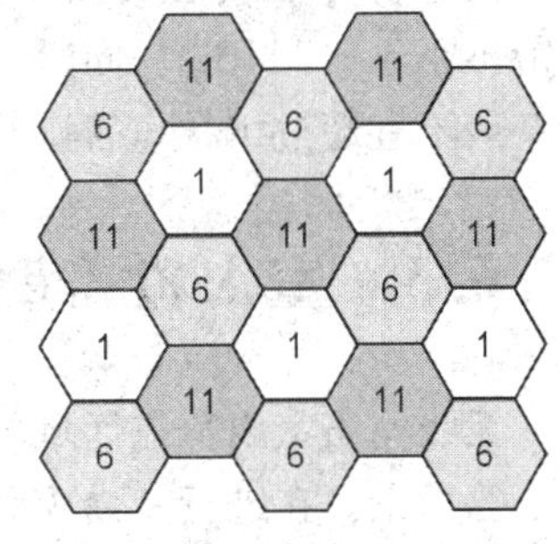

图 11-21　无线蜂窝式覆盖

从图中可以看到，任何一个信道周围均为不会与其发生频率重叠的非干扰信道，从而避免了同频干扰的产生。但实际上如果某个无线设备的功率过大时，依然会在部分区域出现干扰问题，此时就需要调整相关无线设备的发射功率来避免干扰。

在实际的无线组网中，需要覆盖的区域往往是三维的，例如，进行多楼层的无线覆盖。而无线信号在空间中的传播也是三维的，这就要求在三维的空间中同样需要按照蜂窝式覆盖的原则来进行无线的部署。例如，在图 11-22 所示的三层楼宇中进行无线的覆盖，考虑到跨楼层信号泄露的问题，在进行 AP 部署时同样遵循了蜂窝式覆盖的原则，以最大限度地避免楼层间的同频干扰问题。

实际上，要想在三维空间中实现任意区域完全没有同频干扰几乎是不可能的。对于勘测设计人员需要做的就是如何通过合理的设计和优化尽量减少干扰带来的无线链路质量下降问题。例如，对于跨楼层信号泄露比较严重的楼宇应考虑采用相邻楼层 AP 的交叉部署，对于个别无线设备可以调整其功率大小以调整其覆盖范围。而在采用定向天线的无线网络中，可以通过调整天线的方向角来调整其覆盖范围，以尽量减少干扰的发生。

在对用户密度比较高的区域，例如，开放式的办公区域、大型会议中心、报告厅等进行无线覆盖时，由于覆盖区域小、AP 数量多，这种情况下可能单独使用 IEEE 802.11b/g 的

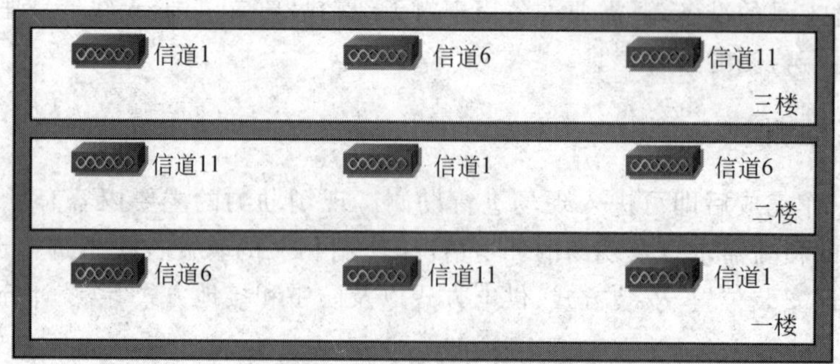

图 11-22　跨楼层无线覆盖

频段已经无法有效地避免同频干扰，此时就可以考虑采用 IEEE 802.11a&g 双波段覆盖的方式。采用 2.4GHz 频段和 5GHz 频段的混合部署，从而避免干扰，增加无线终端用户的接入能力。

在进行无线网络的勘测设计时，还需要保证无线覆盖区域内无线信号的强度。最基本的需求是无线信号的强度至少要在无线终端的接收灵敏度以上，这样无线终端才能发现无线网络的存在。而实际上，为保证 AP 和无线终端之间有效可靠的数据传输，需要更好的信号强度作为保证。一般情况下，对于有业务需求的区域进行无线覆盖时，目标覆盖区域内 95％以上位置的接收信号强度应大于等于－75dBm，重点覆盖区域的接收信号强度应不小于－70dBm。同时，为保证用户具有较好的上网感受，单个 AP 上的并发用户数量一般不宜超过 15 个，否则将会导致用户无线传输速率的降低。

11.6.3　室内覆盖勘测设计原则

无线网络室内覆盖区域主要是针对家庭、办公室、会议室、教室、酒店、酒吧以及会展中心等场景。在进行室内无线覆盖时，主要需要考虑两方面的问题，一方面是确定一个 AP 能否覆盖所要求的区域；另一方面是在一个 AP 的覆盖范围内的实际并发用户数量是否超出了单 AP 的接入能力。因此按照具体覆盖的区域大小以及覆盖区域内并发接入用户的数量不同可以将其分为四种不同的覆盖类型，如表 11-1 所示。

表 11-1　室内覆盖类型划分

覆盖区域半径	并发接入用户的数量	
	＜15	＞15
小于 60m	半径小，并发用户少。 典型场景：家庭、酒吧、会议室	半径小，并发用户多。 典型场景：教室、开放式办公区域
大于 60m	半径大，并发用户少。 典型场景：酒店客房、写字楼	半径大，并发用户多。 典型场景：体育馆、机场候机室

对于半径小并发用户少的覆盖类型，一般使用一个 AP 即可实现覆盖，并能满足并发用户数量的需求。当然，考虑到墙体导致的信号衰减，在存在障碍物时应合理选择 AP 的布放位置，例如，在家庭中，AP 应布放在相对居中的位置以保证各个房间的无线信号覆

盖。另外 AP 具体的安装方式要考虑用户的需求选择壁挂或吸顶安装。

对于半径小并发用户多的覆盖类型，由于接入用户的数量原因，一般要求使用多个 AP 进行覆盖。当使用多个 AP 覆盖时，由于其覆盖范围的重叠，因此必须要遵循蜂窝式覆盖的原则，对于覆盖区域存在重叠的 AP 应采用互不干扰的信道。

半径大并发用户少的覆盖类型可以看作多个半径小并发用户少的覆盖类型的组合，而半径大并发用户多的覆盖类型可以看作多个半径小并发用户多的覆盖类型的组合。

无论针对哪一种覆盖类型，在进行勘测与设计时都需要充分考虑用户需求，并根据现场情况进行详细的勘测。相同的覆盖要求对于不同的覆盖现场可能会产生完全不同的勘测与设计结果。其中在勘测与设计中重点需要考虑的问题如下。

(1) 覆盖现场的各种障碍物导致的无线信号的损耗。覆盖现场可能存在各种不同的障碍物，例如，承重柱、墙体、门窗、玻璃隔断、镜子、文件柜等。不同的障碍物对无线信号的损耗情况也不尽相同，其中承重柱或承重墙、镀水银的镜子以及金属制品如文件柜等都对无线信号有着非常强的损耗，会导致其背后区域成为无线覆盖的盲区。在这种情况下，就需要考虑选择合适的 AP 布放位置，或通过多 AP 实现区域的覆盖。

(2) 在满足用户需求的前提下，尽量减少三维空间中的信号可见数量。对于不同的楼宇结构其跨楼层信号泄露情况也存在差异，对于一些老旧楼宇以及存在跨层中厅的特殊楼宇很容易因为信号的泄露导致干扰从而降低无线链路的传输质量。对于这种情况，必须要合理选择 AP 的布放位置并进行信号的优化，尽量避免干扰的产生。原则上在无线网络覆盖的任意位置，可见无线信号都不应该超过三个。

(3) 尽量保证勘测时 AP 的部署位置与实际施工时的安装位置保持一致，以保证勘测数据的准确性。勘测时 AP 的位置和实际安装位置的差异往往会导致无线网络的部署无法实现预期的效果，影响用户的使用。例如，在勘测时可能只是将 AP 通过壁挂的方式放置在了天花板下方，而在实际安装时出于美观考虑，可能将 AP 放置在了天花板内部，这可能会导致实际覆盖情况和勘测情况产生非常大的差异，从而无法达到预期的覆盖效果。

下面以学生宿舍为例介绍室内无线网络的覆盖。

学生宿舍作为典型的无线网络室内覆盖区域，具有并发用户数量多、无线流量大以及业务种类复杂等特点。同样是针对学生宿舍的无线网络，对于不同的并发用户数量需求、不同的用户带宽需求以及楼宇本身墙体对无线信号的损耗影响的不同，可能需要设计不同的无线覆盖方案。

对于无线接入用户数量较少、楼宇墙体导致的信号损耗较小的情况，可以简单地将 AP 部署在楼道中以覆盖位于楼道两侧的宿舍房间，如图 11-23 所示。

对于无线接入用户数量较少，但对无线信号覆盖强度要求较高的情况，可以采用如图 11-24 所示的覆盖方案。将 AP 部署在楼道中，而通过功分器将天线引入学生宿舍内。

通过在学生宿舍内安装天线，一个天线覆盖 3 个左右的房间，一方面保证了各宿舍内的无线信号的质量；另一方面利用宿舍间的墙体能够有效降低各 AP 之间的可见度，减少 AP 间的相互干扰。

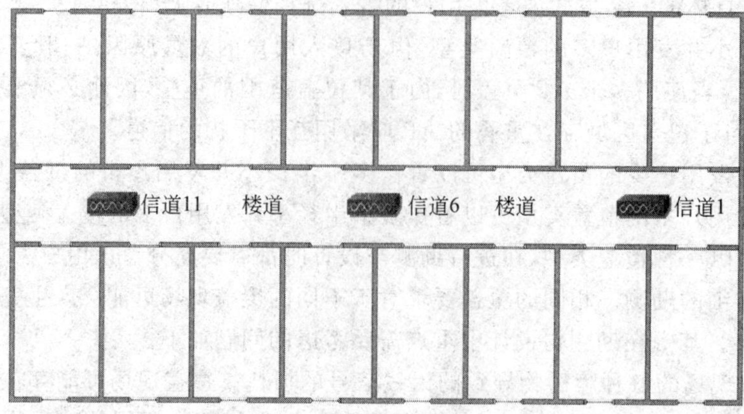

图 11-23　学生宿舍无线覆盖方案 1

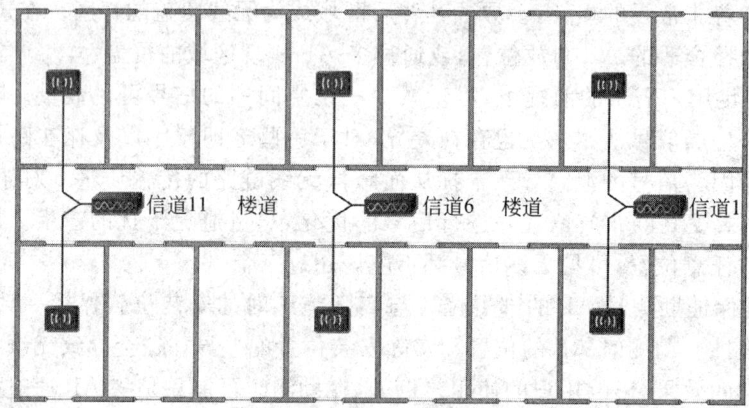

图 11-24　学生宿舍无线覆盖方案 2

对于无线接入用户数量较多的情况，需要根据具体需求增加 AP 的数量，并将 AP 直接安装到宿舍内，每个 AP 覆盖三个左右的房间，如图 11-25 所示。

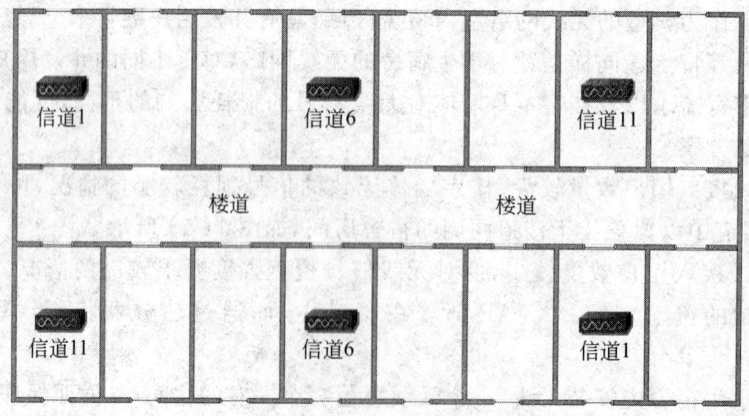

图 11-25　学生宿舍无线覆盖方案 3

对于楼宇墙体导致的信号损耗较大的情况，在某房间内安装 AP 或天线，信号可能无法很好地穿透宿舍间的墙体以覆盖两侧的房间。此时就需要通过功分器将天线引入每一个宿舍房间内，以保证无线信号的良好覆盖，如图 11-26 所示。而一个 AP 能够覆盖多少个房间要根据具体的无线接入用户数量而定。

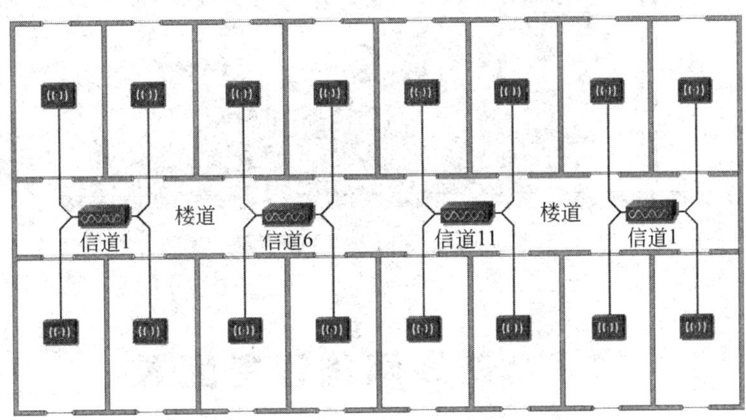

图 11-26 学生宿舍无线覆盖方案 4

11.6.4 室外覆盖设计原则

无线网络室外覆盖主要的设计原则如下。

(1) 在进行无线网络室外覆盖时，首先应该考虑 AP 与无线终端之间的有效交互，即保证用户能够有效地接入无线网络，所以首先必须保证 AP 能够有效地覆盖用户区域；其次再考虑用户的有效接入带宽。对于“AP＋定向天线”的覆盖方式，在空旷区域的覆盖距离一般可达到 300m 左右，但当达到覆盖距离的极限时，速率下降比较严重，一般会降到仅 1Mbps 左右。

(2) 在进行室外天线的选择时，应尽量考虑到信号分布的均匀，对于覆盖的重点区域和信号冲突区域，应考虑调整天线的方位角和下倾角以获得较好的覆盖效果。

(3) 天线的安装位置应确保天线的主波瓣方向正对覆盖目标区域，被覆盖区域与天线应尽可能直视，以保证良好的覆盖效果。

(4) 工作在相同频段的 AP 的覆盖方向应尽可能地错开，以避免产生同频干扰。

(5) 对于室外覆盖室内的情况，从室外透过封闭的混凝土墙后的无线信号几乎不可用，因此只能考虑利用从门或窗入射的信号。即使无线信号能够通过门窗入射，纵向最多只能覆盖约 8m，即两个房间。

对于室外覆盖，主要可以分为室外空旷/半空旷地带的覆盖和室外对室内的覆盖两种。其中室外空旷/半空旷地带的覆盖可以采用将全向天线安装在需要覆盖区域的中间位置，或者将定向天线架设在高处并保持一定的下倾角进行室外空间的覆盖，如图 11-27 所示。而对于室外对室内的覆盖，可以采用在对面楼宇中间位置或路灯柱、抱杆上安装高增益的定向天线来进行楼宇的覆盖。对于纵深较大、单面无法完全覆盖的楼宇，可以选择从双面进行覆盖,或选择卧室、客厅等重点区域进行覆盖。

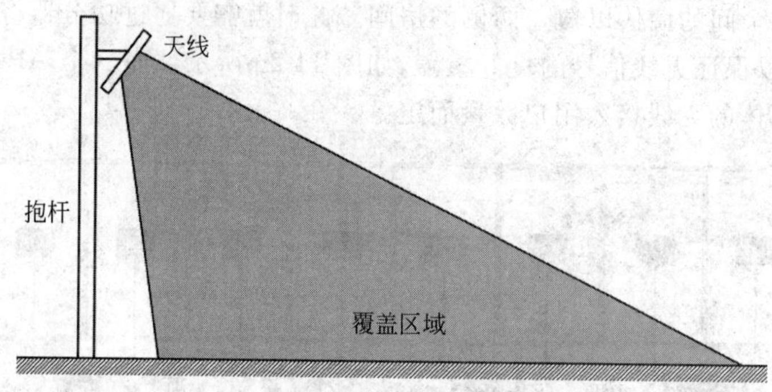

图 11-27　定向天线下倾覆盖

11.7　无线网络设备配置

园区无线网络的组网包括 FAT AP 和“无线控制器＋FIT AP”两种方式,在本节中主要介绍 FAT AP 的配置,对“无线控制器＋FIT AP”的配置感兴趣的读者可以自行查阅相关的资料。

在本节中以 H3C WA2210-AG 为例进行配置的介绍。H3C WA2210-AG 是一款室内型 FAT/FIT 双模 AP,拥有一个二层以太网接口 Ethernet1/0/1,用于向上连接接入层交换机(注意: AP 属于接入层设备,一般位于网络的最底层,处于接入层交换机之下,以将无线终端连接到网络中)。其出厂默认安装的是 FIT 版操作系统,因此在作为 FAT AP 使用前首先要将 FIT 版操作系统删除,并安装 FAT 版的操作系统。

11.7.1　FAT AP 基本配置

要想使终端可以通过 FAT AP 接入无线网络,在 FAT AP 上需要进行的基本配置如下。

(1) 创建 WLAN-BSS 接口。

```
[H3C]interface WLAN-BSS interface-number
```

该命令用来创建一个 WLAN-BSS 接口并进入该接口的配置视图,如果指定的 WLAN-BSS 接口已经存在,则进入接口配置视图。

WLAN-BSS 接口是一种虚拟的二层接口,类似于 access 类型的二层以太网接口,具有二层属性,并可配置多种二层协议。

(2) 将 WLAN-BSS 接口接入 VLAN 中。

```
[H3C-WLAN-BSS1]port access vlan vlan-id
```

默认情况下,WLAN-BSS 接口位于 VLAN 1 中。

(3) 创建无线服务模板。

```
[H3C]wlan service-template service-template-number {clear|crypto}
```

在无线服务模板中进行一些无线相关属性的配置，模板包括明文模板(clear)和密文模板(crypto)两种类型。如果在无线网络中不进行任何安全的配置，则应选择明文模板。

(4) 配置 SSID 名称。

```
[H3C-wlan-st-1]ssid ssid-name
```

(5) 配置链路认证方式。

```
[H3C-wlan-st-1]authentication-method {open-system|shared-key}
```

链路认证方式包括开放系统认证(open-system)和共享密钥认证(shared-key)两种方式。其中开放系统认证为不进行认证，而共享密钥认证需要在客户端和设备端配置相同的共享密钥进行认证。

需要注意的是，在无线网络的接入认证中包括无线链路认证和用户接入认证两种，该命令配置的是无线链路的认证方式，WEP 的认证即在无线链路的接入认证上采用共享密钥的认证方式，因此如果配置 WEP，则链路认证方式必须为 shared-key。而 WPA/WPA2 的认证是对用户接入进行认证，在无线链路认证上采用的是 open-system 认证。

(6) 指定某个 SSID 下的关联客户端的最大个数。

```
[H3C-wlan-st-1]client max-count max-number
```

默认最多可以关联 64 个客户端。

(7) 使能无线服务模板。

```
[H3C-wlan-st-1]service-template enable
```

(8) 进入射频接口配置视图。

```
[H3C]interface WLAN-Radio interface-number
```

WLAN-Radio 接口是 AP 上的一种物理接口，用于提供无线接入服务，在 H3C WA2210-AG 上存在一个 WLAN-Radio 接口，即 WLAN-Radio 1/0/1。

(9) 配置射频类型。

```
[H3C-WLAN-Radio1/0/1]radio-type {dot11a|dot11b|dot11g}
```

(10) 配置射频工作信道。

```
[H3C-WLAN-Radio1/0/1]channel {channel-number|auto}
```

在使用 IEEE 802.11b/g 的情况下，推荐配置为 1、6 或 11 信道。

(11) 配置当前射频的服务模板和使用的 WLAN-BSS 接口。

```
[H3C-WLAN-Radio1/0/1]service-template service-template-number interface WLAN-BSS
interface-number
```

假设存在如图 11-28 所示的网络，要求配置 AP1 和交换机 SWA，使终端 PC1 和 PC2 可以通过 AP1 连接到网络中，其中 SSID 为 H3C，为终端主机分配的 IP 地址为 192.168.1.0/24 网段地址，网关为 192.168.1.1。

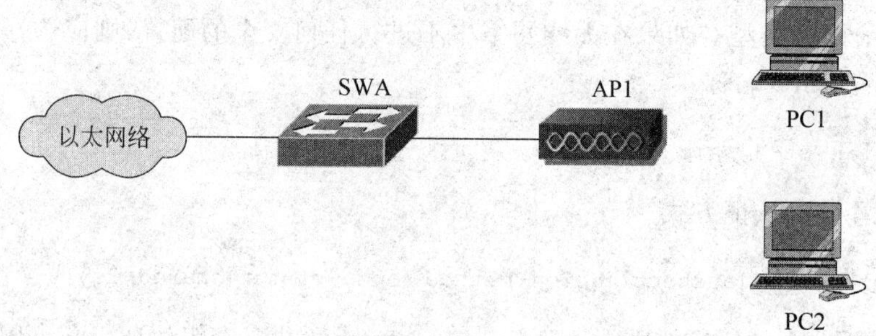

图 11-28　无线网络基本配置

具体的配置命令如下：

```
[SWA]interface Vlan-interface 1
[SWA-Vlan-interface1]ip address 192.168.1.2 24
[SWA-Vlan-interface1]quit
[SWA]ip route-static 0.0.0.0 0 192.168.1.1
[SWA]dhcp enable
[SWA]dhcp server forbidden-ip 192.168.1.1 192.168.1.2
[SWA]dhcp server ip-pool zhangsf
[SWA-dhcp-pool-zhangsf]network 192.168.1.0 mask 255.255.255.0
[SWA-dhcp-pool-zhangsf]gateway-list 192.168.1.1

[AP1]interface WLAN-BSS 1
[AP1-WLAN-BSS1]quit
[AP1]wlan service-template 1 clear
[AP1-wlan-st-1]ssid H3C
[AP1-wlan-st-1]authentication-method open-system
[AP1-wlan-st-1]service-template enable
[AP1-wlan-st-1]quit
[AP1]interface WLAN-Radio 1/0/1
[AP1-WLAN-Radio1/0/1]radio-type dot11g
[AP1-WLAN-Radio1/0/1]channel 1
[AP1-WLAN-Radio1/0/1]service-template 1 interface WLAN-BSS 1
```

注意：由于 H3C WA2210-AG 不支持 DHCP 的配置，因此需要在二层交换机 SWA 上配置 DHCP，而为使 DHCP 正常工作，SWA 自身必须配置 IP 地址，否则将因为 DHCP 服务器无法发送 IP 报文而导致 DHCP 失败。在上面的配置中可以看出，交换机 SWA 和终端主机 PC1、PC2 在同一个网段 192.168.1.0/24 中，并且拥有相同的网关 192.168.1.1，网关是位于交换机 SWA 上游的三层设备的接口或三层虚接口。

配置完成后，在 PC1 和 PC2 上分别安装无线网卡，并进行无线网络的发现，可以看到 SSID 为 H3C 的无线网络，如图 11-29 所示。

由于该无线网络未设置任何安全机制，因此选中该无线网络，并单击“连接”按钮即可

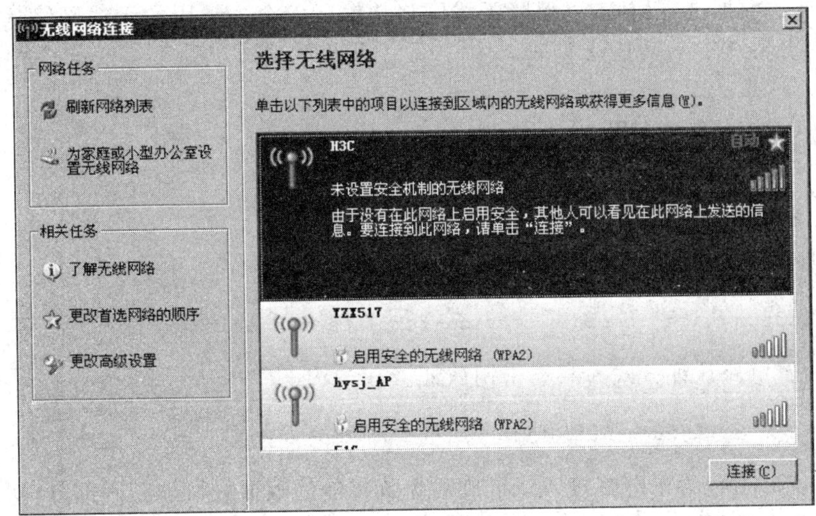

图 11-29　无线网络发现

连接到该无线网络中。连接完成后，在 PC1 或 PC2 的命令行模式下使用 ipconfig 命令可以看到由交换机 SWA 为其分配的 IP 地址。

连接完成后，在 AP1 上使用 display wlan client 命令查看无线网络客户端信息如下：

```
[AP1]display wlan client
Total Number of Clients                    : 2
Total Number of Clients Connected: 2
                              Client Information
---------------------------------------------------------------------
MAC Address       BSSID             AID    State       PS Mode   QoS Mode
---------------------------------------------------------------------
0019-e07b-7a2e   0023-89c2-fe00     1     Running     Active      None
0019-e07b-828f   0023-89c2-fe00     2     Running     Active      None
---------------------------------------------------------------------
```

从显示的结果中可以看出，共有两台终端连接到了 AP1 上，其 MAC 地址分别是 0019-e07b-7a2e 和 0019-e07b-828f，而 AP1 的 MAC 地址是 0023-89c2-fe00。

此时，PC1 和 PC2 均可以通过网关连接外部网络，但使用 PING 命令进行 PC1 和 PC2 之间的连通性测试会发现两台 PC 之间无法连通。这是因为在 AP 上默认启用了无线用户隔离功能，它使关联到同一个 AP 上的所有无线用户之间的二层报文，包括单播和广播报文均不能相互转发，从而使无线用户之间不能直接进行通信，以保护无线网络的安全。如果想要使 PC1 和 PC2 之间能够进行通信，可以输入[H3C]undo l2fw wlan-client-isolation enable 命令来解除无线用户之间的隔离。

在对 FAT AP 进行了基本的配置后，即可使终端主机接入无线网络中，但由于没有进行任何的安全配置，因此任何一个终端只要处于该 AP 的有效覆盖区域内即可连接到无线网络，而且由于无线网络射频传输的特性也导致无线网络传输的信息容易被窃听。这就要求在无线网络的接入时对终端用户的身份进行认证，并且在用户接入无线网络后，对无线传递的数据进行加密,以保障无线网络传输的安全。常用的无线网络认证加密技术包括 WEP 和 WPA/WPA2 两种。

11.7.2 WEP 配置

WEP 配置涉及的命令如下。

(1) 创建密文的无线服务模板。

```
[H3C]wlan service-template service-template-number crypto
```

(2) 配置链路认证方式为共享密钥认证。

```
[H3C-wlan-st-1]authentication-method shared-key
```

WEP 实际上包含了链路接入认证和对无线传输的数据进行加密两部分,从理论上来讲 WEP 可以配置为开放系统认证,此时 WEP 密钥只做加密,而不进行认证,也就是说即使客户端和 AP 的密钥不一致,用户依然可以上线,但上线后由于 WEP 密钥不一致数据将无法在客户端和 AP 之间传递,因此无法进行正常通信。这就要求在 WEP 的配置中,链路认证方式必须配置为共享密钥认证。

(3) 配置加密套件。

```
[H3C-wlan-st-1]cipher-suite {wep40|wep104|wep128}
```

加密套件用于对数据的加解密进行封装和解封装。WEP 支持 wep40、wep104 和 wep128 三种密钥长度,密钥分别是 5 个、13 个和 16 个 ASCII 码字符,或者 10 个、26 个和 32 个十六进制数字符。

(4) 配置 WEP 默认密钥。

```
[H3C-wlan-st-1]wep default-key key-index {wep40|wep104|wep128} {pass-phrase|
raw-key} {simple|cipher} key
```

其中 key-index 是密钥的索引号,取值为 1～4,pass-phrase 是指密钥为 ASCII 码字符,而 raw-key 是指密钥为十六进制数字符。

(5) 配置密钥的索引号。

```
[H3C-wlan-st-1]wep key-id key-id
```

密钥的索引号默认为 1。

其他的配置与 FAT AP 的基本配置相同。

在此依然使用图 11-28 所示的网络,要求进行 WEP 认证和加密,密钥采用 ASCII 码字符的 WEP40,密钥值为 abcde。

交换机 SWA 上的配置与 11.7.1 小节相同,AP1 上的具体配置命令如下:

```
[AP1]interface WLAN-BSS 1
[AP1-WLAN-BSS1]quit
[AP1]wlan service-template 1 crypto
```

```
[AP1-wlan-st-1]ssid H3C
[AP1-wlan-st-1]authentication-method shared-key
[AP1-wlan-st-1]cipher-suite wep40
[AP1-wlan-st-1]wep default-key 1 wep40 pass-phrase simple abcde
[AP1-wlan-st-1]wep key-id 1
[AP1-wlan-st-1]service-template enable
[AP1-wlan-st-1]quit
[AP1]interface WLAN-Radio 1/0/1
[AP1-WLAN-Radio1/0/1]radio-type dot11g
[AP1-WLAN-Radio1/0/1]channel 1
[AP1-WLAN-Radio1/0/1]service-template 1 interface WLAN-BSS 1
```

配置完成后，在 PC1 和 PC2 上分别安装无线网卡，并进行无线网络的发现，可以看到 SSID 为 H3C 的无线网络，该网络为“启用了安全的无线网络”。选中该无线网络并单击“连接”按钮，会跳出“无线网络连接”对话框，要求输入网络密钥，如图 11-30 所示。

图 11-30　“无线网络连接”对话框

输入 WEP 密钥 abcde，单击“连接”按钮即可连接到该无线网络中。连接完成后，在 PC1 或 PC2 的命令行模式下使用 ipconfig 命令可以看到由交换机 SWA 为其分配的 IP 地址。在 AP1 上使用 display wlan client 命令可以看到相关无线网络客户端的信息。

11.7.3　WPA/WPA2 配置

WPA/WPA2 的配置涉及的命令如下。

(1) 全局使能端口安全功能。

```
[H3C]port-security enable
```

WPA/WPA2 的认证是对用户接入进行认证，其认证可以分为预共享密钥(Pre-Share Key，PSK)认证和基于 IEEE 802.1×的认证，无论采用哪一种认证方式，都需要全局的使能端口安全功能。

(2) 创建 WLAN-BSS 接口。

```
[H3C]interface WLAN-BSS interface-number
```

(3) 配置端口安全模式为预共享密钥模式。

```
[H3C-WLAN-BSS1]port-security port-mode psk
```

端口安全模式可以是 PSK 认证模式、userlogin-secure-ext(即 802.1×认证模式)以及 mac-authentication(即 MAC 认证模式),在此只对 PSK 认证模式进行介绍。

(4) 开启无线密钥协商功能。

```
[H3C-WLAN-BSS1]port-security tx-key-type 11key
```

(5) 配置进行 WPA/WPA2 认证使用的预共享密钥。

```
[H3C-WLAN-BSS1]port-security preshared-key {pass-phrase|raw-key} {simple|
cipher} key
```

(6) 创建密文的无线服务模板。

```
[H3C]wlan service-template service-template-number crypto
```

(7) 配置链路认证方式为开放系统认证。

```
[H3C-wlan-st-1]authentication-method open-system
```

一定要注意,在这里链路认证方式必须配置为开放系统认证,即不进行链路的接入认证。

(8) 配置安全信息元素。

```
[H3C-wlan-st-1]security-ie {wpa|rsn}
```

其中 RSN 为健壮安全网络(Robust Security Network),即 WPA2,它提供了比 WPA 更强的安全性。

(9) 配置加密套件。

```
[H3C-wlan-st-1]cipher-suite {tkip|ccmp}
```

加密可以选择 TKIP 或 CCMP 两种协议,其中 CCMP 具有更高等级的安全性。

其他的配置与 FAT AP 的基本配置相同。

在此依然使用图 11-28 所示的网络,要求进行 WPA2-PSK 认证和加密,密钥采用 ASCII 码字符,密钥值为 abcdefgi。

交换机 SWA 上的配置与第 11.7.1 小节相同,AP1 上的具体配置命令如下:

```
[AP1]port-security enable
[AP1]interface WLAN-BSS 1
[AP1-WLAN-BSS1]port-security port-mode psk
[AP1-WLAN-BSS1]port-security tx-key-type 11key
[AP1-WLAN-BSS1]port-security preshared-key pass-phrase simple abcdefgi
[AP1-WLAN-BSS1]quit
[AP1]wlan service-template 1 crypto
[AP1-wlan-st-1]authentication-method open-system
[AP1-wlan-st-1]ssid H3C
[AP1-wlan-st-1]security-ie rsn
[AP1-wlan-st-1]cipher-suite ccmp
[AP1-wlan-st-1]service-template enable
[AP1-wlan-st-1]quit
```

```
[AP1]interface WLAN-Radio 1/0/1
[AP1-WLAN-Radio1/0/1]service-template 1 interface WLAN-BSS 1
[AP1-WLAN-Radio1/0/1]radio-type dot11g
[AP1-WLAN-Radio1/0/1]channel 1
```

配置完成后，在 PC1 和 PC2 上分别安装无线网卡，并进行无线网络的发现，可以看到 SSID 为 H3C 的无线网络，该网络为“启用了安全的无线网络(WPA2)”，如图 11-31 所示。

图 11-31　SSID 为 H3C 的安全无线网络

选中该无线网络并单击“连接”按钮，会跳出“无线网络连接”对话框，在对话框中输入密钥 abcdefgi，单击“连接”按钮即可连接到该无线网络中。连接完成后，在 PC1 或 PC2 的命令行模式下使用 ipconfig 命令可以看到由交换机 SWA 为其分配的 IP 地址。在 AP1 上使用 display wlan client 命令可以看到相关无线网络客户端的信息。

在 AP1 上使用 display port-security preshared-key user 命令查看预共享密钥认证用户信息，显示结果如下：

```
[AP1]display port-security preshared-key user
  Index        Mac-Address     VlanID          Interface
-------------------------------------------------------
       0    0019-e07b-828f        1         WLAN-BSS1
       1    0019-e07b-7a2e        1         WLAN-BSS1
```

注意 WEP 与 WPA/WPA2 在配置上的区别，两者虽然都对无线网络传输的数据进行加密，但在认证方面 WEP 是对无线链路接入进行认证，其认证配置在无线服务模板中进行，认证方式为 shared-key。而 WPA/WPA2 是对用户接入进行认证，其认证基于端口的实现，因此需要保证端口的安全，具体的认证配置在 WLAN-BSS 接口中进行，而在无线服务模板中的认证方式为 open-system。

11.8　小　　结

随着用户网络接入需求的变化，无线局域网和无线网络覆盖正在成为计算机网络规划和设计中不可或缺的一部分。本章通过对无线网络的基本概念、无线网络设备、无线网络勘测与设计、无线网络工程施工以及基本的 FAT AP 的配置进行介绍，力求使读者对无线网络有一个相对全面的认识。

11.9　习　　题

1. IEEE 802.11b/g 一共开放了多少个信道？可提供多少个互不干扰信道？
2. IEEE 802.11n 的工作频段是多少？

3. 无线连接建立过程需要经过哪几个步骤？在这几个步骤中会涉及几种不同类型的帧？

4. AP 按照其功能的区别可以分为哪两种？其在组网应用中有什么不同？

5. 什么是全向天线？

6. 什么是定向天线？

7. SOHO 无线路由器的内部结构是怎样的？绘图描述 SOHO 无线路由器的内部结构，假设 SOHO 无线路由器内部网络使用的网络地址是 192.168.1.0/24，请将 192.168.1.1/24 地址标在相应的端口上。

8. 为了在办公室实现 Wi-Fi 手机上网，使用了一个 SOHO 无线路由器，如果办公室墙上只有一个信息插头，原来办公室只有一台计算机。

(1) 怎样将实现网络连接？

(2) 如果原计算机分配的 IP 地址为 200.100.20.34/24，SOHO 无线路由器的 WAN 端口如何配置？

(3) 如果原计算机分配的 IP 地址为 192.168.1.22/24，SOHO 无线路由器内部网络使用的网络地址是 192.168.1.0/24，那么应如何配置？

(4) 原计算机的 TCP/IP 属性如何配置？

11.10 实训 小型无线网络的配置

【实训学时】 2 学时。

【实训组学生人数】 5 人。

【实训目的】 掌握 FAT AP 的基本配置及 WPA/WPA2 的安全配置。

【实训环境】

(1) 安装有 TCP/IP 协议的 Windows 系统 PC：5 台。

(2) H3C FAT AP：1 台。

(3) 无线网卡：5 块。

(4) 二层交换机：1 台。

(5) UTP 电缆：2 条。

(6) Console 电缆：2 条。

保持 AP 和交换机均为出厂配置。

【实训内容】

(1) 配置二层交换机，实现 DHCP 地址分配。

(2) 配置 FAT AP，实现基于 WPA/WPA2 的安全无线网络的接入。

【实训指导】

(1) 按照图 11-32 所示的网络拓扑结构搭建网络，完成网络连接。

(2) 配置二层交换机 SWA，使其可以为无线网络终端主机通过 DHCP 的方式分配地址，地址池为 10.0.×.0/24。参考命令如下：

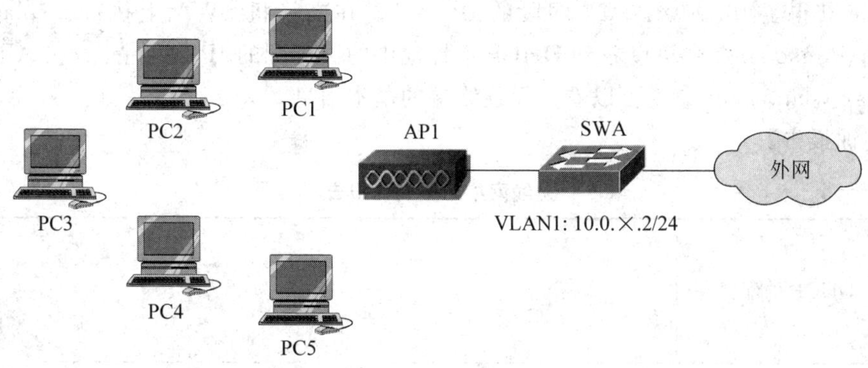

图 11-32　FAT AP 配置实训

```
[SWA]interface Vlan-interface 1
[SWA-Vlan-interface1]ip address 10.0.×.2 24
[SWA-Vlan-interface1]quit
[SWA]ip route-static 0.0.0.0 0 10.0.×.1
[SWA]dhcp enable
[SWA]dhcp server forbidden-ip 10.0.×.1 10.0.9.2
[SWA]dhcp server ip-pool wlan
[SWA-dhcp-pool-wlan]network 10.0.×.0 mask 255.255.255.0
[SWA-dhcp-pool-wlan]gateway-list 10.0.×.1
```

(3) 配置 FAT AP,使终端主机 PC1～PC5 可以通过 AP1 连接到网络中,其中 SSID 为 network-×,×为具体的实验台席号,要求进行 WPA2-PSK 认证和加密,密钥采用 ASCII 码字符,密钥值为 12345678。参考配置命令如下:

```
[AP1]port-security enable
[AP1]interface WLAN-BSS 1
[AP1-WLAN-BSS1]port-security port-mode psk
[AP1-WLAN-BSS1]port-security tx-key-type 11key
[AP1-WLAN-BSS1]port-security preshared-key pass-phrase simple 12345678
[AP1-WLAN-BSS1]quit
[AP1]wlan service-template 1 crypto
[AP1-wlan-st-1]authentication-method open-system
[AP1-wlan-st-1]ssid network-x
[AP1-wlan-st-1]security-ie rsn
[AP1-wlan-st-1]cipher-suite ccmp
[AP1-wlan-st-1]service-template enable
[AP1-wlan-st-1]quit
[AP1]interface WLAN-Radio 1/0/1
[AP1-WLAN-Radio1/0/1]service-template 1 interface WLAN-BSS 1
[AP1-WLAN-Radio1/0/1]radio-type dot11g
[AP1-WLAN-Radio1/0/1]channel 6
```

配置完成后,在 PC1-PC5 上安装无线网卡,并搜索可用无线网络,应该可以看到启用了 WPA2 安全防护的无线网络 network-x,连接该网络并输入密钥 12345678,即可连接到该无线网络中。在 PC1～PC5 的"命令提示符"窗口下用 ipconfig 命令可以看到主机通过 DHCP 获得了 10.0.×.0/24 网段的 IP 地址。在交换机 SWA 上执行 display dhcp server ip-in-use all 命令可以看到 DHCP 地址池中的已分配的 IP 地址情况，在 AP1 上执行 display wlan client 命令可以看到无线终端的基本信息。

【实训报告】

无线网络配置实训报告

<table>
<tr><td>SWA 上 DHCP 的配置</td><td colspan="2"></td></tr>
<tr><td>SWA 是否必须要配置 IP 地址，为什么？</td><td colspan="2"></td></tr>
<tr><td>SWA 是否可以不进行 DHCP 的配置？如果在 SWA 上未配置 DHCP，可以用什么方法确保无线终端连接到网络中？</td><td colspan="2"></td></tr>
<tr><td>FAT AP 的配置</td><td colspan="2"></td></tr>
<tr><td rowspan="6">display wlan client 命令的结果</td><td>MAC Address</td><td>BSSID</td></tr>
<tr><td></td><td rowspan="5"></td></tr>
<tr><td></td></tr>
<tr><td></td></tr>
<tr><td></td></tr>
<tr><td></td></tr>
</table>

参 考 文 献

[1] 周晶. 计算机网络基础[M]. 北京：电子工业出版社，2016.
[2] 刘勇，邹广慧. 计算机网络基础[M]. 北京：清华大学出版社，2016.
[3] 武春岭，王文. 网络安全管控与运维[M]. 北京：电子工业出版社，2014.
[4] 王梅. 云上运维及应用实践教程[M]. 北京：高等教育出版社，2016.
[5] 丁喜纲. 企业网络互联技术实训教程[M]. 北京：清华大学出版社，2015.
[6] 戴有炜. Windows Server 2012 网络管理与架站[M]. 北京：清华大学出版社，2014.
[7] 杭州华三通信技术有限公司. 路由交换技术第 1 卷(上册)[M]. 北京：清华大学出版社，2011.
[8] 杭州华三通信技术有限公司. IPv6 技术[M]. 北京：清华大学出版社，2010.

附录 A 数据通信基础

计算机网络中的通信网络是一个数据通信系统,计算机网络的工作原理和数据通信是紧密相关的。

A.1 数据通信的基本概念

A.1.1 信息与数据

信息在不同的领域内有不同的定义。一般来说是人们对客观世界的认识和反映。无论是什么形式的通信,都是以传递信息为目的的。例如,为了传达“狼来了”这一信息,可以使用声音、手势等方式告诉他人。

数据是信息的表示形式,是信息的物理表现。所有信息都要用某种形式的数据表示和传播。例如,“汽车”,可以使用文字、声音、图画等数据形式表示。信息是数据表示的含义,是数据的逻辑抽象。信息不会因数据的表示形式不同而改变。但一般情况并不是严格地区分信息与数据,比如,把数据帧也叫作信息帧,传递数据也叫传递信息。

数据通信主要研究二进制编码信息的通信过程。无论信息采用什么数据形式表示,在数据通信系统中都必须转化成二进制编码。例如,轿车可以使用“轿车”、Car 等文字或轿车图片表示。在计算机网络中传递这个信息时,文字和图片对于计算机来说都是不可识别的形状。如果要传递这个信息,就必须对图形或文字进行二进制编码。例如,文字 Car 可以使用“01000011,01100001,01110010”的 ASCII 编码表示。

数据通信中传递的是二进制编码数据。数据通信不能理解成是传递数字的通信。例如,需要传递 123 数字,在数据通信中不能直接传送这个数字,可以使用“00110001,00110010,00110011”ASCII 编码表示,以可以使用二进制数 1111011 表示。当然具体使用哪种形式取决于双方规定的通信协议。数据通信可以传递数字,也可以传递表示信息的任何数据,包括文字、数字、图像、声音。

A.1.2 信号

信号是在特定通信方式中数据的物理表现,信号有具体的物理描述。古代的烽火狼烟、现代的电子通信中的电磁波都是表示数据的物理信号。在电子通信方式中,信号有模拟信号和数字信号两种。模拟信号是连续的信号波形，数字信号是离散的脉冲方波。

1. 模拟信号

模拟信号是一个连续变化的物理量。最常见的是电话通信中的语音信号。在固定电话系统中，用户的讲话被受话器转化成与语音声波频率相同的电磁波信号在电话线中传输，电磁波完全模拟了声波的形态，一般称其为语音信号。

模拟信号中一般包含的频率成分比较少，例如，语音信号中，频率成分一般为 300～3400Hz。模拟信号在通信中容易受到外界的干扰，所以容易产生失真。

2. 数字信号

数字信号是离散取值的物理量，例如，表示二进制数据的 1、0 信号。在数据通信中，可以使用某种参量(如电压、电流)的某种状态(如高电平、低电平)表示 1，另一个状态表示 0。数字信号的脉冲波形在传输中是由无数频率的正弦波叠加形成的，所以数字信号中包含的频率成分非常多，远远大于模拟信号的频率范围。

A.1.3 信号带宽与信道带宽

1. 信道

信道是通信系统中传输信号的通道。信道包括通信线路和传输设备。根据信道使用的传输介质，可以将其分成有线信道和无线信道。根据适合传输的信号类型，可以分为模拟信道和数字信道。模拟信道用于传输模拟信号，如电话用户线路；数字信道用于直接传输数字信号，如光纤线路。

2. 信号带宽

信号带宽是信号中包含的频率范围，对于模拟信号带宽计算方法为：

信号带宽＝信号最高频率－信号最低频率

例如，语音信号最高频率为 3400Hz，最低频率为 300Hz，所以语音信号带宽为 3100Hz。

数字信号包含直流以上的频率成分，数字信号的最高频率成分与信号脉冲宽度有关，信号脉冲宽度为 1μs 的脉冲数字信号，其信号带宽一般视为 1MHz。

3. 信道带宽

信道带宽是信道上允许传输电磁波的有效频率范围。模拟信道的带宽等于信道可以传输的信号频率上限和下限之差，单位是 Hz。信道的带宽不一定等于传输介质允许的带宽。例如，在无线信道中，从理论上来说无线信道的带宽是无限的，但无线信道是共享的公用广播信道，在全球和局部范围内都将其划分成不同用途的信道，根据用途的不同，其信道带宽差距很大。例如，电话用户线路，线路传输的频率可以达到 1MHz 以上，但语音信道的带宽使用 4000Hz，可以传输 0～4000Hz 频率范围的电磁波，涵盖了 300～3400Hz 的语音信号带宽。

数字信道的带宽一般用信道容量表示。信道容量是信道的最大数据传输速率，单位是比特/秒(bps)。例如，当前主流局域网中使用的 5 类双绞线，信道带宽为 100Mbps，即最大数据传输速率为 100Mbps。信道容量对信道传输介质的带宽有一定的依赖关系。

A.1.4 数据通信系统模型

数据通信系统是通过数据电路将计算机系统连接起来，实现数据传输、交换、存储和处理的系统。数据通信系统模型如图 A-1 所示。

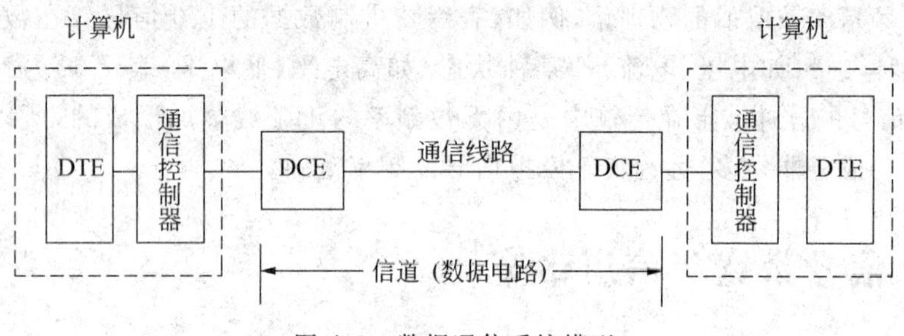

图 A-1 数据通信系统模型

1. 数据终端设备

数据终端设备(Data Terminal Equipment，DTE)是数据通信中的数据源和数据库，实际就是计算机设备。DTE 是沿用的历史名称。在数据通信的最初阶段，数据通信的对象是计算机和终端设备(只能接收和发送数据，不能存储和处理数据)。现在的数据通信系统中，通信的对象都是计算机，都可以对数据进行存储处理。但 DTE 这个术语还在使用。

2. 通信控制器

数据通信是计算机与计算机间的通信，为了有效而可靠地进行通信，通信双方必须按照通信协议进行。通信控制器是数据链路层控制通信规程执行部件，完成收发双方的同步、差错控制、链路的建立、维持、拆除以及数据流量控制等。

3. 数据电路终端设备

数据电路终端设备(Data Communication_terminating Equipment，DCE)是用来连接计算机与通信线路的设备。主要作用是把数据信号转换成适合通信线路传输的编码信号和提供同步传输的时钟信号等。在广域网连接中，一般需要使用 DCE 设备作为网络通信设备。

在模拟信道中，DCE 设备一般称作调制解调器(Modem)。例如，拨号上网使用的 Modem，ADSL 线路上的“大猫”等。在数字信道上，DCE 设备一般称作数据服务单元/信道服务单元(DSU /CSU)。在数字信道上常见的 DCE 设备有基带 Modem、数据终端单元 DTU 等。

在数据通信中,信道也称作数据电路,一般指通信线路加 DCE 设备。两个 DTE 之间通过握手建立起的传输通道称作数据链路。数据电路属于物理层,数据链路属于数据链路层。

A.2　数据编码

在数据通信中,数据需要使用二进制编码表示,如 ASCII 字符编码和汉字编码等。数据通信过程中,二进制编码数据需要使用信号表示。使用两个电平值表示二进制数 0、1 是一种最简单的数据编码方法。对于不同的传输方式,数据编码的形式也不一样。

A.2.1　基带传输与频带传输方式

1. 基带传输

在数据通信中传输的都是二进制编码数据,终端设备把数据转换成数字脉冲信号,数字脉冲信号所固有的频带,称为基本频带,简称基带。在信道中直接传送基带信号称为基带传输。

基带传输可以理解为直接传输数字信号,由于数字信号中包含从直流到数百兆 Hz 的频率成分,信号带宽较大,采用基带传输数据时数字信号将占用较大信道带宽,而且只适应短距离传输的场合。基带传输系统比较简单,传输速率较高,局域网中一般使用基带传输方式。

2. 频带传输

基带传输方式虽然简单,但不适合长距离传输,而且不适合在模拟信道上传输数字信号。例如,在电话语音信道上不能传输基带数据信号,因为电话语音信道只有 4000Hz 的带宽,远远小于数字脉冲信号的带宽。

为了利用模拟信道长距离传输数字信号,需要把基带数字信号利用某一频率正弦波的参量表示。这个正弦波称为载波。利用载波参量传输数字信号的方法称作频带传输。把数字信号用载波参量表示的过程叫作调制,在接收端把数字信号从载波信号中分离出来的过程叫作解调。调制解调器(Modem)就是实现信号调制和解调的 DCE 设备。

在频带传输中,使用调制编码表示数字信号。即使用载波信号的幅度、频率、相位表示数字 0、1。例如,使用 980Hz 频率的载波信号表示数字 0,使用 1180Hz 频率的载波信号表示数字 1。

A.2.2 数据编码

1. 数字数据的调制编码

数字信号调制过程是利用数字信号控制载波信号的参量变化过程。正弦载波信号的数学函数表达式为

$$f(t) = A\sin(\omega t + \theta)$$

式中，A、ω、θ 代表函数的幅度、频率和初相角，使用数字信号控制这三个参量的变化就可以产生数字信号的调制编码。

2. 数字数据的数字信号编码

在基带传输系统中直接传输数据终端设备产生的数字信号。但为了正确无误地传输数字数据，一般需要在 DCE 设备中对数据进行编码。

A.3 数据传输方式

A.3.1 并行与串行传输

计算机中的数据一般用字节(8bit 二进制数)和字(16bit 或更多二进制数)表示。在数据通信中，一般是按字节传输。一个 8bit 二进制数据如何传送到接收方，有并行传输与串行传输两种方法。并行传输中每个数据位使用一条数据线(和公用信号地线)，串行传输则仅用一条数据线和一条信号地线，让数据按位分时通过传输线路。

A.3.2 异步传输与同步传输

在串行传输方式中，数据是按位传输的。发送方和接收方必须按照相同的时序发送和接收数据，才能够进行正确的数据传送。根据传输时序的控制技术可以分为异步传输与同步传输方式。

1. 异步传输

异步传输方式是收发双方不需要传输时钟同步信号的传输时序控制技术。RS-232C 接口一般使用异步传输方式(RS-232C 的 9 针连接器只能使用异步传输方式)。异步传输方式传输时序控制简单，一般用于字节(字符)数据传输。

异步传输方式使用起始位、停止位和波特率控制传输时序。传输的每个字节称作一个数据帧。在数据帧之间至少需要 1 个停止位，停止位一般使用高电平表示。数据帧的开始需要一个起始位，早期的异步传输方式要求起始位的宽度为 1.5 个数据位宽度。数

据位的宽度由波特率计算。

异步传输方式比较简单，但是由于每个帧只传输一个字节数据，而且需要附加起始位、停止位，数据传输效率比较低。

2. 同步传输

同步传输是通信的双方按照同一时钟信号进行数据传输的方式。由于双方在同一时钟信号指挥下工作，例如，发送方在时钟信号上升沿发送数据，接收方在时钟信号下降沿接收数据，收发双方可以达到步调一致的传输数据，即同步传输。

同步传输有外同步与内同步两种方式，同步的内容有位同步和字节同步两个方面。外同步方式中需要使用通信线路传输同步时钟信号，系统成本较高；内同步传输方式是从数据信号编码中提取同步时钟信号。

A.4 数据通信方式

根据信道的不同结构有三种通信方式。

1. 单工通信

单工通信信道为一个单方向的传输通道，信号只能向一个方向传输。在计算机网络中一般不使用。

2. 半双工通信

半双工通信方式发送和接收信道共用一条通信线路，数据可以向两个方向传输，但不能同时传输。

3. 全双工通信

全双工通信发送和接收信道各自独立，可以同时发送和接收数据，数据通信效率高。在星形域网中都采用全双工通信方式。

A.5 链路复用

在通信系统中，成本最高的是通信线路。如何提高远程线路的利用率是通信技术研究的重要内容。链路复用是利用一条通信线路实现多个终端之间同时通信的技术。链路复用技术主要应用于通信网络的传输网络。链路复用技术主要有电信号传输中的频分多路复用（FDM）、时分多路复用（TDM）和统计时分复用（STDM）；光信号传输中的波分复用（WDM）；无线移动通信中的码分多址等。在计算机网络中主要使用统计时分复用技术，无线局域网中主要使用码分多址复用技术。

1. 频分多路复用(FDM)

频分多路复用(Frequency Division Multiplexing,FDM)是在传输介质的有效带宽超过被传输的信号带宽时,把多路信号调制在不同频率的载波上,实现同一传输介质上同时传输多路信号的技术。

无线调频广播就是频分多路复用最简单的例子。ADSL 和电话共用一条电话线路就是利用的频分多路复用技术。在电话用户线路上,语音信号占用了 0～4000Hz 的传输频带,ADSL 则占用 4000Hz 以上频带部分。

2. 时分多路复用(TDM)

时分多路复用(Time-Division Multiplexing,TDM)是传输介质可以达到的数据传输速率超过被传输信号传输速率时,把多路信号按一定的时间间隔传送的方法,实现在同一传输介质上"同时"传输多路信号的技术。

3. 统计时分复用(STDM)

统计时分复用(Statistical Time-Division Multiplexing,STDM)是根据用户有无数据传输需要分配信道资源的方法。这是相对于 FDM 和 TDM 而言,STDM 是动态资源分配方法。FDM 和 TDM 中虽然大大地提高了线路的资源利用率,但它们都是将信道资源固定地分配给用户,而不考虑用户是否有效地利用了线路资源。

附录 B TCP/IP 协议基本原理

B.1 客户/服务器交互模式

网络通信的最终对象是网络应用程序进程。程序进程之间的通信和人们平时进行电话通信、书信通信的过程非常类似。程序进程在需要进行通信时，会通过某种方式和对方程序进程进行通信。但是，无论是人还是计算机之间的通信，对方必须有意识地去接收。例如，在电话通信中，如果通信对象没有在电话机旁守候，通信就不能进行。在书信通信中，如果对方从来不去邮箱查看是否有信件到达，通信也就不能完成。

在计算机网络中，为了使网络应用程序进程之间能够顺利地通信，通信的一方通常需要处于守候状态，等待另一方通信请求的到来。在计算机网络中这种一个应用程序进程被动地等待，另一个应用程序进程通过请求启动通信过程的通信模式称作客户/服务器交互模式。

在设计网络应用程序时，都是将应用程序设计成两部分：客户(Client)程序和服务器(Server)程序。安装有服务器程序的计算机称作服务器；安装有客户程序的计算机称作客户机(也称作客户端)，客户/服务器交互模式一般简写为 C/S 模式。例如，银行的业务处理系统，服务器程序安装在中心服务器上，银行业务终端、营业点柜台终端、POS 机、ATM 柜员机是安装了客户程序的客户机。

应用程序工作时，服务器一般处于守候状态，监视客户端的请求；客户端发送服务请求，服务器收到请求后执行请求的操作，并将结果回送客户端。例如，在银行业务处理系统中，储户到银行营业柜台办理一笔取款业务，营业员通过柜台终端向中心服务器发送一个取款业务服务请求，包括业务种类、账号、密码、姓名、金额、操作员等信息；服务器收到服务请求后从数据库中找出该账户的信息，核对无误后，完成该用户账目的记账处理，把处理结果数据回送到发送服务请求的柜台终端计算机上；柜台终端收到回送的处理结果数据后，就可以完成储蓄存折的打印和付款。对于 ATM 柜员机，收到服务器的回送结果后才能执行付款操作。

在 Internet 中，许多应用程序的客户端可以使用浏览器程序代替。例如，办公网站等，只需要开发 Web 应用程序安装在服务器上，而客户端使用浏览器(Browser)就可以和服务器通信。这种以浏览器作为客户端的网络应用程序通信模式称作浏览器/服务器交互模式，简称 B/S 模式。

B.2 应用层通信协议

1. 应用程序协议

应用层通信协议即网络应用程序之间的通信协议。网络应用程序包括网络上的常见应用软件如浏览器、FTP 等;用户开发的网络业务处理程序也是网络应用程序。

网络应用程序需要分别设计客户端程序与服务器程序。在网络应用程序设计中,除了客户端程序与服务器程序中需要处理的内容不同之外,两端之间的通信环节是必须要考虑的。为了使系统能够协调地工作,客户端程序与服务器程序之间必须进行必要的数据交换。所以必须对通信报文中的数据格式、字段含义进行严格的定义,即定义应用程序的通信协议。客户程序和服务器程序必须按照通信协议去理解和处理数据报文内容。

例如,在银行业务处理系统中,中心主机上的服务器程序主要负责对账户数据的处理、报表统计等工作;前台营业客户端程序主要完成账户信息的录入、信息显示、存折打印等工作。前台账户数据需要传送到服务器去处理,服务器的处理结果需要回送给前台显示、打印。前台营业员需要根据处理结果进行现金收付。下面我们设计一个简单的银行储蓄业务系统应用程序通信协议,如图 B-1 所示。

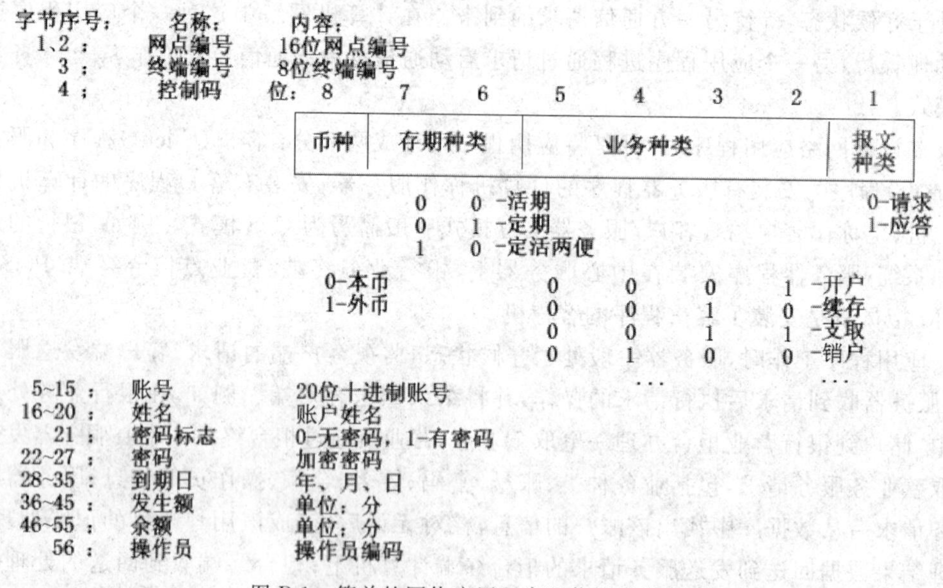

图 B-1 简单的网络应用程序通信协议举例

图 B-1 表示的网络应用程序通信协议例子中,虽然内容不够完整和实用,但是可以看到网络应用程序通信协议的内容就是说明各个字段的含义、表示方法,指示程序如何处理数据报文。不同网络应用程序的通信协议内容是不同的,但都是对数据字段结构的说明和字段内容的约定。

有了网络应用程序通信协议之后,发送方应用程序按照协议规定组织数据报文内容,接收方按照协议规定读取报文中相应的数据字段内容。

2. 出口参数

网络应用程序通信协议只是应用程序之间的协议,就像书写的书信内容一样。但是书信如果需要通过邮局寄送,就必须告诉邮局如何投递这个信件。用户告诉邮局如何投递信件的信息就是用户与邮局之间的接口参数。

在 TCP/IP 协议网络中,应用程序按照通信协议组织好数据报文后需要交给传输层去传递到对方。传输层相对于应用层就像邮局和用户一样。所以在应用层将数据报文交给传输层去传递时,还需要告诉传输层一些如何传递该数据报文的信息,这些信息称作应用层出口参数,当然对于传输层则是入口参数。

应用层出口参数包括以下几个类型。

(1) 服务类型。根据传输层提供的服务类型确定使用哪种服务。就像邮局寄信时选择平信或挂号信一样。

(2) 接收方主机地址。即对方主机的 IP 地址,就像收信人地址一样。

(3) 接收该数据报文的网络应用程序进程。即该数据报文的接收者,就像收信人一样。由 3.2.3 小节已经知道,应用程序进程是用端口号表示的。

3. 网络应用程序的通信过程

(1) 网络编程界面

网络应用程序在准备好数据报文和出口参数之后需要调用网络传输层的通信服务功能来传输数据报文。在网络应用程序开发中,不同的系统可能有不同的编程界面。在 UNIX 系统中为了解决网络系统中的通信问题,提出了一种编程界面叫作 Socket,表示"插座"的意思。后来其他系统的编程界面也都叫作 Socket,如 Windows 系统中的网络编程控件称作 Winsock。

在 Socket 编程界面中,应用程序提供给传输层的接口参数称作"套接字"。套接字的完整描述是:

{协议类型,本地地址,本地端口,远地地址,远地端口}

- 协议类型:即需要传输层提供的传输服务类型。在 TCP/IP 协议中,传输层可以提供两种服务,即可靠的(连接型)传输服务协议 TCP 和不可靠的(非连接型)传输服务协议 UDP。
- 本地地址:本计算机的 IP 地址。
- 本地端口:该通信进程使用的端口号。
- 远地地址:对方主机的 IP 地址。
- 远地端口:对方通信进程使用的端口号。

本地地址和本地端口号表示源地址和源端口,就像信封上的寄信人地址、姓名一样,用于通告发送方的主机地址、通信进程端口号,以便在回送报文时作为远地地址和远地端口参数。

服务器通信进程的端口号是在编程之前就已经约定好的，客户端进程的端口号可以在编程时指定，也可以在进程启动后通过系统函数向系统申请。

(2) C/S 模式通信过程

应用程序使用 Socket 编程界面调用传输层功能完成应用程序数据报文的传输。根据选用的传输层服务类型不同，其通信过程也不相同。

① 面向连接的 C/S 模式通信过程。面向连接的 C/S 模式通信过程中，服务器进程一般都是处于守候状态。服务器进程启动时，将指定的端口号绑定(bind())到该进程，然后启动一个侦听(listen())过程，进入守候状态。当侦听到一个连接请求后，启动一个接收(accept())过程，接收请求报文内容，建立和客户端的连接。连接建立成功后进入数据报文传输状态，使用 read()过程接收数据报文，使用 write()过程发送数据报文，数据报文传送完毕，关闭连接，再进入侦听(listen())守候状态。

面向连接的 C/S 模式通信过程中，客户进程是在需要进行数据通信时才和服务器进程发起一次通信过程。客户进程启动后，将指定的端口号(或从系统中申请获得的端口号)绑定(bind())到本进程。客户端需要进行数据传输时调用通信过程完成一次数据报文传输。一次通信过程如下。

a. 向服务器进程发送建立连接请求。

b. 当连接建立成功后进入数据传输状态。

c. 使用 write()过程发送数据报文，使用 read()过程等待接收应答报文。

d. 数据传送完毕，关闭连接。

面向连接的 C/S 模式通信过程如图 B-2 所示。

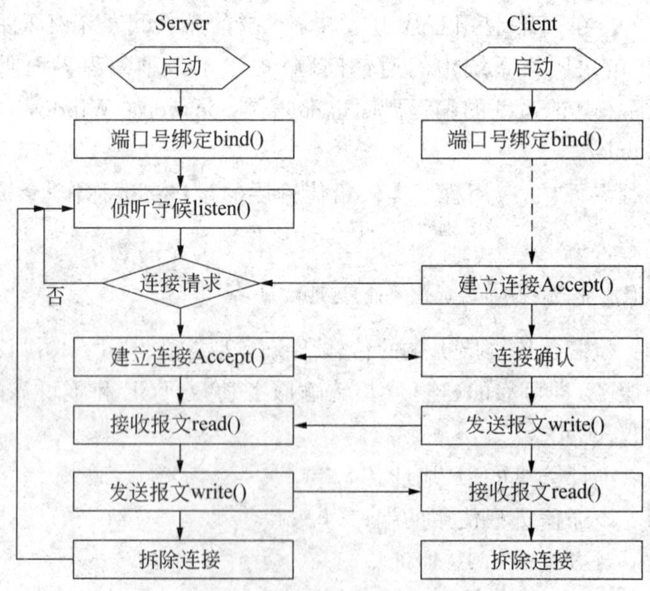

图 B-2　面向连接的 C/S 模式通信过程

② 面向非连接的 C/S 模式通信过程。面向非连接的 C/S 模式通信过程中，客户进程和服务器进程之间不需要建立连接，通信过程比较简单。服务器进程一般处于守候等待接收数据状态，客户端需要发送数据时，直接将报文发送给服务器。如果需要服务器返回应答报文，客户进程会等待接收应答报文。服务器收到数据报文后，对数据进行相应处理，如果需要回送应答报文，直接将应答报文发送给客户端。面向连接的 C/S 模式通信过程中可以如图 B-3 所示。

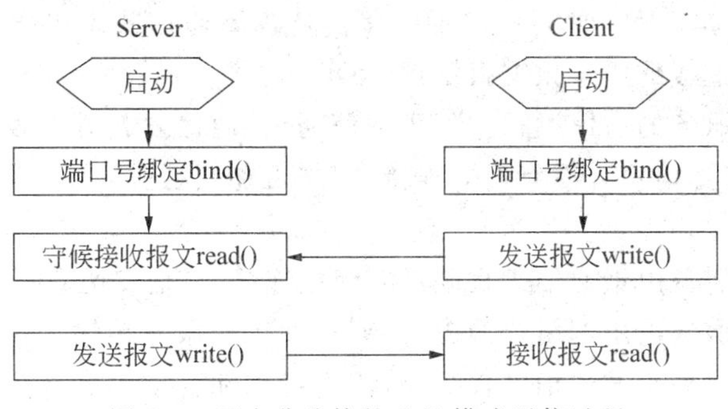

图 B-3　面向非连接的 C/S 模式通信过程

B.3　传输层通信协议

B.3.1　传输层服务类型

根据数据传输服务需求，TCP/IP 协议传输层提供两种类型的传输协议：面向连接的传输控制协议（Transport Control Protocol，TCP）和非连接的用户数据报协议（User Datagram Protocol，UDP）协议。两种传输层协议分别提供连接型数据传输服务和无连接型数据传输服务。

1. 连接型传输服务

传输层的连接型传输服务，需要通信双方在传输数据之前首先建立起连接，即交换握手信号，证明双方都在场。就像电话通信一样，问明对方身份后才正式通话。传输控制协议 TCP 是 TCP/IP 协议传输层中面向连接的传输服务协议，类似邮局的挂号信服务。

连接型传输服务在传输数据之前须要建立起通信进程之间的连接。在 TCP 协议中建立连接过程是比较麻烦的。客户方首先发出建立连接请求，服务器收到建立连接请求后回答同意建立连接的应答报文，客户端收到应答报文之后还要发送连接确认报文双方才能建立通信连接。这样做的主要原因是传输层报文需要通过下层网络传输，而传输层对下层网络没有足够的信任，自己要完成连接差错控制。

连接型传输服务中，由于通信双方建立了连接，能够保证数据正确有序的传输，应用程序可以利用建立的连接发送连续的数据流，即支持数据流的传输；在数据传输过程中可以进行差错控制、流量控制，可以提供端到端的可靠性数据传输服务。连接型传输服务适用于数据传输可靠性要求较高的应用程序。

2. 非连接型传输服务

连接型传输服务虽然可以提供可靠的传输层数据传输服务，但在传输少量信息时的通信效率却不尽如人意。例如，客户端只需要向服务器发送一个单词 OK，而建立连接的过程比传递 OK 单词花费的时间要增加很多。从提高通信效率出发，TCP/IP 协议的传输层设计了面向非连接的用户数据报协议 UDP。

非连接型传输服务的通信过程类似于平信通信，通信发起方在发送数据时不需要知道对方的状态，由于通信双方没有建立连接，报文可能会丢失，所以非连接型传输服务的可靠性较差。

非连接型传输服务由于通信进程间没有建立连接，只是发送数据时才占用网络资源，所以非连接型传输服务占用网络资源少；非连接型传输服务传输控制简单，通信效率高。非连接型传输服务适用于发送信息较少、对传输可靠性要求不高或为了节省网络资源的应用程序。

B. 3. 2　TCP 协议

TCP/IP 参考模型就是起源于 ARPANET 网络中的传输控制协议（Transport Control Protocol，TCP）和 Internet 协议 IP。TCP 协议是一个著名的面向连接的传输控制协议。TCP 协议主要为应用层提供端到端的高可靠性的数据传输服务。TCP 协议的工作原理就是如何完成进程到进程的可靠性数据传输服务。

1. TCP 协议中的差错控制

为了保证数据可靠的传输，TCP 协议中采用了两项差错控制技术：数据确认技术和超时重传技术。

(1) TCP 协议中的数据确认技术

在 TCP 协议中设置了一个 32 位的序号字段用于对要传送的数据按字节进行编号，序号字段内容就是发送数据报文的第 1 个字节的编号。例如，序号字段内容为 2101，表示发送报文第 1 个字节编号是 2101；如果该数据报中有 800 个字节，那么下一个数据报的第 1 个字节的编号就是 2901。

TCP 协议中还设置了一个 32 位的确认号字段用于向发送方发送已经正确接收的报文字节编号。确认号字段的内容有两个含义：

① 表示该编号之前的数据已经正确接收；

② 发送方需要从该编号开始发送下一个报文。

这其中包括对接收正确的数据的确认和对接收差错报文的差错控制。例如，在图 B-4 所示的例子中，发送方从序号 201 开始发送报文。在发送完第 1 个报文后，如果收到的确认号是 501，说明该报文接收正确，接着可以发送第 2 个报文。如果连续发送了报文 2、报文 3、报文 4 之后收到的确认号为 1201,这说明什么呢?

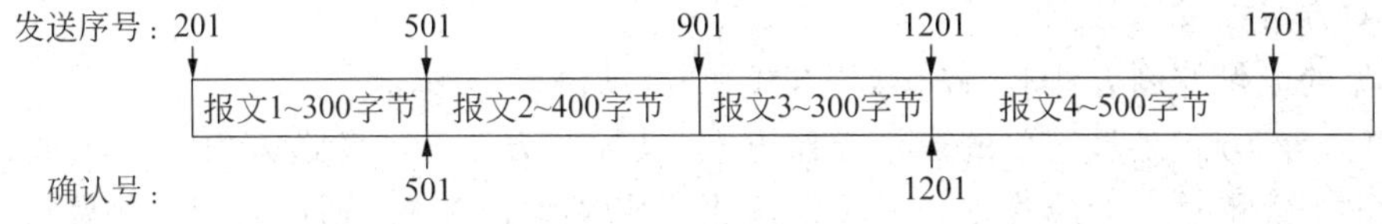

图 B-4 数据确认举例

① 说明报文 4 传输错误,需要从 1201 编号重新传输。

② 说明报文 2、报文 3 已经正确接收。

但是,为什么没有收到 901 的确认号呢? 如果以后再收到 901 确认号怎么解释呢?

在 TCP 协议中使用的数据确认技术采用的是“累计确认”方式。就是说如果前面的报文传输错误时,绝对不会确认后面的报文,或者说即便后面的接收正确,只要前面有接收错误的报文,也要从发生错误的报文开始全部重发,也就是全部返回重发方式。“累计确认”就是如果收到了后面报文的确认信息,前面的报文肯定已经接收正确,即便以后再收到前面报文的确认信息也不需要处理了。

“累计确认”方式的优点就在于数据报文在 Internet 网络中传输时,不同报文所经过的路径可能不同,到达目的地的先后顺序可能出现差错,但是只要收到了某个报文的确认信息,那么就说明前面的报文已经正确接收。确认信息不会发生二义性。

(2) TCP 协议中的超时重传技术

传输层虽然不考虑数据报是如何穿越物理网络的,但是从数据传输的可靠性考虑,传输层要考虑到报文可能会在网络传输中被丢失,就像人们寄一封平信一样,虽然一般情况下能够寄达收信人,但人们都有这样的常识,信件可能会丢失。如果是重要的怕丢失的信件,就要寄挂号信。但在计算机网络中没有类似“挂号信”的传输方式,所以 TCP 协议采用“超时重传”技术。

在 TCP 协议中,发送方每发送了一定数量的数据报文后需要等待接收方的确认。只有收到了确认信息后才能继续发送。发送方在发送了数据报文后会启动一个定时,如果超过了规定的时间还没有收到接收方的确认信息,发送方就认为该报文已经丢失了,需要重新发送,这就是超时重传。一般 TCP 请求报文超时时间初始设定为 500ms,当接收方返回应答信息后,再通过报文的往返时延(Round-Trip Time,RTT)计算确定超时间隔。

2. TCP 协议中的流量与网络拥塞控制

(1) 流量控制的概念

在通信系统的两个节点之间进行数据通信时,收发双方必须相互协调。如果接收方的接收能力不足时,发送方必须等待,否则将会造成数据报文的丢失或系统的死锁。控制发送站的发送能力不能超过接收站的接收能力称为流量控制。

站点的接收能力主要体现在接收缓存空间上,当接收缓存空间不足时,必须停止接收数据,等待空闲出缓存空间后才能再接收数据。例如,客户机向服务器发送数据时,必须得到服务器的接收允许。服务器可能同时和多个客户机通信,如果服务器中接收缓冲区没有空闲空间,即服务器出现接收能力不足,服务器将关闭所有链路的接收窗口,停止接收数据报文;当服务器接收缓冲区有了空闲空间时,服务器才打开某一链路的接收窗口,并通知对方可以发送数据。

常见的流量控制方法有"停—等"方式和"滑动窗口"方式。

"停—等"方式是最简单的流量控制方式,其控制方法为:发送方发送一帧或几帧数据后停下来等待对方的应答帧。一次发送的帧数取决于具体的通信规程。每发送一帧后等待应答的流量控制方法称作"单纯停—等方式","单纯停—等方式"只适应短距离的链路。

使用滑动窗口控制流量是比较常见的方式。在滑动窗口方式中,允许发送端一次发送 N 个没有响应的数据帧或字节,N 称为窗口大小(尺寸)。

窗口大小表示接收方的接收数据缓冲区的大小。例如,数据窗口大小为 64000 字节,表示接收方接收缓冲区大小为 64000 字节,发送方在没有得到接收方确认信息之前,最多可以发送 64000 字节的数据。

滑动窗口表示可以接收的数据编号。对传送的数据进行编号是为了方便确认。例如,一个很大的数据报文在传输中从第 1 个字节进行编号,如果编号是从 1 开始的,那么如果窗口大小为 64000 字节,开始传输时,发送方只能发送编号为 1～64000 的字节。如果接收方发送回来的确认编号是 4801,根据 TCP 协议中的数据确认技术,发送方需要从 4801 开始发送,发送的数据编号只能是 4801～68800。

(2) TCP 协议中流量控制

TCP 协议中使用"窗口"技术实现传输层之间的通信流量控制。TCP 协议报头中设置了一个 16 位的"窗口"字段,用于向对方通告自己可以接收的报文长度(接收窗口尺寸),窗口尺寸的最大值是 64000 字节。

发送方只能发送通告窗口之内的字节编号。例如,接收到的确认号为 1201,通告窗口尺寸为 4000,那么发送方只能发送序号为 1201～5200 的数据。如果发送了序号不在 1201～5200 的数据报文,接收方将不予接收。当再次收到确认号之后,发送窗口滑动到以确认号开始的位置,可以发送的字节序号从确认号开始到"确认号＋通告窗口尺寸"结束。

接收方根据自己的处理能力调整接收窗口的大小,并将接收窗口尺寸在发送的报文中通告给对方。通过调整接收窗口的大小实现通信流量的控制。

(3) TCP 协议中的网络拥塞控制

通过调整接收窗口尺寸可以实现两个通信对象之间的通信流量控制。接收窗口的大小主要取决于接收者的处理能力,如可用数据缓冲区的大小等。但是在网络传输中报文还需要中间节点(一般为路由器)转发,由于路由器的处理能力不足可能导致报文的丢失或迟延。这种现象称作网络拥塞。

发生网络拥塞时,不能仅靠超时重传解决问题。因为重传只能造成拥塞的加剧。控制拥塞需要靠网络中的所有报文发送者降低发送数据速度,控制自己的通信流量。

TCP 协议中的网络拥塞控制也采用"窗口"控制方法。在传输层实际上有三个窗口。

① 通告窗口:对方的接收窗口尺寸。

② 拥塞控制窗口:初始值等于通告窗口尺寸,每当要进行一次超时重传时(即发生

了报文丢失)或者收到了路由器发出的“源站抑制”报文时,拥塞控制窗口尺寸减半,直到拥塞窗口尺寸减为 1 为止。

③ 发送窗口:取通告窗口和拥塞控制窗口中的较小尺寸。

由于在发生网络拥塞时,拥塞窗口尺寸迅速减小,降低了网络通信流量,逐渐可以缓解网络拥塞。当拥塞窗口尺寸减小到 1 时,TCP 协议在多次重发的情况下仍然会坚持不懈地发送只携带一个字节数据的报文,只要收到确认信息,说明网络拥塞已经缓解,这时 TCP 协议采取了一种称作慢启动的策略,即每成功发送一个报文后(被接收方确认后),拥塞控制窗口的尺寸加 1,逐步恢复通信流量。

3. TCP 协议中的连接控制

(1) TCP 连接建立过程

在 TCP 协议中为了建立可靠的连接,采用了三次握手过程。三次握手过程如图 B-5 所示。

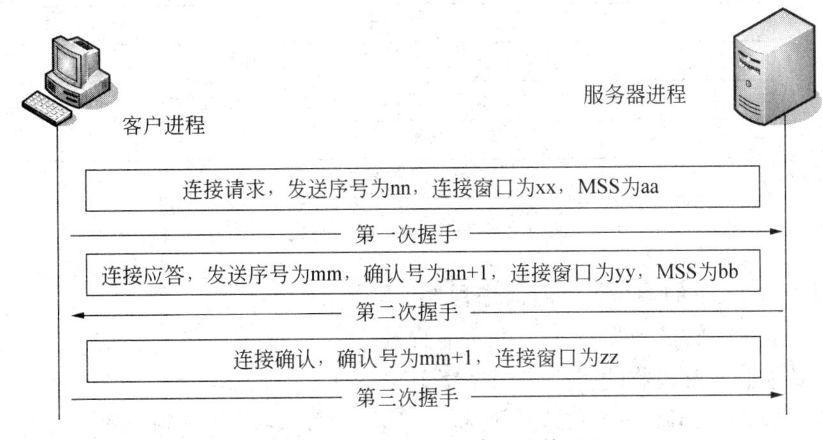

图 B-5　TCP 三次握手建立连接过程

客户进程首先发送一个连接请求报文,向服务器进程请求建立通信连接,并通告自己的发送数据序号和接收窗口尺寸,协商数据最大分段尺寸(Maximum Segment Size, MSS)。

服务器进程收到连接请求报文后,发回一个应答报文,通报自己的数据序号,确认发送方的数据序号,通报自己接收窗口的大小,协商数据最大分段尺寸为 MSS。

客户进程收到连接应答报文后,再发回一个确认报文,确认对方的数据序号,通报自己的接收窗口。

经过三次握手之后,双方连接建立,开始为应用层传递数据报文。TCP 协议之所以使用三次握手建立连接,主要是为了建立可靠的连接。如果不采用三次握手方式,当客户进程发出一个建立连接请求后,如果应答超时,客户进程会重发一个建立连接请求。当重发的连接请求被建立后,如果第一次发送的建立连接请求报文又到达了服务器,就可能造成连接错误。采用三次握手后,由于客户端重发了连接请求报文,对于第一次连接应答报文就不会确认,避免了错误连接。

(2) TCP 连接的拆除

当数据传输结束后，通信中的某一方发出结束通信连接的请求，对方回应一个应答报文，TCP 连接就被拆除了。服务器进程在和客户端建立连接之后会启动一个“活动计数器”，表示该连接处于活动状态。如果客户端没有经过连接拆除过程就关机了，活动计数器在到达规定时间后没有收到客户端的报文，服务器就会拆除该连接。

4. TCP 协议报文格式

TCP 协议报文分协议报头和报文数据两部分。TCP 协议内容就是报头部分，报文数据部分是为应用层传递的应用层报文。在 TCP 连接控制报文中就只有报头部分。TCP 协议报文格式如图 B-6 所示。

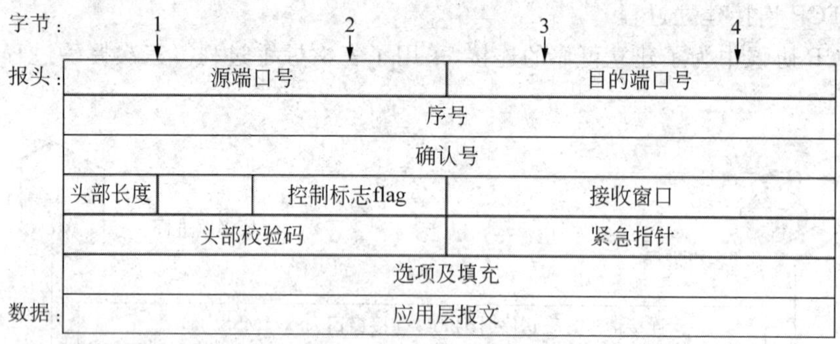

图 B-6　TCP 协议报文格式

(1) 源端口号、目的端口号：通信进程地址。

(2) 序号：发送报文数据的第 1 个字节编号。

(3) 确认号：需要接收的下一个报文字节编号。

(4) 头部长度：4 位二进制数，范围为 5～15。头部长度×4＝报头字节数。

(5) 控制标志 Flag：使用 6 位控制标志，控制位及含义如图 B-7 所示。

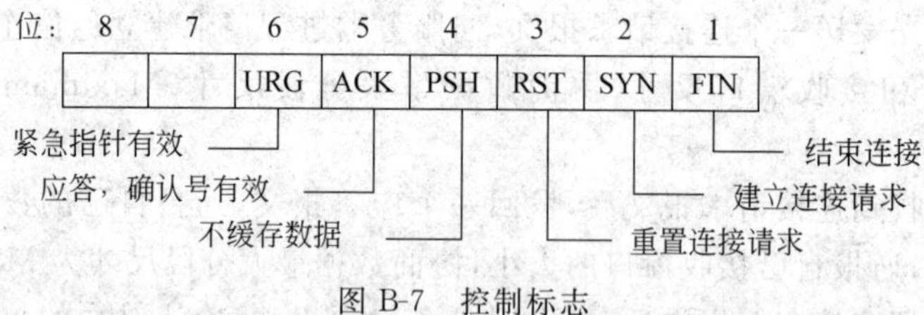

图 B-7　控制标志

PSH＝1 时要求接收方不要缓存数据，立即交给应用层处理。发送方发送了 PSH＝1 的报文后，会等待接收方的确认应答报文。

(6) 接收窗口：向对方通告自己的接收窗口尺寸。

(7) 头部校验码：用于报头的传输差错校验。

(8) 紧急指针：用于指示报文数据中的某个字节(偏移量)是一个需要紧急处理的数据，如中断数据传输等。只有在控制标志的 URG＝1 时，接收方才会按照紧急指针指示处理紧急数据。

(9) 选项和填充

TCP 选项字段允许用户设置扩展功能，选项格式为

```
选项代码(1字节),选项长度(1字节)[选项数据]
```

使用 TCP 选项时必须保证选项部分为 4 的整数倍字节，不够时用 00 补足。

常用的选项如下。

代码:	选项长度:	选项数据:	功能:
01	无	无	无操作
02	4	MSS 值	MSS 协商
04	2	无	SACK 允许
05	n	SACK 数据	选择性数据确认

① 最大分段尺寸 MSS 协商。在建立 TCP 连接时，一般会进行最大分段尺寸 MSS 协商。MSS 值与传输网络中允许传输的最大数据单元(Maximum Transfer Unit，MTU)有关。网络中允许为上层传输的最大报文长度称作最大传输单元 MTU，不同的网络对 MTU 有不同的规定。例如，Ethernet 网络的 MTU 为 1500 字节。

虽然传输层不关心报文是如何通过网络传输的，但是 TCP 协议为了追求高可靠性的传输服务，不希望在传输途中对 TCP 报文再进行拆分。为此，TCP 协议软件在初始化时会探寻底层网络的 MTU。

在路由器的各个端口上可以配置该端口的 MTU，如在 Cisco 路由器使用如下命令：

```
Router(config-if)#IP mtu 1480
```

该命令表示该端口(网络层)可以传输的传输层最大报文长度是 1480 字节。一般情况下不要改变端口的 MTU 值，否则可能产生通信故障。

最大分段尺寸 MSS 协商选项代码一般为：02 04 05 b4。

02 表示 MSS 协商。

04 表示选项代码共 4 个字节(02 04 05 b4)。

05 b4 表示 16 进制树标识的 MTU 数值，$5\times256+11\times16+4=1280+176+4=1460$(字节)。

② 选择性确认技术。选择性确认(Selective Acknowledgment，SACK)技术，即有传输错误时不需要全部返回重发，只需重发发生错误的报文。选择性确认允许选项一般在建立连接报文中，在需要使用部分返回重发时在应答报文中使用 SACK 数据选项。

(10) 报文数据：为应用层传输的报文。报文数据长度不能超过 MSS。

B.3.3　UDP 协议

用户数据报协议 UDP 是一个面向无连接的传输层协议。UDP 协议不能提供可靠的数据传输服务，所以只适应对数据传输的可靠性要求不高的场合或在可靠性较高的网络环境(如局域网)中使用。UDP 协议是无连接的传输协议，所以不支持数据流的传输，需要传输的内容需要组织在一个报文内传输。UDP 协议主要追求节省网络资源、提高传输

效率，一般适应于较短报文的传输。UDP 协议没有差错控制机制，对于发生传输差错的报文直接丢弃。所以使用 UDP 协议时需要进行差错控制。

下面介绍 UDP 协议报文格式。

UDP 协议报文格式如图 B-8 所示。但是 TCP/IP 协议中要求 UDP 报文交到传输层时，需要携带源 IP 地址和目的 IP 地址等信息，目的是进行接收主机地址检查和取得发信人地址，以便返回信息时使用。其实这些信息不是传输层协议的内容，所以该部分内容称作伪报头，UDP 报文长度中不包括伪报头部分。

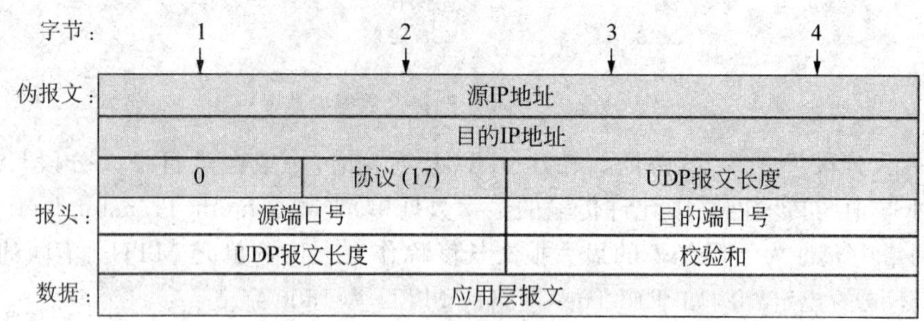

图 B-8　UDP 协议报文格式

B.4　网络层通信协议

TCP/IP 参考模型的网络互联层一般简称为网络层。传输层的数据报文都要交给网络层进行网络传递。网络层为了完成报文的传递，需要进行路由的选择和将数据报文交给数据链路层通过物理网络传输。TCP/IP 参考模型中网络层协议并不是一个协议，而是由互联层协议（Internet Protocol，IP）、地址解析协议（Address Resolution Protocol，ARP）、Internet 控制报文协议（Internet Control Message Protocol，ICMP）等协议组成的一个协议簇。

B.4.1　IP 协议

1. IP 协议的特点

IP 协议是 TCP/IP 参考模型中的网络互联层协议，主要功能是为传输层提供网络传输服务，完成数据报文主机到主机的传输。

在网络互联层面对的是一个具体的传输网络。这个网络是由很多中间节点（路由器）连接组成的复杂网络。IP 协议的特点主要包括以下方面。

(1) IP 协议是主机到主机（点对点）的网络层通信协议

IP 协议完成的是源主机到目的主机的网络传输通信，虽然中间可能经过很多转发节点（路由器），但 IP 协议中只使用源主机 IP 地址和目的主机 IP 地址，中间节点只是根据目的地址进行转发，直到到达目的主机为止。对于源主机和目的主机来说，网络传输是透明的。

(2) IP 协议是一种不可靠、无连接的数据包传输服务协议

网络层一般把数据报称作“分组”，IP 协议允许的最大分组长度是 64K 字节。IP 协议在传输分组时采用了“尽力传递”的策略，使用无连接的数据包服务方式，不提供差错控制，不维护数据报发送后的状态信息。在报文传输可靠性要求较高的 TCP 协议中，TCP 协议会通过差错控制与流量控制解决由 IP 层引起的传输差错问题。

分组离开主机之后根据路由器选择的路由进行传输，由于路由器的拥塞可能会导致分组在路由器中滞留或被丢弃。在 IP 协议中，分组在离开源主机时，在分组协议报头中就写入了一个“生存时间”(Time to Live，TTL)，分组每经过一个网关(路由器)，生存时间值将被减 1，如果在该网关中发生了滞留，还要减去滞留时间，一旦分组的生存时间值被减为 0，这个分组就要被丢弃，不能再在网络中继续传递。TTL 的作用是防止分组报文在网络中无休止地循环传递。

(3) IP 协议可以使用不同协议的下层网络传输 IP 分组

在 TCP/IP 参考模型中，为网络层提供传输服务的下层网络可以是其他协议的网络。根据下层网络协议的种类，IP 协议可以提供不同的接口参数，用以满足分组在下层网络中传输的需要。

2. IP 协议报文格式

IP 协议报文格式如图 B-9 所示，分为报头和数据两部分。报头部分是 IP 协议内容，数据部分是传输层的协议报文。

1　　　　8　　　　16　　　　24　　　　32

<table>
<tr><td>版本</td><td>报头长度</td><td>优先级</td><td>D</td><td>T</td><td>R</td><td>C</td><td>0</td><td colspan="4">总长度</td></tr>
<tr><td colspan="8">标识</td><td>0</td><td>DF</td><td>MF</td><td>片偏移量</td></tr>
<tr><td colspan="2">生存时间</td><td colspan="6">协议</td><td colspan="4">头部校验和</td></tr>
<tr><td colspan="12">源IP地址</td></tr>
<tr><td colspan="12">目的IP地址</td></tr>
<tr><td colspan="12">选项和填充</td></tr>
<tr><td colspan="12">数据</td></tr>
</table>

图 B-9　IP 协议报文格式

IP 协议报头内容说明如下。

(1) 版本。IP 协议版本号，4 表示 IPv4，6 表示 IPv6。

(2) 报头长度。IP 报头字节数。报头字节数＝报头长度×4。报头字节范围是 20～60 字节。

(3) 总长度。IP 报文的总长度(包含报头部分)，最大值是 64K 字节。

(4) 服务类型。指示路由器如何处理分组，一般在 QoS(服务质量)设置中使用。服

务类型包括以下几种。

- 优先级(3bit)：报文处理优先级，0～7，7 为最高优先级。
- D：Delay，延迟。该位为 1 表示需要选用低迟延路由。
- T：Throughput，吞吐量。该位为 1 表示需要选用高速率路由。
- R：Reliability，可靠性。该位为 1 表示需要选用高可靠性路由。
- C：Cost，开销。该位为 1 表示需要选用低费用路由。

其中，D、T、R、C 四个参数只能有一个为 1，一般都为 0。

(5) 标识、标志、片偏移量

用于 IP 分组的分片传输控制。IP 分组的最大长度为 64K 字节，受底层网络 MTU 的限制，当 IP 分组较大时，就需要将分组分成若干片(段)进行传输。

报文被分片之后，各个分片到达目的主机之后就存在报文重组的问题。因为每个分片都是作为独立的报文传输的，各自选择的路由可能不同，到达的顺序可能混乱，也可能发生分片的丢失，所以报文重组时需要知道哪些片属于一个分组，每个片在分组内的位置。

- 标识：标识字段内容相同的分片属于同一分组。
- 片偏移量：该片在分组中的相对位置。
- 标志字段中包括两个标志位：禁止分片标志 DF 和分片结束标志 MF。

DF 是传输层调用 IP 层的入口参数。在允许分片时，MF＝1，表示该分片后面还有分片；MF＝0，表示该分片是该分组的最后一个分片。

(6) 生存时间。TTL，IP 分组的生存时间，单位为秒。

(7) 协议。表示数据部分传输的上层协议类型。

- 1 表示 ICMP。
- 6 表示 TCP。
- 17 表示 UDP。
- 8 表示 EGP。
- 89 表示 OSPF。

(8) 头部校验和。IP 报文头部传输校验。

(9) 源 IP 地址、目的 IP 地址。报文的源地址和目的地址。

(10) 选项和填充。选项一般不用，用户可以使用选项部分指定分组经过的路由或要求记录分组经过的路由和时间。

B.4.2 IP 层接口参数

1. 入口参数

传输层将组织好的报文[一般称作协议数据单元(Protocol Data Unit，PDU)，包括协议报头和为上层传送的数据两部分]提交给网络层进行传输时，还需要提交的接口参数如下。

(1) 传输层协议类型,一般为TCP或UDP。

(2) 目的主机IP地址。

(3) 报文在传输中是否允许分片。TCP协议一般不允许分片,UDP协议一般允许分片。

2. 出口参数

网络层接收到传输层提交的报文和入口参数之后,对传输层报文进行分片、封装处理,形成网络层协议数据单元PDU,一般称作分组。然后将分组提交给下层协议网络进行物理传输。在TCP/IP参考模型中,网络层的下层称作网络接口层,表示IP分组可以通过下层任何协议的网络进行物理传输。所以网络层在给下层提交分组时,还需要提交下列接口参数。

(1) 协议种类。该报文的网络层协议种类,指示下层网络将分组传递到目的地之后接收该分组的上层协议。

(2) 路由。网络层根据目的主机IP地址完成路由选择,但分组的传递需要下层网络去实现。所以网络层必须告诉下层网络分组传输的路由,即分组下一跳的主机地址。

在点对点网络中,从路由表中可以知道路由上通往下一跳的输出端口。但是在广播式网络中,网络层必须告诉下层网络路由上的下一跳是哪个主机。下层网络中只有数据链路层和物理层,即只能识别物理地址(MAC地址)。所以在广播式网络中,网络层提供的路由参数是下一跳主机的MAC地址。在以太网中,由于以太网帧中需要使用目的MAC地址和源MAC地址,所以在以太网中下一跳的MAC地址也需要网络层提供。

B.4.3 主机上的IP协议处理

主机网络层接收到传输层提交的数据报文和入口参数之后进行以下处理。

1. 网络寻径

网络层根据传输层提交的目的主机地址,首先确定是网络内部通信还是和其他网络通信。确定的方法是使用目的IP地址和本机网络连接的TCP/IP属性配置中的子网掩码Mask进行逻辑与运算,如果得到的网络地址和本机所在的网络地址相同则是网络内部通信,否则就是和其他网络的通信。

如果是网络内部通信,报文下一跳的IP地址就是目的主机(也称作直接交付),网络层需要提供的路由参数就是目的主机的MAC地址。

如果是和其他网络的通信,就需要在主机路由表中查找是否有到达目的网络的路由,一般是默认网关。如果网络连接的TCP/IP属性中正确地配置了默认网关,该报文的下一跳就是默认网关;如果没有配置默认网关,该报文就直接丢弃。

在主机的TCP/IP属性中正确地配置了默认网关之后,和其他网络的通信报文就都能找到路由,该报文下一跳地址是默认网关,网络层提供的路由参数就是默认网关的MAC地址。

2. 报文封装

(1) 检查是否需要分片。网络层根据下层网络的 MTU 检查传输层提交的数据报文是否需要分片。如果传输层提交的报文长度加上 IP 报头(一般为 20 字节)后大于下层网络的 MTU 值,那么就需要进行分片封装。在需要分片传输时,如果传输层提交的入口参数中不允许分片,网络层就丢弃该报文,同时向传输层发送一个“不可到达、需要分片”的错误报告报文。

(2) 封装报头信息。对分组数据(或分片后的数据分片)前面添加 IP 协议报头,按照 IP 报头格式写入各个字段信息(包括源 IP 地址、目的 IP 地址、生存时间等)。如果是分片传送,还需要填写标识、标志和片偏移量等信息。

3. 提交分组及接口参数

使用IP 协议报头封装好的分组和下一跳主机的物理地址(MAC 地址)一同交给下层网络进行物理传输。

B.4.4 路由器上的IP 协议处理

路由器是网络中的中间连接转发设备。路由器一般称作第三层网络设备,是因为路由器一般对数据报文只做网络层以下处理。路由器接收到下层网络提交的 IP 协议报文后进行以下处理。

1. 网络寻径

从 IP 协议报头中取出目的 IP 地址,在路由表内查找是否有到达目的网络的路由(包括默认路由),如果没有,丢弃该报文,向原主机发送一个“主机不可到达”的错误报告报文。如果找到了路由。接下来进行如下操作。

(1) 判断是直接交付还是转发

如果目的主机所在网络是和路由器直连的,说明报文要到达的网络就是本路由器连接的网络,该分组下一跳应该直接交付给目的主机;否则说明是需要转发的报文。

(2) 准备路由参数

对于需要直接交付的分组,路由器需要为下层网络提供目的主机的 MAC 地址作为路由参数;对于需要进行转发的分组,路由器会根据路由表提供输出端口或下一跳物理地址。

2. 转发报文

(1) 分片检查

由于路由器的不同端口连接的网络协议可能不同,报文经由路由器转发时也需要根据连接网络的 MTU 对分组进行是否需要分片的检查,需要分片时,路由器和主机上的处理是相同的。

(2) 转发

对于需要转发的分组,路由器根据路由选择将分组发送到输出端口的发送队列。

对于直接交付的分组,路由器将该分组和出口参数(包括报文协议种类、目的主机的MAC 地址)交给连接到端口的下层网络。

B.5　ARP 协议

网络层提交 IP 分组给下层网络时需要提供路由信息接口参数。对于点对点式网络,网络层在选择路由后就能够确定输出端口。从该端口输出后,接收方就是下一跳主机(网关)。但如果下层网络是广播式网络或者是以太网,网络层在接口参数中必须告诉下层网络下一跳主机的物理地址(MAC 地址)。网络层为了取得下层网络中的主机 MAC 地址,IP 协议簇中设计了地址解析协议(Address Resolution Protocol,ARP)。

1. ARP 工作原理

网络层经过路由选择之后,如果下一跳主机所在的网络是广播式网络或者是以太网,网络层为了取得下一跳主机的 MAC 地址,首先向下一跳主机所在的网络发送一个 ARP 广播报文,报文内容为:请 IP 地址是×.×.×.×的主机告诉源主机你的 MAC 地址;目的主机收到 ARP 广播后,就会向源主机发送自己的 MAC 地址。

ARP 协议报文格式如图 B-10 所示。

硬件类型 (2字节)		协议类型 (2字节)
物理地址长度 (1字节)	协议地址长度 (1字节)	操作类型 (2字节)
源MAC地址 (由物理地址长度确定)		
源IP地址 (4字节)		
目的MAC地址 (由物理地址长度确定)		
目的IP地址 (4字节)		

图 B-10　ARP 协议报文格式

(1) 硬件类型:底层网络的协议类型,常见的有如下两种。

① 1 表示 Ethernet。

② 3 表示 X.25。

(2) 协议类型:网络层协议类型。常用的 IP 协议使用 2048(十六进制 0800)表示。

(3) 物理地址长度:底层网络中使用的物理地址长度。以太网为 6 个字节。

(4) 协议地址长度:常用的是 IP 协议地址长度为 4 个字节。

(5) 操作类型:ARP 报文操作类型,有如下几种。

① 1:ARP 请求。

② 2:ARP 应答。

③ 3：RARP 请求(用于无盘工作站根据 MAC 地址请求 IP 地址)。

④ 4：RARP 应答。

(6) 源 MAC 地址：源主机的物理地址。网络层知道本机下层网络的 MAC 地址。

(7) 源 IP 地址：源主机的 IP 地址。

(8) 目的 MAC 地址：接收 ARP 报文主机的 MAC 地址。在 ARP 请求报文中目的 MAC 地址如果全部是 0,表示未知。

(9) 目的 IP 地址：接收 ARP 报文主机的 IP 地址。

例如,在 Ethernet 网络中,主机 192.168.1.23/24 要和默认网关 192.168.1.1/24 通信,IP 层不知道 192.168.1.1/24 的物理地址时,使用 ARP 协议获取 192.168.1.1 主机物理地址的过程如图 B-11 所示。

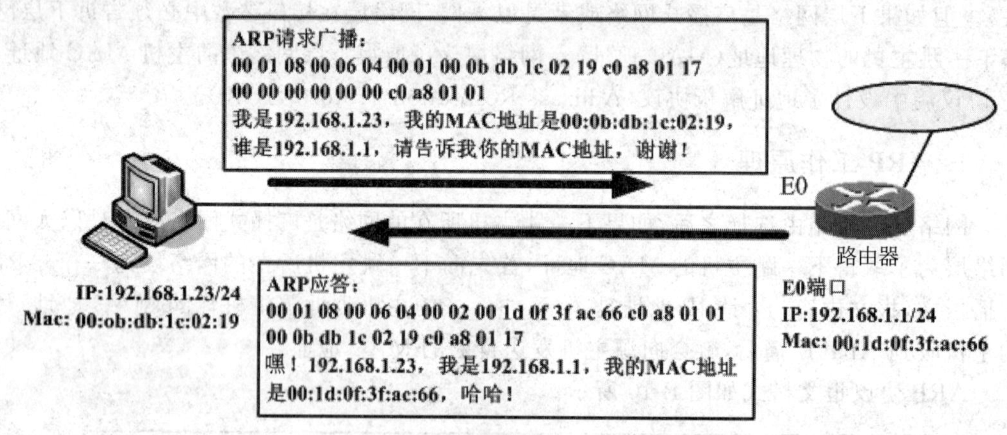

图 B-11　ARP 协议工作过程

2. ARP 地址映射表

为了提高工作效率,主机和路由器中都会生成一个 IP 地址与 MAC 地址的高速缓存表(称作 ARP 地址映射表),保存最近使用过的 IP 地址与 MAC 地址映射关系。

IP 层在获取下一跳主机的 MAC 地址时,首先在 ARP 地址映射表中查找是否有下一跳主机的 MAC 地址,如果没有才使用 ARP 广播。

主机每次通过 ARP 广播得到一个 IP 地址与 MAC 地址的对应关系后,就将该对应关系保存在 ARP 地址映射表中。一个主机进行 ARP 广播时,网络内其他主机都能监听到该主机 IP 和 MAC 地址的对应关系,就会把该主机 IP 地址与 MAC 地址映射信息保存到自己的 ARP 地址映射表中。一个主机在启动时也会主动广播自己的 IP 地址与 MAC 地址的对应关系,所有收到 ARP 广播报文的主机都会保存这个 IP 地址与 MAC 地址的映射关系。这样就可以减少 ARP 广播数量,提高 IP 层的工作效率。

主机通过 ARP 请求或监听到的 IP 地址与 MAC 地址映射关系称作动态(dynamic) ARP 表项。一个动态 ARP 表项的生存时间为 2 分钟。如果在 2 分钟内又收到了该映射关系报文,则该 ARP 表项重新启动生存计时。生存计时达到 2 分钟后该表项从 ARP 地址映射表中删除。

在 Windows 系统中的“命令提示符”窗口中使用命令“arp - a”可以显示主机上的 ARP 地址映射表的全部表项。例如：

```
C:\Documents and Settings\tgl>arp - a                          ;显示全部 ARP 地址映射表
Interface: 192.168.1.23 --- 0x2                                ;ARP 地址映射表有 2 个表项
  Internet Address      Physical Address      Type
  192.168.1.1           00-1d-0f-3f-ac-66     static    ;静态映射表项
  192.168.1.4           00-58-4c-5c-05-cf     dynamic   ;动态映射表项
```

类型为 static 的是静态映射表项，静态映射表项不会被系统自动删除。静态映射表项可以通过 arp 命令添加。例如，上面显示的静态映射表项是通过下面的命令添加的：

```
arp -s 192.168.1.1 00-1d-0f-3f-ac-66
```

命令格式为

```
arp - s IP 地址 MAC 地址
```

但添加静态 arp 表项时如果出现错误将造成网络通信故障。

使用命令“arp - d * ”可以删除所有 ARP 表项。

在 Cisco 路由器上显示 ARP 地址映射表的命令是：

```
Router#show arp
```

B.6　ICMP 协议

Internet 控制报文协议(Internet Control Message Protocol，ICMP)用于报告网络层差错和传送网络控制报文的协议。ICMP 报文是使用不可靠的 IP 协议分组传送的，所以 ICMP 报文中只能传送差错信息，而不能完成差错控制功能。常用的 ICMP 报文如下。

1. 差错报告报文

当网络层发生传输差错、丢弃数据报文时，产生差错的主机和路由器在丢弃数据报文后会向源主机发送一个报告发生差错的 ICMP 报文。例如，没有到达目的主机的路由、目的主机没有开机、路由器丢弃生存时间等于 0 的报文时都会向源主机报告差错。

2. 拥塞控制报文

当路由器上发生拥塞后，路由器将丢弃一些到达的报文，同时向源主机发送一个“源站抑制”ICMP 报文，要求源主机降低发送流量，进行网络拥塞控制。TCP 层在收到“源站抑制”的 ICMP 报文后会将拥塞控制窗口尺寸减半。

3. 请求/应答报文

使用 ICMP 请求/应答报文进行网络可达性测试是 ICMP 最多的应用。在网络可达性测试中使用的 ping 命令就能产生 ICMP 请求/应答报文。目的主机收到 ICMP 请求/应答报文后立刻回送应答报文,收到 ICMP 应答报文后就说明到达该主机的网络正常。

Ping 命令的简单格式为

```
Ping  IP地址/域名地址
```

例如,测试到达百度网站 www 主机的命令和应答结果为

```
D:\Documents and Settings\Administrator>ping www.baidu.com

Pinging www.a.shifen.com [61.135.169.105] with 32 bytes of data:

Reply from 61.135.169.105: bytes=32 time=38ms TTL=50
Reply from 61.135.169.105: bytes=32 time=39ms TTL=50
Reply from 61.135.169.105: bytes=32 time=39ms TTL=50
Reply from 61.135.169.105: bytes=32 time=39ms TTL=50

Ping statistics for 61.135.169.105:
    Packets: Sent=4, Received=4, Lost=0(0%loss),
Approximate round trip times in milli-seconds:
    Minimum=38ms, Maximum=39ms, Average=38ms
```

该结果表明可以到达百度网站 WWW 主机(大网站一般使用服务器群,所以 IP 地址不一定是唯一的)。

当发生网络通信故障时,使用 ping 命令。

ping 127.0.0.1:可以测试 TCP/IP 软件是否工作正常。

ping 本机 IP 地址:可以测试本机网卡是否工作正常。

ping 默认网关地址:可以测试本机是否能够和网络连通。

使用 ICMP 请求/应答报文测试网络连通性的另一个命令是 Tracert,Tracert 也称作路由跟踪实用程序,用于确定 IP 数据报访问目标所采取的路径以及到达某个路由器的时间。例如:

```
PC>tracert 200.100.1.2

Tracing route to 200.100.1.2 over a maximum of 30 hops:

  1   47 ms     31 ms     16 ms     202.207.122.1
  2   63 ms     63 ms     78 ms     202.207.125.1
  3   93 ms     93 ms     65 ms     202.207.128.1
  4   109 ms   125 ms    111 ms     200.100.1.2

Trace complete.
```

从结果显示中可以看到,从该计算机到达 200.100.1.2 计算机需要经过 4 站,其中除了目标站点之外都是路由器节点。到达每个节点的时间有三个参考值,这三个参考值是由三个 ICMP 报文获得的。

在 Internet 中一般路由器都会禁止 ICMP 访问,所以多数情况下使用 Tracert 会不通。

B.7 底层传输网络

TCP/IP 网络体系结构中，网络层一下为网络接口层，即没有规定网络层以下使用什么通信协议，而只是提供了和各种网络的接口。底层网络是将数据报文封装成在物理线路上传输的数据帧，通过物理传输网络进行传递。目前使用的底层传输网络主要是局域网(Ethernet)和点对点的通信网络。其中点对点通信网络主要是租用公用通信线路的广域网连接。

1. IP 协议报文在广播式网络中传输

当 IP 协议报文交给以太网传输时，数据链路层的通信协议需要使用以太网协议，IP 数据报文要封装到 Ethernet II 帧中进行传输。IP 层将 IP 报文交给以太网时，不仅需要提交数据报文，还要告诉以太网 IP 报文下一站的 MAC 地址。网络层如果不知道 IP 报文下一站的 MAC 地址，则使用 ARP 协议获得。

2. IP 协议报文在点对点网络中传输

在点对点网络中，由于没有地址的问题，所以对于 IP 层相对比较简单。在点对点网络中常用的数据链路层通信协议有 PPP 协议，和高级数据链路控制规程 HDLC(High-Level Data Link Control)。

HDLC 与 PPP 的区别如下。

① HDLC 是面向比特的传输规程；PPP 是面向字符的传输规程。

② HDLC 使用同步传输方式；PPP 可以在同步传输线路传输，也可以在异步传输线路上传输。

③ PPP 有用户认证功能；HDLC 没有用户认证功能。

在点对点通信线路上，一般首选的链路层通信规程是 PPP。

3. 物理通信网络

数据报文最终需要通过物理线路传输。通信线路一般有以下类型。

(1) 局域网通信线路一般是自备的 UTP 双绞线电缆；楼宇之间的通信线路一般使用多模光纤。

(2) 广域网通信线路一般需要租用公用通信线路。租用线路类型如下。

① 拨号线路、ADSL 线路：用于家庭以及由用户发起连接请求的网络连接方式。用户方的 IP 地址是不固定的。

② 数据专线：用于两点之间的固定连接，一般用于企业内部网络连接到互联网。数据专线连接的网络 IP 地址是固定的(静态 IP 地址)。

附录C 习题参考答案

第 1 章

一、选择题

1. B 2. D 3. D 4. D 5. A 6. C 7. C 8. D 9. C 10. B

二、简答题

1. 计算机网络是利用通信线路和通信设备将多个具有独立功能的计算机系统连接起来，按照网络通信协议实现资源共享和信息传递的系统。

2. 为了使网络中的计算机之间能够正确通信而制定的规则、约定与标准就是网络通信协议。

3. 网络拓扑结构是将网络中的实体抽象成与其大小形状无关的点，将连接实体的线路抽象成线，使用点线表示的网络结构。

4. 星形拓扑结构网络是各个节点使用一条专用通信线路和中心节点连接的计算机网络。

5. 总线型。

第 2 章

1. 数据链路层。

2. 网络层。

3. 为了照顾不同网络内主机数目的多少以及如何确定网络地址。

4.

表 2-11 写出 IP 地址的类别、网络号和主机号

IP 地址	类别	网络号	主机号
34.200.86.200	A	34	200.86.200
200.122.1.2	C	200.122.1	2
155.200.47.22	B	155.200	47.22

5. 域名地址就是使用助记符表示的 IP 地址。

6. 传输层。

7. 12.0.12.0。

8. (1) 路由器的 E0 口,E1 口。

(2) PC1,使用了网络地址,修改为 192.168.1.2。

PC3,和 PC2 地址重复,修改为 192.168.1.4。

PC4,网络地址错误,修改为 192.168.2.2。

PC6,使用了广播地址,修改为 182.168.2.3。

(3) E0 口:192.168.1.1;E1 口:192.168.2.1。

9. 需要 3 个网络号,子网掩码 Mask 使用 255.255.255.192,可以得到 4 个子网地址;每个子网内最多可以容纳 62 个主机地址,满足网络内主机地址为 32+1,即 33 的需要。

实验室一的 IP 地址分配如下。

路由器 A 的 E0 端口:200.12.99.1/255.255.255.192。

实验室内 PC 的 IP 地址:200.12.99.2/255.255.255.192 至 200.12.99.31/255.255.255.192。

实验室二的 IP 地址分配如下。

路由器 B 的 E0 端口:200.12.99.65/255.255.255.192。

实验室内 PC 的 IP 地址:200.12.99.66/255.255.255.192 至 200.12.99.95/255.255.255.192。

两个路由器之间连接网络的 IP 地址分配如下。

路由器 A 的 s0 端口:200.12.99.129/255.255.255.192。

路由器 B 的 s0 端口:200.12.99.130/255.255.255.192。

10.

表 2-12 网络地址规划表

网 络	IP 地址范围	子 网 掩 码	网络地址位数
车间	130.200.10.0~130.200.10.127	255.255.255.128	25
市场部	130.200.10.128~130.200.10.159	255.255.255.224	27
研发部	130.200.10.160~130.200.10.191	255.255.255.224	27
网络中心	130.200.10.192~130.200.10.207	255.255.255.240	28
链路 1	130.200.10.208~130.200.10.211	255.255.255.252	30
链路 2	130.200.10.212~130.200.10.215	255.255.255.252	30
链路 3	130.200.10.216~130.200.10.219	255.255.255.252	30

11. 计算机的 DNS 服务器地址没有配置或配置不正确。

12. 计算机的默认网关配置不正确。

第 3 章

1. 路由器是一台专门用于路由功能的计算机。

2. 路由器的 Console 口用于连接控制台，以便对路由器进行配置和查看配置结果等。

3. 9600bps。

4. 保存配置文件。

5. show running-config；Display current-configuration。

6. 显示当前的运行配置命令。

7. 将静态路由中的目的网络和子网掩码都使用 0.0.0.0，即默认路由。

8. Router0、Router1 上只需要配置到达 Router2 的默认路由，Router2 上需要配置到达 Router0 左侧网络和到达 Router1 左侧网络的静态路由。

9. RouterA：

```
RouterA#configure terminal
RouterA(config)#interface FastEthernet0/0
Router(config-if)#ip address 10.1.1.1 255.0.0.0
Router(config-if)#ip address 10.1.1.1 255.255.255.0
RouterA(config-if)#no shutdown
Router(config-if)#exit
RouterA(config)#interface Serial0/0
RouterA(config-if)#ip address 10.1.2.1 255.255.255.0
RouterA(config-if)#clock rate 64000
RouterA(config-if)#no shutdown
RouterA(config-if)#exit
RouterA(config)#ip route 10.1.3.0 255.255.255.0 10.1.2.2
RouterA(config)#
```

RouterB：

```
RouterB#configure terminal
RouterB(config)#interface FastEthernet0/0
RouterB(config-if)#ip address 10.1.3.1 255.255.255.0
RouterB(config-if)#exit
RouterB(config)#interface Serial0/0
RouterB(config-if)#ip address 10.1.2.2 255.255.255.0
RouterB(config-if)#exit
RouterB(config)#ip route 10.1.1.0 255.255.255.0 10.1.2.1
RouterB(config)#
```

10. PC0

IP 地址：10.1.1.2。

Mask：255.255.255.0。

默认网关：10.1.1.1。
PC1
IP 地址：10.1.3.2。
Mask：255.255.255.0。
默认网关：10.1.3.1。

第　4　章

1. 为了在一个大型网络中能够自动生成和自动维护路由器中的路由表。
2. 内部网关协议是在一个自治系统内部使用的路由选择协议。
3. 一条 network 命令。命令内容为：

```
Network 155.3.0.0
```

4. 由 network 命令发布的直连网络和由 RIP 生成的路由信息。
5. RIP 按照路由器接口的子网掩码识别子网。
6. 由于两个端口使用了不同的子网掩码，RIP 无法识别子网，所以不广播路由信息。
7.

表 4-1　IP 地址分配表(一)

名　　称	IP 地址	Mask
Router-1：fa0/0	200.1.1.1	255.255.255.224
Router-1：s0/0	200.1.1.33	255.255.255.224
Router-1：s0/1	200.1.1.65	255.255.255.224
Router-2：fa0/0	200.1.1.97	255.255.255.224
Router-2：s0/0	200.1.1.129	255.255.255.224
Router-2：s0/1	200.1.1.66	255.255.255.224
Router-3：fa0/0	200.1.1.161	255.255.255.224
Router-3：s0/0	200.1.1.34	255.255.255.224
Router-3：s0/1	200.1.1.130	255.255.255.224

8. Router-1：
配置 RIP，实现内部网的联通。
配置默认路由到外网，实现内网到外网的路由。
将默认路由注入 RIP 中，以便其他路由器生成动态默认路由。
Router-2、Router-3　配置 RIP 即可。内网路由和默认路由均可有 RIP 获得。

9.

表 4-2 IP 地址分配表(二)

名　　称	IP 地址	Mask
Router-1：fa0/0	200.1.1.1	255.255.255.192
Router-1：s0/0	200.1.1.161	255.255.255.252
Router-1：s0/1	200.1.1.165	255.255.255.252
Router-2：fa0/0	200.1.1.169	255.255.255.192
Router-2：s0/0	200.1.1.129	255.255.255.252
Router-2：s0/1	200.1.1.166	255.255.255.252
Router-3：fa0/0	200.1.1.129	255.255.255.224
Router-3：s0/0	200.1.1.162	255.255.255.252
Router-3：s0/1	200.1.1.170	255.255.255.252

各台路由器上需要配置的路由内容及用途与第 8 题相同，只需要将 RIP 改成 RIPv2 即可。

第 5 章

1. 接入层、汇聚层和核心层。接入层负责将终端设备，如 PC 机、服务器、打印机等连接到网络中。汇聚层汇聚接入层发送的数据，再将其传输到核心层，并最终发送到目的地。核心层主要用于汇聚所有下层设备发送的流量，进行大量数据的快速转发。

2. 分层网络具有很好的可扩展性。网络通信性能高，安全性高，易于管理和维护。

3. 双绞线的绞距同外界电磁波的波长相比很小，可以认为电磁场在第一个绞节中产生的电流和第二个绞节中产生的电流相同但极性相反，这样，外界电磁干扰在双绞线中所产生的影响就可以互相抵消。而对于双绞线自身产生的电磁辐射，根据电磁感应原理，很容易确定出第一个绞节和第二个绞节中产生的电磁场大小相等、方向相反，相加为零。

4. 单模光纤。

5. 工作区子系统、配线子系统、配线管理子系统和干线子系统、设备间子系统。

6. 直接埋管布线方式，吊顶内线槽方式，地面线槽方式。

7.

EIA/TIA-568A：绿白，绿；橙白，蓝；蓝白，橙；棕白，棕。

EIA/TIA-568B：橙白，橙；绿白，蓝；蓝白，绿；棕白，棕。

第 6 章

1. 一个广播报文能够传送到的主机范围称作一个广播域。一个广播域是具有同一IP 网络地址的网络。

2. 使用路由器分割；使用VLAN分割。

3. 是用“虚拟”技术在一个用交换机连接的物理局域网内划分出来的逻辑网络。

4. 一个Access接口只能属于一个VLAN；Trunk接口用于传输多个VLAN的报文。

5. 单臂路由可以解决多个VLAN对路由器的端口需求，节省路由器和交换机的物理端口。

6.

(1) E0.1口：200.200.200.1/27，人力资源部(VLAN20)：200.200.200.2/27-200.200.200.9/27

E0.2口：200.200.200.33/27，市场部(VLAN30)：200.200.200.34/27-200.200.200.48/27

E1.1口：200.200.200.65/27，开发部(VLAN30)：200.200.200.66/27-200.200.200.77/27

E1.2口：200.200.200.97/27，财务部(VLAN20)：200.200.200.98/27-200.200.200.107/27

(2) 网络连接改动：将连接路由器E1口的Trun线连接到另一个交换机，实现交换机级联。

IP地址分配改动如下。

E0.1口：200.200.200.1/27。

VLAN 20：200.200.200.2/27～200.200.200.29/27。

E0.2口：200.200.200.33/27。

VLAN 30：200.200.200.34/27～200.200.200.60/27。

7. 在多台交换机上配置VLAN时，最容易发生的问题就是各台交换机上创建的VLAN编号(VLAN ID)和VLAN名称不一致。网络管理员在管理多台交换机时，在多台交换机上创建VLAN也比较麻烦。

8. 修改该交换机的VTP域名使其VTP配置修订号清零，再恢复该交换机的VTP域名。

9. 使用Cisco交换机时，由于Cisco交换机上开启了生成树协议，所以不需要配置；使用H3C交换机时，由于H3C交换机的生成树协议是关闭的，需要在各台交换机上开启生成树协议。

第 7 章

1. 三层交换机不但具有二层交换机的快速转发功能，而且具有简单路由功能，能够为VLAN之间通信提供路由。

三层交换机不做任何配置，就可以作为二层交换机。

2. 当一个以太网帧到达三层交换机后，首先根据IP地址从路由转发信息表中查找有没有对应的表项，如果存在，直接改写帧封装信息，然后从源 MAC 端口转发出去；如果没有，根据目的 IP 地址到路由表中查找路由，并将查找结果填写到路由转发信息表中。这就是所谓的"一次路由，随后转发"，也称作"门票路由"。

3. 三层交换机的端口作为路由端口时，Cisco 三层交换机需要禁止指定端口的交换功能，配置端口 IP 地址，启动端口。

H3C 三层交换机只需要设置端口类型，配置端口 IP 地址。

4. Cisco 之间交换机使用 Trun 连接时，只要一段配置了 Trun，另一端可以自动协商为 Trun 端口；H3C 交换机之间使用 Trun 连接时，两端的端口都需要配置。

5. VLAN 虚接口是三层交换机内部的管理接口，它对应一个 VLAN，是一个可以配置 IP 地址的局域网端口。

6. 不是。

7. VLAN 虚接口的 IP 地址就是 VLAN 网络的网关地址，从交换机的任意物理接口都可以到达 VLAN 虚接口。

8. 一种方法是二层交换机上的每个 VLAN 使用一个端口连接到三层交换机，三层交换机把连接端口配置成路由端口，即三层交换机做路由器使用。另一种方法是使用一条 Trun 线路连接，在三层交换机上通过 VLAN 虚端口实现 VLAN 间路由。

第 8 章

1. ACL 工作的基本原理是，定义一个访问控制列表，该访问控制列表包含一组过滤条件(规则)、允许(permit)和拒绝(deny)符合条件的报文通过。将访问控制列表指定在网络设备接口上，对进出该接口的报文进行过滤。

2. 报文经过 ACL 的处理流程是：首先使用 ACL 定义的第一条规则去匹配数据包，如果匹配成功，则执行该规则定义的动作。如果动作为 permit，则数据包通过并进入转发流程；如果动作为 deny，则数据包被丢弃；如果第一条规则匹配没有成功，则继续尝试匹配下一条 ACL 规则，直到匹配成功；如果数据包没有匹配到任何一条规则，则执行 ACL 默认规则的动作。

3. Cisco 路由器默认动作是 deny，即禁止没有明确说明允许通过的报文都拒绝通过；H3C 路由器的默认动作为 permit，即允许数据包通过。

4. 由于网络设备是从 ACL 顶部开始向下进行匹配，一条匹配不上，就接着取其下面一条语句进行匹配，而找到一条匹配的过滤条目，就不会再继续寻找下面的过滤条目。

5. 标准 ACL 是根据报文的源 IP 地址信息对数据包进行过滤的基本访问控制列表，一般适用于过滤从特定网络来的数据流量等相对简单的情况。

6. 在 Cisco 路由器上，标准 ACL 的编号可以在 1～99 或 1300～1999 范围中选取；H3C 路由器标准 ACL 编号的取值范围为 2000～2999。

7. wildcard 与子网掩码类似，是一种长 32 位的二进制掩码。但与子网掩码不同的是，通配符某位值为 1，表示匹配条件中源地址对应位的值可被忽略；而某位值为 0，则表示匹配条件中源地址对应位的值必须匹配。

8. 能够根据报文中的源 IP 地址、目的 IP 地址、协议类型等三、四层信息对数据包进行过滤 ACL 称作扩展 ACL(也称为高级 ACL)。

9. 在 Cisco 路由器上,扩展 ACL 的编号可以在 100～199 或 2000～2699 范围中选取;在 H3C 路由器上,高级 ACL 的编号可以在 3000～3999 范围中选取。

10. 标准 ACL 的位置应该指定到靠近目标的端口,扩展 ACL 应该指定到尽量靠近源主机的位置。

因为标准 ACL 中是针对源 IP 地址进行过滤的,指定到靠近目标的端口,以免影响源主机对其他地址的访问;扩展 ACL 指定到尽量靠近源主机的位置,以免被拒绝的报文到达目的地址之后再被拒绝,造成在网络中的徒劳传输,增加网络通信流量。

第 9 章

一、选择题

1. C 2. A

二、简答题

1. 把使用私有 IP 地址的内部网络连接到 Internet 时,因为在 Internet 网上不会传送目的 IP 地址是私有 IP 地址的报文,就必须使用网络地址转换将私有 IP 地址转换成合法的公网 IP 地址才能进入 Internet。

2. 静态网络地址转换、动态网络地址转换、网络地址端口转换、基于接口的地址转换、端口地址重定向。

3. 在连接内部网络的接口上配置 ip nat inside,在连接外部网络的接口上配置 ip nat outside。内部端口就是连接内网的路由器端口(连接本地地址网络),外部端口是连接外部网络的端口(连接全局地址网络)。

4. 在 H3C 路由器上配置 NAT 时,内部网络地址转换都需要在出站端口(连接全局地址网络)配置 nat outbound,即将 NAT 应用在该端口。

5. 对于 H3C 的路由器而言,ACL 的定义总是约束内部本地地址。

因为在 H3C 路由器某个接口上同时存在出站 ACL 和 NAT 时,出站流量应该是先去匹配出站 ACL,然后再进行地址的转换;入站流量应该是先进行地址的转换,然后去匹配入站 ACL。

第 10 章

1. 例如,无线网络手机客户,使用固定 IP 地址甚至会带来很多麻烦。

2. Router(config)#ip dhcp excluded-address 192.168.1.1

```
Router(config)#ip dhcp excluded-address 192.168.1.100 192.168.1.254
Router(config)#ip dhcp pool abc
Router(dhcp-config)#network 192.168.1.0 255.255.255.0
```

3. 与申请IP地址的客户机所连接的路由器端口有关，端口地址就是该网段主机的网关地址。

4. 客户端主机和DHCP服务器处于不同逻辑网络的情况需要配置DHCP中继。

因为PC的广播报文只能在本网段广播，不能穿过路由器。DHCP服务器不能收到其请求地址配置的报文，自然得不到IP地址分配。

第 11 章

1. 共有14个信道，三个互不干扰的信道。

2. 802.11n可以工作在2.4GHz和5GHz两个频段。

3. 无线连接的建立需要经过扫描(Scanning)、认证(Authentication)和关联(Association)三个步骤，这三个步骤中会涉及三种类型的帧：管理帧、控制帧、数据帧。

4. AP按照其功能的区别可以分为FAT AP和FIT AP两种。FAT AP具有完整的无线功能，可以独立工作；FIT AP只能提供可靠的、高性能的射频功能，而所有的配置均需要从无线控制器上下载，所有AP和无线客户端的管理都在无线控制器上完成。

5. 全向天线是指在水平方向上360°均匀辐射的天线，它在水平面的各个方向上辐射的能量一样大。

6. 定向天线的是利用反射板把能量的辐射控制在单侧方向上从而形成一个扇形覆盖区域的天线。

7. SOHO无线路由器内部结构一般是由一个两端口(WAN和LAN)路由器，一个小交换机和无线天线组成。SOHO无线路由器内部结构及192.168.1.1/24地址对应端口如图C-1所示。

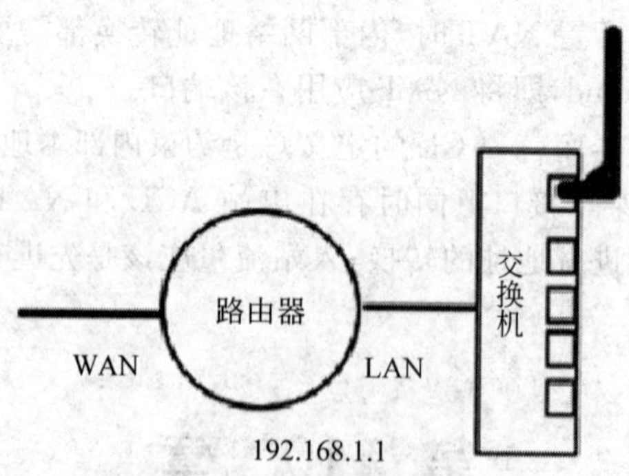

图C-1 SOHO无线路由器内部结构

8. (1)用网线连接信息插座和SOHO无线路由器的WAN端口，将计算机的网线连接到SOHO无线路由器的LAN的某个端口(或在计算机上加装无线网卡，实现计算机的无线上网)。

(2)"WAN 口连接类型"选择"静态 IP",IP 地址、子网掩码、默认网关及 DNS 按原计算机 TCP/IP 参数配置。

(3)"WAN 口连接类型"选择"静态 IP",IP 地址、子网掩码、默认网关及 DNS 按原计算机 TCP/IP 参数配置。LAN 端口 IP 地址可以配置成 192.168.2.1/24。

(4)Wi-Fi 手机联网一般都使用自动获取 IP 地址方式,一般 SOHO 无线路由器都有 DHCP 功能,所以原计算机 TCP/IP 属性配置成"自动获取"即可。